炼油化工工程质量典型案例汇编

（2023）

《炼油化工工程质量典型案例汇编（2023）》编委会　编

石油工业出版社

内 容 提 要

本书按专业类别分为设备安装、管道安装、焊接及热处理、无损检测、防腐绝热、电气仪表安装、土建、质量行为等八个部分，收集了245个典型案例，对炼油化工工程质量经常出现的问题进行了案例概况描述、原因分析评述，并提供了问题处置方式，总结了汲取的经验教训。

本书不仅可作为石油天然气建设工程质量监督人员的业务参考用书，也可作为石油天然气工程建设各方质量和技术管理人员的业务参考用书。

图书在版编目（CIP）数据

炼油化工工程质量典型案例汇编．2023 /《炼油化工工程质量典型案例汇编（2023）》编委会编．— 北京：石油工业出版社，2023.10

ISBN 978-7-5183-6415-2

Ⅰ．①炼… Ⅱ．①炼… Ⅲ．①石油炼制 - 化工工程 - 工程质量 - 案例 - 汇编 Ⅳ．① TE62

中国国家版本馆 CIP 数据核字（2023）第 214891 号

出版发行：石油工业出版社
（北京安定门外安华里 2 区 1 号　100011）
网　址：www.petropub.com
编辑部：（010）64523687
图书营销中心：（010）64523633
经　销：全国新华书店
印　刷：北京中石油彩色印刷有限责任公司

2023 年 10 月第 1 版　2023 年 10 月第 1 次印刷
787 × 1092 毫米　开本：1/16　印张：22.75
字数：548 千字

定价：180.00 元
（如出现印装质量问题，我社图书营销中心负责调换）

《炼油化工工程质量典型案例汇编（2023）》
编 委 会

前言
PREFACE

2020 年 7 月，中国石油天然气集团有限公司（简称集团公司）改革工程建设管理体制，组建了工程和物装管理部，统一归口工程建设项目管理。三年来，围绕“建规章、立标准、强监管”，构建“5667”工程管理体系，推动工程管理从传统粗放型向精益化、集约化转变，集团公司工程管理迈上新台阶。

石油天然气工程质量监督机构依据国家法律、法规和工程建设相关标准规范，对建设工程各方责任主体质量行为和工程实体质量进行监督检查，认真履行国家部委委托和集团公司赋予的双重工程质量监督职责，在提高集团公司工程建设质量方面发挥了重要作用。

在长期的工程质量监督工作实践中，各工程质量监督站分别查处了大量的工程质量问题，积累了丰富的质量管理经验。为使得这些经验能够有效转化为石油天然气工程质量监督系统的共同知识财富，在总结以往工程质量监督工作经验的基础上，精选了近三年在炼油化工工程质量监督工作过程中发现的一些典型工程质量问题及处置经验，并进行了分析总结，经编辑形成了本案例汇编。

本书收录的案例涉及设备安装、管道安装、焊接及热处理、无损检测、防腐绝热、电气仪表安装、土建、质量行为等八个部分。在每个案例中，首先运用简练的文字，并辅以大量现场图片，使得读者能够迅速理解各类质量问题的典型特征；其次，从技术角度把问题产生的原因和造成的危害分析透彻，并通过与相应标准规范条款的对照分析，让读者掌握正确的施工技术质量要求；同时，在每个案例中还为读者提供了问题处置的参考方法和应汲取的经验教训。

本书不仅为工程质量监督人员提供了良好的学习教材，也为参建单位工程技术人员深刻理解标准规范的有关条款、避免类似质量问题发生提供了参考和借鉴，从而深化落实中共中央、国务院《质量强国建设纲要》和《中国石油天然气集团有限公司质量强企规划》，有效推动集团公司工程建设质量水平全面提升，助力集团公司建设基业长青的世界一流综合性国际能源公司。

在本书编写过程中，得到了各工程质量监督站的大力支持和协助，很多同志也为此默默无闻地做了大量认真细致的工作，在此对所有参与本书案例提供、编辑、整理、校对、审定的人员一并表示衷心感谢。

在本书编审过程中，虽经反复推敲和审核，但鉴于时间仓促和编写水平有限，难免存在一些不妥甚至疏漏和错误之处，在此恳请广大读者批评指正。

《炼油化工工程质量典型案例汇编（2023）》编委会

2023 年 10 月 19 日

目录
CONTENTS

Ⅰ 设备安装

Ⅱ 管道安装

Ⅲ 焊接及热处理

Ⅳ 无损检测

V　防腐绝热

Ⅵ　电气仪表安装

Ⅶ 土建

Ⅷ 质量行为

I 设备安装

1 储罐钢板质量证明文件磷、硫指标超标

案例概况

2020 年 11 月，监督人员对某公司 1# 乙二醇装置中间罐区储罐安装质量监督检查中发现，生产制造的牌号为 Q235B（规格 10mm×1800mm×6000mm，炉号 D20510466A，批号 H2B20908062）的钢板产品质量证明文件存在钢材所含化学成分严重超标的问题，其中磷含量为 0.3%，硫含量为 0.07%。

问题分析

该批次钢板不符合 GB/T 700—2006《碳素结构钢》第 5.1.1 条“钢的牌号和化学成分（熔炼分析）符合表 1 的规定”的要求。表中磷、硫含量要求不大于 0.045%。钢材中磷、硫含量超标，将导致材料的力学性能降低，焊缝易产生气孔、开裂等质量问题。

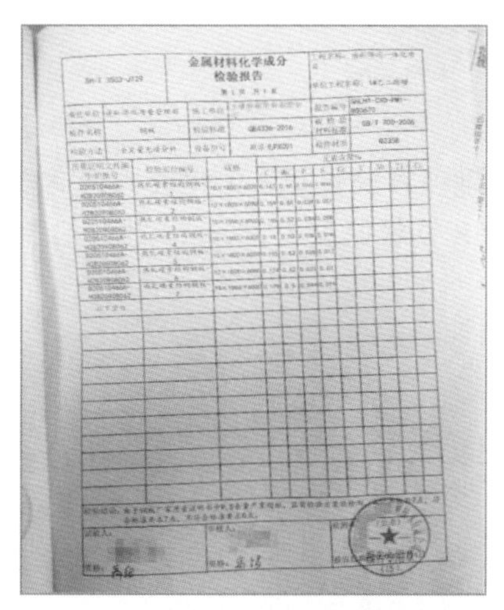

5.1.1 钢的牌号和化学成分(熔炼分析)应符合表 1 的规定。

表 1

牌号	统一数字代号ᵃ	等级	厚度(或直径)/mm	脱氧方法	化学成分(质量分数)/%,不大于				
					C	Si	Mn	P	S
Q195	U11952	—	—	F,Z	0.12	0.30	0.50	0.035	0.040
Q215	U12152	A	—	F,Z	0.15	0.35	1.20	0.045	0.050
	U12155	B							0.045
Q235	U12352	A	—	F,Z	0.22	0.35	1.40	0.045	0.050
	U12355	B			0.20ᵇ				0.045
	U12358	C		Z	0.17			0.040	0.040
	U12359	D		TZ				0.035	0.035
Q275	U12752	A	—	F,Z	0.24	0.35	1.50	0.045	0.050
	U12755	B	≤40	Z	0.21			0.045	0.045
			>40		0.22				
	U12758	C	—	Z	0.20			0.040	0.040
	U12759	D		TZ				0.035	0.035

a 表中为镇静钢、特殊镇静钢牌号的统一数字，沸腾钢牌号的统一数字代号如下：
Q195F——U11950；
Q215AF——U12150，Q215BF——U12153；
Q235AF——U12350，Q235BF——U12353；
Q275AF——U12750。

b 经需方同意，Q235B 的碳含量可不大于 0.22%。

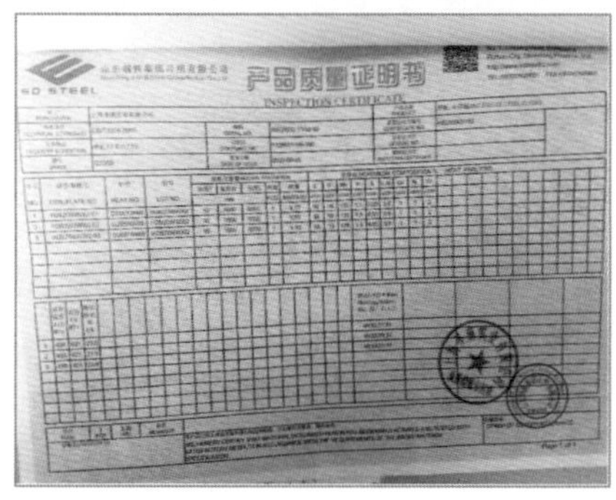

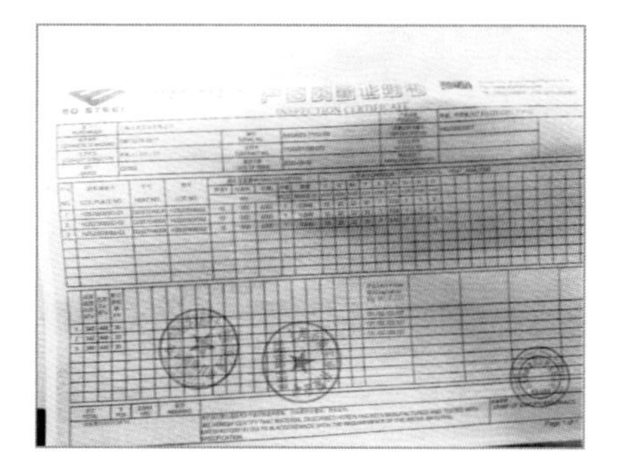

上述问题说明钢材生产厂质量控制存在严重漏洞，施工现场各责任主体单位对材料进场验收过程质量把关不严。

问题处置

监督人员下发《质量问题处理通知书》，要求对该批次钢板现场委托进行化学成分分析。若合格，则要求供货方出具合格的质量证明文件；若不合格，则对该批钢板做退货处理。

经验总结

各责任主体单位应举一反三，加强进场材料的检验验收工作，确保用于工程的原材料质量合格。

2 厚度大于 30mm 的 Q345R 钢板未进行低温冲击试验

案例概况

2021 年 8 月，监督人员对某公司低正压储罐项目设备安装工程板材到货验收监督检查时发现，低正压储罐 R-222 进场板材中 Q345R 钢板厚度为 36mm，出厂合格证中冲击试验温度为 0℃。

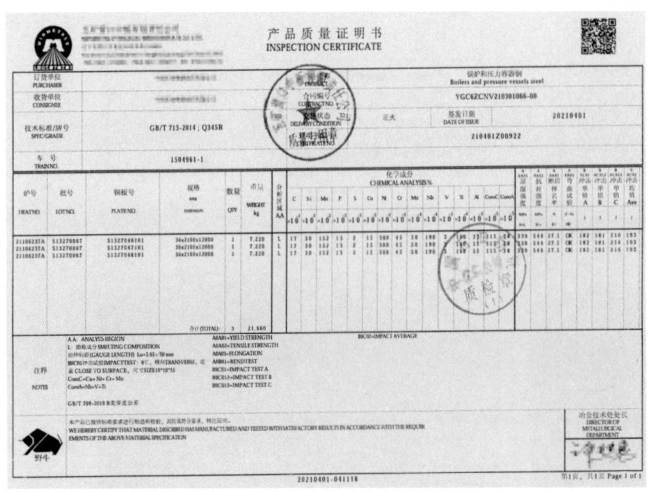

产品质量证明书
INSPECTION CERTIFICATE

订货单位 PURCHASER		品名 PRODUCT	锅炉和压力容器钢 Boilers and pressure vessels steel
收货单位 CONSIGNEE		合同编号 CONTRACT NO.	YGC6ZCNV210301066-00
技术标准/牌号 SPEC/GRADE	GB/T 713-2014；Q345R	交货状态 DELIVERY CONDITION	正火
		签发日期 DATE OF ISSUE	20210401
		证明书编号 CERTIFICATE NO.	210401Z00922
车号 TRAIN NO.	1504961-1		

炉号 HEAT NO.	批号 LOT NO.	钢板号 PLATE NO.	规格 mm	数量 QTY	重量 WEIGHT kg	分析区域 AA	C	Si	Mn	P	S	Cu	Ni	Cr	Mo	Nb	V	Ti	Al	CeqC	CeqA	屈服强度	抗拉强度	断后伸长率	弯曲试验	冲击单值 A	冲击单值 B	冲击单值 C	冲击均值 Ave
21106237A	513270067	51327046101	36x2100x12000	1	7.220	L	17	30	152	15	2	15	500	45	50	190	3	100	35	115	38	339	544	27.5	OK	182	181	216	193
21106237A	513270067	51327047101	36x2100x12000	1	7.220	L	17	30	152	15	2	15	500	45	50	190	3	100	35	115	38	339	544	27.5	OK	182	181	216	193
21106237A	513270067	51327048101	36x2100x12000	1	7.220	L	17	30	152	15	2	15	500	45	50	190	3	100	35	115	38	339	544	27.5	OK	182	181	216	193
			合计(TOTAL):	3	21.660																								

注释 NOTES
AA: ANALYSIS REGION
L: 熔炼成分 SMELTING COMPOSITION
A0A01=YIELD STRENGTH
A0A02=TENSILE STRENGTH
A0A03=ELONGATION
B0C02=IMPACT AVERAGE

20210401-041118 第1页，共1页 Page 1 of 1

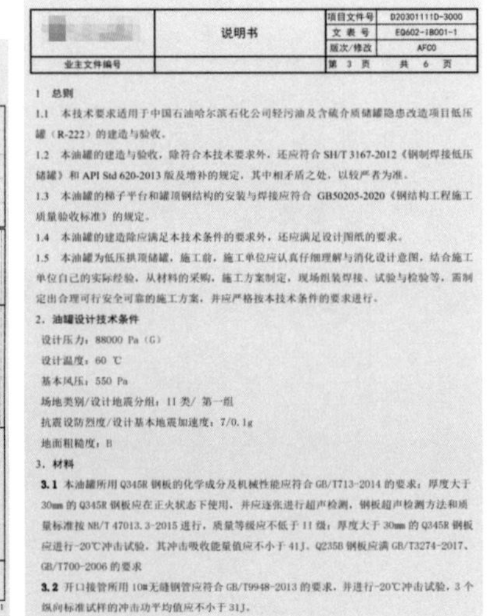

	说明书	项目文件号	D20301111D-3000
		文 表 号	EQ602-18001-1
		版次/修改	AFC0
业主文件编号		第 3 页	共 6 页

1 总则

1.1 本技术要求适用于中国石油哈尔滨石化公司轻污油及含硫介质储罐隐患改造项目低压罐（R-222）的建造与验收。

1.2 本油罐的建造与验收，除符合本技术要求外，还应符合 SH/T 3167-2012《钢制焊接低压储罐》和 API Std 620-2013 版及增补的规定，其中相矛盾之处，以较严者为准。

1.3 本油罐的梯子平台和罐顶钢结构的安装与焊接应符合 GB50205-2020《钢结构工程施工质量验收标准》的规定。

1.4 本油罐的建造除应满足本技术条件的要求外，还应满足设计图纸的要求。

1.5 本油罐为低压拱顶储罐，施工前，施工单位应认真仔细理解与消化设计意图，结合施工单位自己的实际经验，从材料的采购，施工方案制定，现场组装焊接、试验与检验等，需制定出合理可行安全可靠的施工方案，并应严格按本技术条件的要求进行。

2. 油罐设计技术条件

设计压力：88000 Pa（G）

设计温度：60 ℃

基本风压：550 Pa

场地类别/设计地震分组：II 类/ 第一组

抗震设防烈度/设计基本地震加速度：7/0.1g

地面粗糙度：B

3. 材料

3.1 本油罐所用 Q345R 钢板的化学成分及机械性能应符合 GB/T713-2014 的要求；厚度大于 30mm 的 Q345R 钢板应在正火状态下使用，并应逐张进行超声检测，钢板超声检测方法和质量标准按 NB/T 47013.3-2015 进行，质量等级应不低于 II 级；厚度大于 30mm 的 Q345R 钢板应进行-20℃冲击试验，其冲击吸收能量值应不小于 41J。Q235B 钢板应满 GB/T3274-2017、GB/T700-2006 的要求

3.2 开口接管所用 10# 无缝钢管应符合 GB/T9948-2013 的要求，并进行-20℃冲击试验，3 个纵向标准试样的冲击功平均值应不小于 31J。

问题分析

该批次钢板不符合“厚度大于30mm的Q345R钢板应进行-20℃冲击试验”的设计要求。厚度大于30mm的Q345R钢板用于制作抗压环，设计标准SH/T 3167—2012《钢制焊接低压储罐》中抗压环为储罐的主承力组件。施工单位技术员分解材料表时未看设计说明书，直接下采购单，导致Q345R钢板（厚度36mm）采购合同中没有提出进行-20℃冲击试验要求。

问题处置

监督人员下发《质量问题处理通知书》，要求施工单位对存在的问题按照设计要求进行整改，不符合设计要求的材料不得使用。施工单位与钢板厂沟通后认为该批次钢板可以满足-20℃冲击试验要求，遂委托第三方检测机构对该批次钢板进行-20℃冲击试验，第三方检测机构出具的试验报告表明符合设计要求。

经验总结

在日常监督检查工作中，施工单位责任人看图不认真，凭经验下料时有发生。监督人员在监督检查中应重点对关键材料进行审查，发现此类问题立即整改。

3 低温设备内材料使用错误

案例概况

2021年4月，监督人员对某公司乙烷制乙烯项目乙烯装置监督检查时发现，空分空压装置分馏塔31-T-1001冷箱内焊于箱壁的临时碳钢支架安装完毕后未完全拆除，内部液位计引压管使用碳钢角铁支架和碳钢螺栓。

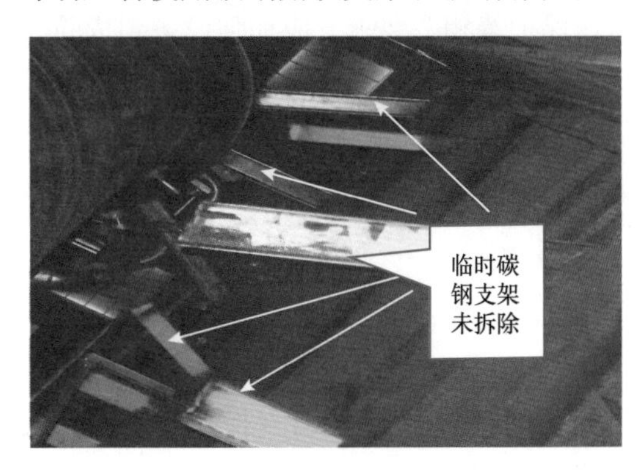

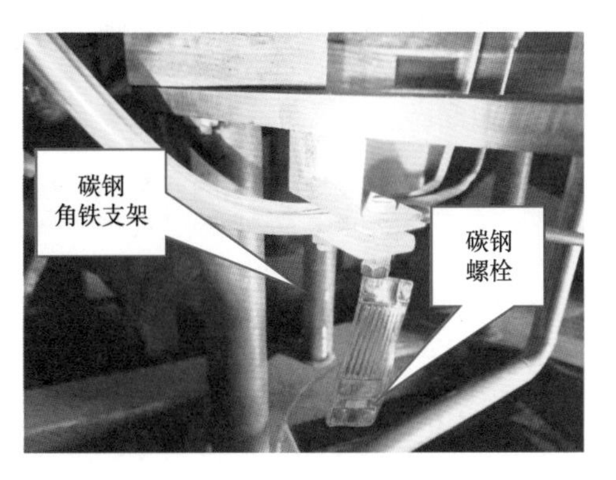

问题分析

内部液位计引压管介质温度为 -196℃，临时碳钢支架将导致冷量散失，冷箱壁结霜，严重时箱体柱、板会发生低温脆裂；碳钢角铁支架和碳钢螺栓会发生低温脆断，给装置安全留下隐患（碳钢是工程中应用最多的材料，随着温度不断降低，碳钢材料塑性降低、脆性增加，当温度低于材料韧脆转变温度时，可能会导致低温脆性断裂，从而造成灾难性的事故）。GB/T 20801.2—2020《压力管道规范　工业管道　第 2 部分：材料》（以下简称 GB/T 20801.2）与 ASME B 31.3—2018《工艺管道》（以下简称 ASME B31.3）设计标准中规定了碳钢材料免除低温冲击试验的最低温度，但 GB/T 20801.2 中未体现一些特殊的放宽要求（如低应力工况）。因此，在工程设计中，除低温低应力等特殊工况外，碳钢材料不允许在低于最低温度下使用。

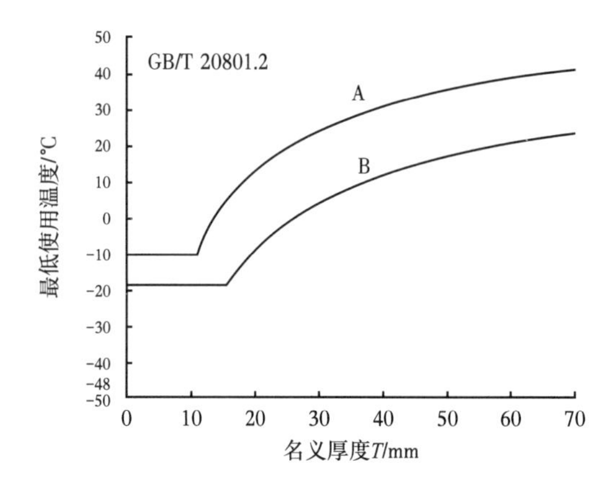

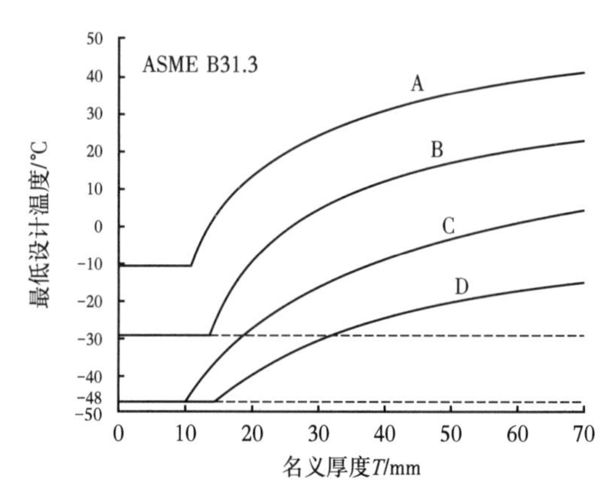

问题处置

监督人员下发《质量问题处理通知书》，要求施工单位拆除临时碳钢支架，更换引压管、碳钢角铁支架及碳钢螺栓，对拆除打磨部位进行无损检测。

经验总结

对设备采购的技术要求中应明确包装、运输保护等相关要求，应加强设备到货验收的管控。

4　容器配对法兰材质不符合设计要求

案例概况

2021 年 9 月，监督人员对某公司连续重整联合装置施工现场监督检查时发现，氯吸附罐（1000-D-254）气体出口（编号 7-0）开口中间法兰的配对法兰材质为 S32168。

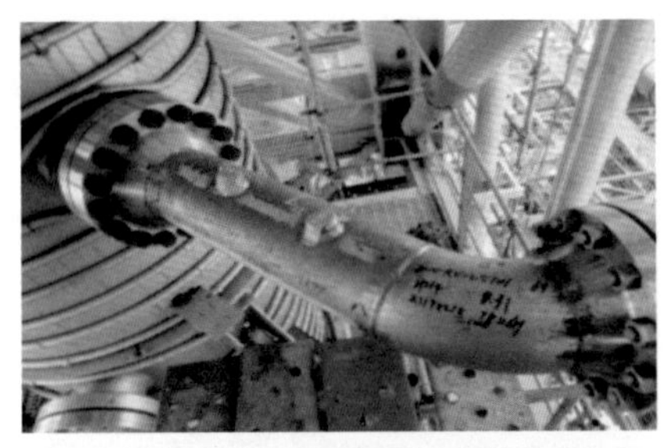

编号	名称	数量	规格(型号)及材质	单件 质量(Kg)	总计	备注
7-5	开口D中间法兰	1	锻钢 S32168Ⅱ		38	E0-323/002
7-4	开口D配对法兰	1	锻钢 S31608Ⅱ		66	E0-323/002
7-3	缠绕式垫片	2	缠绕垫 D250-300 6626	—	—	HG/T20631-2009
7-2	螺母（专用）	32	M27x3 35CrMoA	0.251	8	HG/T20634-2009
7-1	双头螺柱	16	M27x3x220 35CrMoA	1.01	16	HG/T20634-2009
7-0	气体出口	1	组合件 金属质量 ～ 248 Kg			

问题分析

该容器配对法兰不符合设计图纸“开口中间法兰的配对法兰材质为 S31608”的要求。该容器下部 1825mm 为复合钢板，上部为 Q345R，操作介质为氯化物和催化剂，存在应力腐蚀倾向。气体出口为组合件，相当于 DN250mm 变 DN200mm 的变径法兰，包括接管法兰、中间法兰和配对法兰。图纸要求中间法兰材质为 S32168，配对法兰材质应为 S31608，相应管线的材质为 TP316H。由于存在应力腐蚀倾向，设计意图做了一个过渡，从法兰材质的 S32168 至 S31608，与管线材质 TP316H 作为组合，减少应力腐蚀发生概率。设备制造商由于工作失误，没有实现设计意图，导致问题的发生。

该问题的发生有两个方面的原因：一是设备制造商工作不认真，错用材质；二是设备验收环节出现问题，设备进场后，在验收过程中未仔细核对，漏检该问题。

问题处置

监督人员下发《质量问题处理通知书》，要求工程总承包单位联系厂家进行更换。

经验总结

设备制造商应加强质量控制，按设计要求选择材质；相关单位应加强设备验收工作，设备进场后认真核对材质，防止此类问题发生。

5　动设备法兰密封面存在缺陷

案例概况

2020 年 5 月，监督人员对某公司橡胶厂丙烯腈尾气综合治理项目检查时发现，B-192 风机法兰内侧焊接质量差，存在气孔和连续咬边，法兰密封面有多处密集斑点和凹坑。

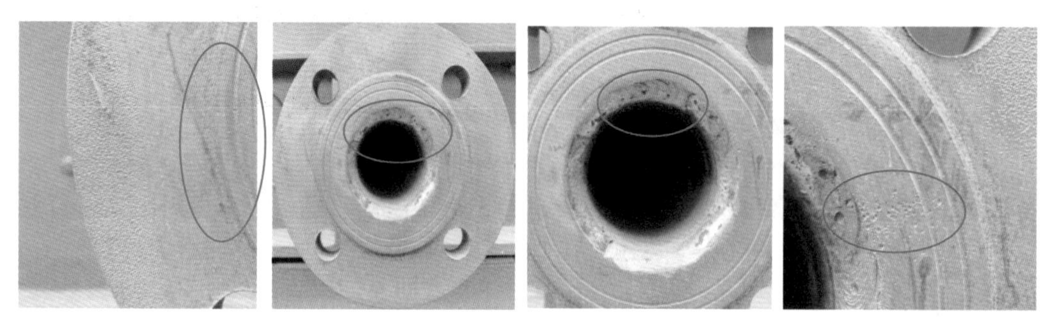

问题分析

GB 50275—2010《风机、压缩机、泵安装工程施工及验收规范》第 2.1.6 条规定，风机的进气、排气管路和其他管路的安装，应符合现行国家标准 GB 50235—2010《工业金属管道工程施工规范》和 GB 50243—2016《通风与空调工程施工质量验收规范》的有关规定。该案例中的法兰密封面不符合上述要求，此外，还不符合 GB 50235—2010《工业金属管道工程施工规范》第 7.3.1 条“法兰安装时，法兰密封面及密封垫片不得有划痕、斑点等缺陷”的要求。

法兰密封面存在缺陷将影响法兰密封效果。监理单位、施工单位等未做好设备到货检验工作，相关人员责任心不强，导致缺陷在设备安装就位后才被发现。现场监理和施工人员没有及时发现问题，未尽到相应职责。

问题处置

监督人员下发《质量问题处理通知书》，责令采购单位联系厂家进行处理。

经验总结

相关方应在今后工作中做好设备进场验收工作，避免不合格设备进场，杜绝质量隐患。

6 换热器滑动端不能滑动（混凝土基础）

案例概况

2020 年 7 月，监督人员在对某公司 200×10^4t/a 催化裂化装置的监督检查时发现，换热器 E301 滑动端被灌浆层覆盖，不能滑动。

问题分析

换热器滑动端不符合 GB 50461—2008《石油化工静设备安装工程施工质量验收规范》第 4.4.4 条“卧式设备滑动端地脚螺栓宜处于支座长圆孔的中间，位置偏差应偏向补偿温度变化所引起的伸缩方向；支座滑动表面清理干净，并涂润滑剂；设备配管结束后，松动滑动端支座地脚螺栓螺母，使其与支座板面间留有 1~3mm 间隙，并紧固锁紧螺母”的要求。

相关作业人员不具备设备安装专业知识。从管理角度来看，施工单位的技术人员未认真组织技术交底，监理单位专业工程师检查验收不到位，未能及时发现此问题，给工程埋下安全隐患。

问题处置

监督人员下发《质量问题处理通知书》，要求施工单位限期整改，清除灌浆料，按照规范实施保证滑动功能。

经验总结

施工单位的技术人员作业前应认真组织技术交底，灌浆的施工操作人员应掌握设备安装的相关要求，监理单位专业工程师应认真检查验收。

7 卧式设备滑动端不能自由滑动（钢结构基础）

案例概况

2020 年 6 月，监督人员对某公司焦化硫磺回收隐患治理工程监督检查时发现，酸性气预热器（1256-E-102）和空气预热器（1256 中 -E-103）两台卧式设备位于钢结构框架顶部，安放在钢结构基础之上，设备滑动端没有滑动裕量。

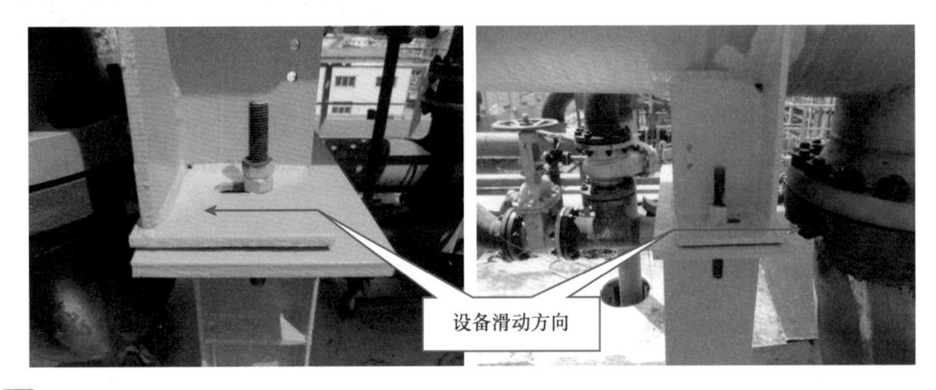

问题分析

卧式设备滑动端不符合 GB 50461—2008《石油化工静设备安装工程施工质量验收规范》第 4.4.4 条“卧式设备滑动端地脚螺栓宜处于支座长圆孔的中间，位置偏差应偏向补偿温度变化所引起的伸缩方向”的要求。由于设备热胀变形受限，会使设备及基础同时受到外加作用力，给设备正常使用带来隐患。

问题处置

监督人员下发《质量问题处理通知书》，在工程协调会上予以通报，要求施工单位按规范进行整改。

经验总结

施工单位在设备安装时没有注意到设备使用时会由于温差变化导致设备长度变化，施工单位应加强技术交底，监理单位应加强检查验收。

8 立式静设备无平垫铁和高度不足

案例概况

2021 年 6 月，监督人员对某公司天然气乙烷回收装置 1311 单元设备安装工程立式静设备安装监督检查时发现：

（1）安装位置 0°、270° 位置共有 6 组垫铁，每组仅有一对斜垫铁，无平垫铁。

（2）安装位置 270°~360° 范围大部分位置，实测基础混凝土表面至底座板距离只有 20~25mm。

斜垫铁下应有
平垫铁

读数为22mm，规范要
求宜在30~80mm以内

问题分析

立式静设备无平垫铁和高度不足，不符合 GB 50461—2008《石油化工静设备安装工程施工质量验收规范》第 4.3.3 条“支柱式设备每组垫铁的块数不应超过 3 块，其他设备每组垫铁的块数不应超过 5 块；斜垫铁下面应有平垫铁，放置平垫铁时，最厚的放在下面，薄的放在中间”和第 4.3.1 条“4 垫铁组高度宜为 30~80mm”的要求。

平垫铁的作用是支撑和减振，没有平垫铁，设备的稳定性就容易出问题。基础混凝土表面至底座板距离超过 30mm 是为了保证设备底座混凝土灌浆层的厚度，从而保证整个设备的稳定和安全。上述问题均属于设备垫铁安装的严重质量缺陷，这些缺陷严重影响设备的稳定，进而影响整个装置的安全平稳运行。

从质量行为的角度分析，施工单位施工人员工作不认真，主要是施工单位管理人员质量意识不强，未对重点问题进行交底，过程控制不严格，没有制定有效的质量问题预防和纠正措施并贯彻落实。

问题处置

监督人员下发《质量问题处理通知书》，要求施工单位在静设备安装施工方案中补充垫铁安装部分的内容，并报监理审批。经批准的施工方案，在施工现场向施工人员详细交底，然后再由施工人员全面整改。整改完成后，施工单位应严格执行三级检验制度，检验合格后，交监理验收。

经验总结

施工单位应重视静设备垫铁安装质量控制，制订施工方案，加强过程管控，落实“三检制”（自检、互检、专检），履行报验程序，确保静设备垫铁安装质量。监督人员应注意强化对此类问题的监控，避免遗留质量隐患。

9　橇装设备垫铁高度及间距超标

案例概况

2020 年 9 月，监督人员对某公司西部蒸汽与凝液优化项目换热机组橇装设备垫铁安装监督检查时发现：

（1）垫铁层数最高达 7 层。

（2）垫铁组间距最大达 1.2m。

（3）设备基础未凿毛，垫铁组下方未铲平。

问题分析

橇装设备垫铁高度及间距不符合 GB 50461—2008《石油化工静设备安装工程施工质量验收规范》第 4.1.6 条“基础混凝土表面不得有油渍及疏松层，并符合以下规定：1 放置垫铁处应铲平。2 放置垫铁处以外应凿成麻面，以 100mm × 100mm 面积内有 3~5 个深度不小于 10mm 的麻点为宜”、第 4.3.1 条“3 相邻两垫铁组的中心距不应大于 500mm”和第 4.3.3 条“支柱式设备每组垫铁的块数不应超过 3 块，其他设备每组垫铁的块数不应超过 5 块；斜垫铁下面应有平垫铁，放置平垫铁时，最厚的放在下面，薄的放在中间；斜垫铁应成对相向使用，搭接长度不应小于全长的 3/4”的要求。

问题处置

监督人员下发《质量问题处理通知书》，要求施工单位按照规范要求进行整改，监理单位跟踪整改情况，并复查验收关闭。

经验总结

垫铁安装质量直接影响设备稳定性、承载力，规范对其有严格要求。施工人员应加强相关标准的学习，技术要求执行应到位；监理人员应加强监管，避免类似问题发生。

10　球罐支柱垫铁安装不规范

案例概况

2020 年 10 月，监督人员对某公司乙烷制乙烯项目压力罐区监督检查时发现，V-3006 球罐 4# 支柱垫铁安装存在如下问题：

（1）垫铁组的块数为 8 块。

（2）垫铁组的高度为 115mm。

（3）垫铁与支柱底板焊接在一起。

（4）垫铁组伸入长度未超过地脚螺栓。

（5）基础凿麻的深度和数量不符合要求。

问题分析

球罐支柱垫铁安装不符合 GB 50461—2008《石油化工静设备安装工程施工质量验收规范》第 4.3.1 条“4 垫铁组高度宜为 30~80mm”、第 4.3.3 条“支柱式设备每组垫铁的块数不应超过 3 块，其他设备每组垫铁的块数不应超过 5 块”和第 4.1.6 条“2 放置垫铁处以外应凿成麻面，以 100mm×100mm 面积内有 3~5 个深度不小于 10mm 的麻点为宜”的要求。

上述质量问题，主要是施工人员不按规范施工、监理管理不到位造成的。

问题处置

监督人员下发《质量问题处理通知书》，责令施工单位按照规范要求进行垫铁施工。

经验总结

施工技术人员应加强标准规范学习，在工程建设过程中认真执行。监督人员在检查中发现此类问题应坚决制止，要求立即整改。

11 球罐支柱防火层厚度不符合设计要求

案例概况

2020 年 5 月，监督人员在对某公司液化石油气（LPG）及轻烃罐区设备安装工程质量进行监督检查时发现，41-V-6002B 球形储罐支柱采用 WH 型防火涂料，现场抽查发现有两根支柱的防火层厚度约 15mm。

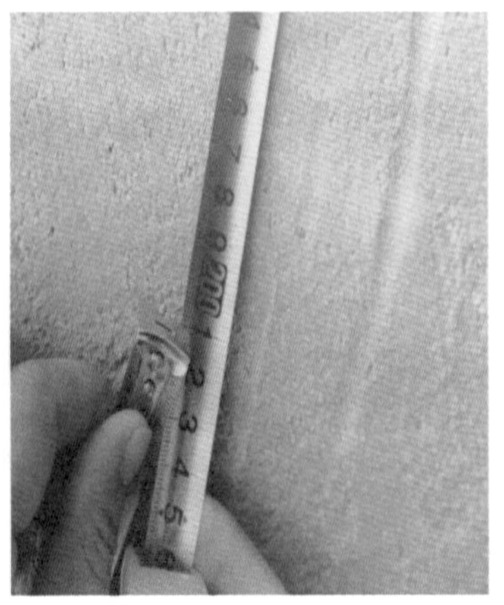

问题分析

球罐支柱防火层厚度不符合设计文件“防火层厚度不小于 25mm”的要求。施工单位未按照设计文件施工，工序施工结束没有经过自检；监理单位平行检验不到位，专业监理工程师对工序质量的控制不力。

防火层施工质量直接决定设备在出现火灾事故时能否保证设备本体的完好，对防止事故扩大、等待救援起着重大的作用。施工单位对石油化工设备工程施工规范、验收标准不够熟悉，监理单位专业监理工程师的专业能力不强，很难对石油化工设备的施工质量达到控制的目的。

问题处置

监督人员下发《质量问题处理通知书》，要求施工单位对防火层厚度不符合设计文件的部位进行返工处理，并对该项目所有球罐的支柱防火层厚度进行一次全面检查，确保防火层施工质量符合设计文件的规定；施工单位整改经自检合格后，监理单位检查确认。

经验总结

施工首先应符合设计文件规定，应严格按照经审查符合要求的设计文件施工。施工单位在每一道工序施工结束应进行自检，监理单位应当加大平行检验力度，确保工程实体质量符合设计文件及相关专业施工质量验收规范的规定。

12　球罐焊接未执行焊接工艺

案例概况

2022 年 9 月，监督人员对某公司新建原料罐区项目两台球罐 V-301A/B（直径 15700mm，壁厚 50mm，材质 15MnNiNbDR）进行监督检查时，发现如下问题：

（1）球罐 V-301B 工卡具焊前未预热。

（2）球罐 V-301A 赤道带纵缝焊接层间温度（49.9℃）低于焊接工艺卡要求的预热温度 150℃。

焊前
未预热

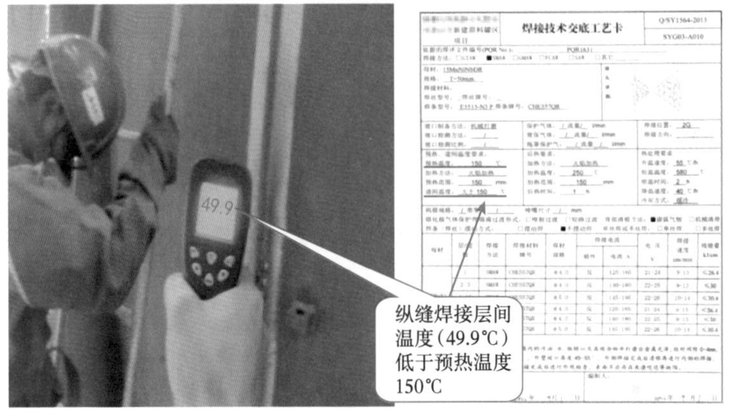
49.9
纵缝焊接层间
温度（49.9℃）
低于预热温度
150℃
焊接技术交底工艺卡

问题分析

球罐焊接不符合 GB 50094—2010《球形储罐施工规范》第 6.4.2 条“2 要求焊前预热的焊缝，施焊时层间温度不得低于预热温度的下限值”和第 6.4.3 条“2 需要预热时，应在以焊接处为中心，至少在半径 150mm 范围内进行预热；3 定位焊宜在初焊层的背面，定位焊的质量要求应与正式焊缝相同，当出现裂纹时应清除”的要求。

正式焊要求焊前预热，定位焊也必须要预热，如果不预热，球壳板在工卡具定位焊过程中就可能产生裂纹，造成球壳板的损伤。为了保证焊接质量，焊接工艺评定中要求施焊时层间温度不低于预热温度。如果施焊时层间温度低于预热温度，就可能形成严重的焊接质量问题。

上述质量问题，主要是由于现场施工管理人员不重视质量管理，不认真学习规范，并且没有给现场施工人员认真交底，监理人员也没负起责任。

问题处置

监督人员下发《质量问题处理通知书》，要求施工单位对存在的问题按照规范要求进行整改，对已完成的焊接接头进行全面无损检测，消除质量隐患。

经验总结

监督人员在现场检查中应重视此类问题，发现此类问题应立即制止，督促监理单位和施工单位学习规范，严格执行技术标准。

13 球罐焊缝返修未按设计要求进行预热

案例概况

2020 年 6 月，监督人员对某公司球罐隐患治理项目新建材质为 07MnNiMoDR 的丙烯低温球罐监督检查时发现，焊接缺陷返修焊接时，施工单位未按照焊接工艺进行预热。

问题分析

球罐焊缝返修不符合设计文件技术说明“焊接返修工艺应与球罐焊接工艺相同”的要求，该球罐焊接工艺明确要求焊前需要预热，如不进行焊前预热容易产生焊接裂纹，给储罐后续使用造成隐患。

不执行焊接工艺，返修焊缝未进行预热，说明焊接人员责任心不强，质量意识淡薄；现场管理人员履职不认真，未能发现返修中不执行焊接工艺的问题；施焊前技术人员的技术交底流于形式。

问题处置

监督人员下发了《质量问题处理通知书》，要求施工单位立即停止返修焊接并整改，对已焊接返修部位进行表面检测，对所有焊工重新进行返修交底，明确焊接工艺，强化严格执行焊接工艺的重要性，提高焊接质量意识。

经验总结

焊接工作是工程建设的核心内容，焊接质量的好坏直接影响设备的使用安全，如果在焊接过程中存在疏忽大意、不认真执行焊接工艺等问题，则会给装置的安全运行留下隐患，必须加以重视。因此，在今后的监督工作中应重点加强此方面的管理，增加监督频次，要求施工单位严格执行焊接工艺要求，不给工程留下质量隐患。

14　立式储罐底板未按设计文件排板施工

案例概况

2020 年 4 月，监督人员对某公司烷基化扩能改造项目立式储罐安装工程监督检查时发现，已经完成现场铺设的底板焊缝下方两块垫板的连接部位未铺设垫板。

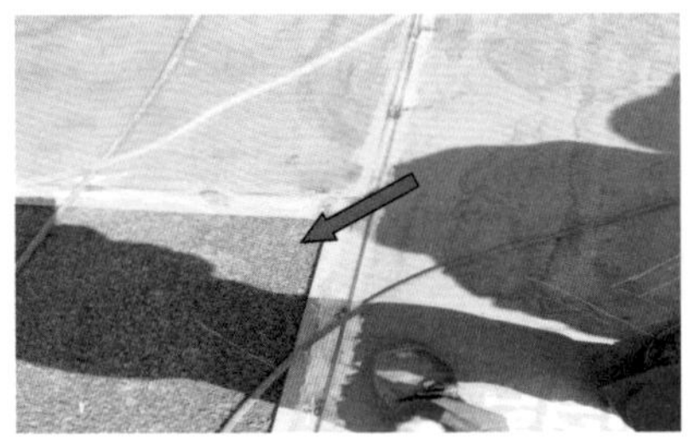
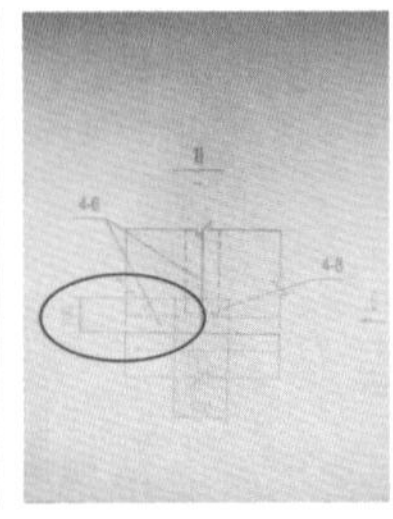
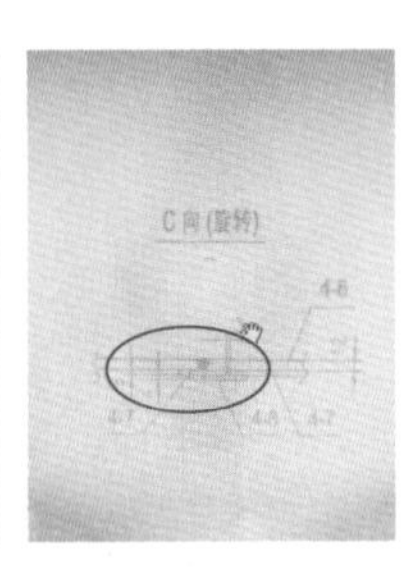

问题分析

立式储罐底板排板不符合设计图纸 EQ-603/002 两块垫板的连接详图，即两块垫板的连接处需要铺设第三块垫板的要求。问题原因如下：

（1）施工技术人员未认真查阅图纸，忽视设计要求。

（2）监理人员对设计文件规定了解不细，对底板的排板检查不严格。

问题处置

监督人员下发《质量问题处理通知书》，要求施工单位严格按照设计文件进行整改，对监理人员进行了通报批评。

经验总结

施工技术人员应严格落实图纸技术要求，加强技术交底；监理人员应加强工程质量过程管控。

15 罐底板焊接工艺失控

案例概况

2020 年 9 月，监督人员在对某公司炼油原料罐组 $3\times10^4m^3$ 原油储罐焊接检查时发现：

（1）在未提供施工方案的前提下已进行现场施工。

（2）TK-001C 罐底中幅板焊接中出现大量气孔。

（3）罐底板焊接方式与焊接技术交底工艺卡要求不同，焊接工艺规定分三层焊接，实际为两层。

（4）TK-001D 罐底中幅板打底焊接过程出现裂纹。

（5）罐底板上袋装的 SHF431 型焊剂在未烘干的情况下，直接加入埋弧焊机中使用。

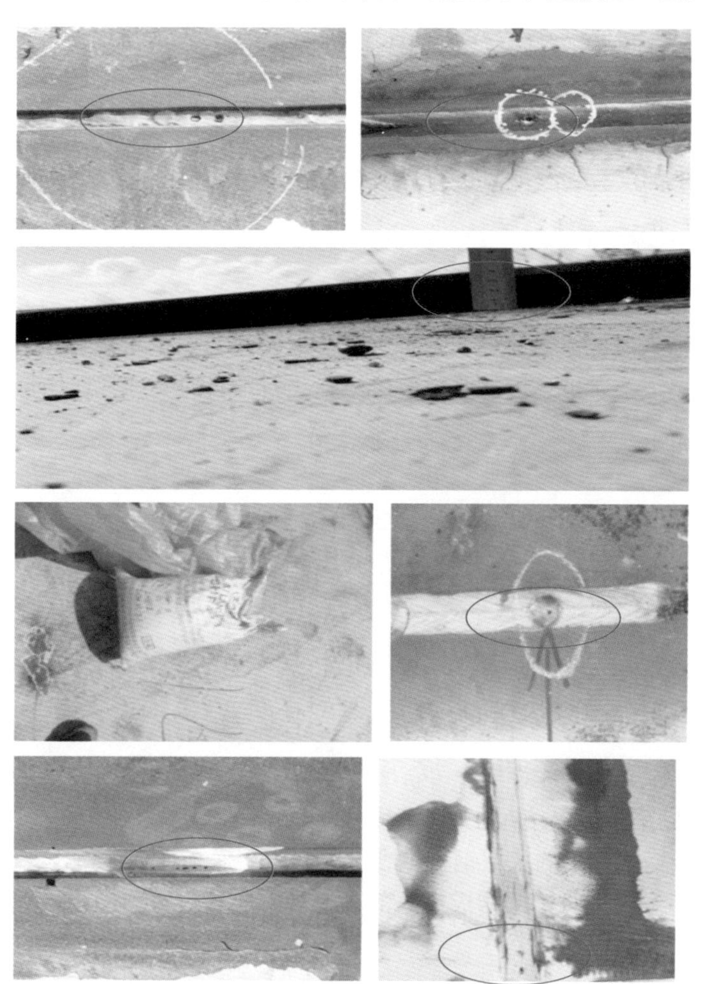

问题分析

罐底板焊接不符合 GB 50128—2014《立式圆筒形钢制焊接储罐施工规范》第 6.3.2 条“2 焊条和焊剂应按产品说明书的要求烘干；无要求时，应按表 6.3.2 的规定进行烘干和使用。烘干后的焊条应保存在 100~150℃ 的恒温箱中随用随取，焊条表面药皮应无脱落和明显裂纹”、第 6.4.1 条“焊接施工应按批准的焊接工艺规程进行”，以及第 7.1.2 条：“1 焊缝表面及热影响区，不得有裂纹、气孔、夹渣 、弧坑和未焊满等缺陷”的要求。

没有及时编制合理的施工方案，施工单位质量保证体系运行不畅，焊接质量处于失控状态。

焊接工艺执行不严格，储罐焊接前班组技术交底不到位，焊接层数少于焊接工艺要求，不能保证焊缝的力学性能，为设备的安全运行埋下隐患，焊接准备不充分。施工单位和监理单位对焊剂烘烤的重要性认识不足。焊剂没有烘烤，开袋焊剂直接使用，沿海地区高湿环境下焊剂易吸潮，易导致气孔和裂纹发生。

问题处置

监督人员下发《质量问题处理通知书》，要求对已施焊的罐底板焊缝进行表面检测，对存在缺陷的部位进行返修，焊剂使用前必须按要求烘干，焊接过程中必须严格按焊接技术交底工艺卡要求的层数和线能量进行焊接，方案未编制和审批完成前不允许施工。

经验总结

施工单位应加强质保体系建设，依据施工方案组织施工，增强对焊工的技术交底及焊材管理，提高现场焊工质量意识；监理单位应强化对现场的检查和现场管控。

16　储罐底板三层搭接部位漏焊

案例概况

2020 年 11 月，监督人员对某公司新增甲基叔丁基醚（MTBE）储罐项目监督检查时发现，新增 MTBE 储罐底板焊接存在如下问题：

（1）储罐底板搭接接头的三层钢板重叠部分，上层底板切角比例不符合图纸要求。

（2）罐底板搭接接头的三层钢板重叠部分，被上层底板覆盖的中层底板和下层底板搭接处的角焊缝未焊接。

问题分析

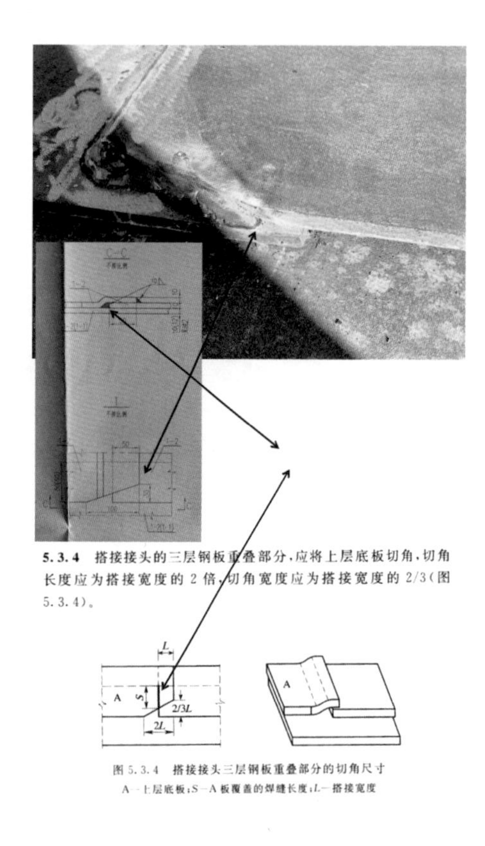
5.3.4 搭接接头的三层钢板重叠部分，应将上层底板切角，切角长度应为搭接宽度的2倍，切角宽度应为搭接宽度的2/3（图5.3.4）。
L
A
S
2/3L
2L
A
图5.3.4 搭接接头三层钢板重叠部分的切角尺寸
A—上层底板；S—A板覆盖的焊缝长度；L—搭接宽度

储罐底板三层搭接部位不符合GB 50128—2014《立式圆筒形钢制焊接储罐施工规范》第5.3.4条“搭接接头的三层钢板重叠部分，应将上层底板切角，切角长度应为搭接宽带的2倍，切角宽度应为搭接宽度的2/3（图5.3.4）”的要求。

施工单位技术人员未严格按照图纸要求施工，致使储罐底板搭接接头的三层钢板重叠部分上层底板切角比例不符合图纸要求；施工单位技术人员未识别图示符号，对图纸要求未掌握，导致储罐底板搭接接头的三层钢板重叠部分，被上层底板覆盖的中层底板和下层底板搭接处的角焊缝未焊。监理单位人员对标准和图纸不熟悉，监理工程师巡视仍未发现问题，以至于被上层底板覆盖的中层底板和下层底板搭接处的角焊缝未焊的问题一直存在，直到监督人员巡监时才发现此问题。

问题处置

监督人员下发《质量问题处理通知书》，要求施工单位将不符合设计图纸要求的三层钢板重叠部分的储罐底板搭接接头的上层底板，按照储罐底板蓝图要求切角，将上层底板与中层底板焊接部分磨开，将被上层底板覆盖的中层底板和下层底板搭接处按照设计图纸要求进行角焊缝焊接。要求施工单位、监理单位进行检查验收，举一反三，确保工程质量符合要求。

经验总结

相关单位应在工程开工前加强对施工单位技术人员、监理工程师等人员有关标准规范的学习和识图要求，提高工程管理人员素质，增强责任意识，严格按照标准规范和图纸要求进行施工、检查和验收。

17 储罐人孔组对间隙不符合设计要求

案例概况

2020 年 11 月，监督人员在对某公司乙烷制乙烯项目污水处理厂施工现场检查污水处理厂储罐安装工程监督检查时发现，位号为 37-TK-3401A 的人孔与补强圈组对中存在人孔补强圈组对间隙过小，不足 1mm，局部无间隙，坡口角度不够，难以保证根部焊透。

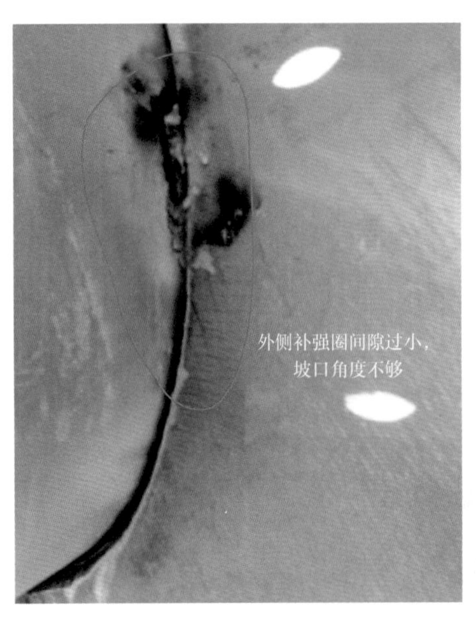
外侧补强圈间隙过小，
坡口角度不够

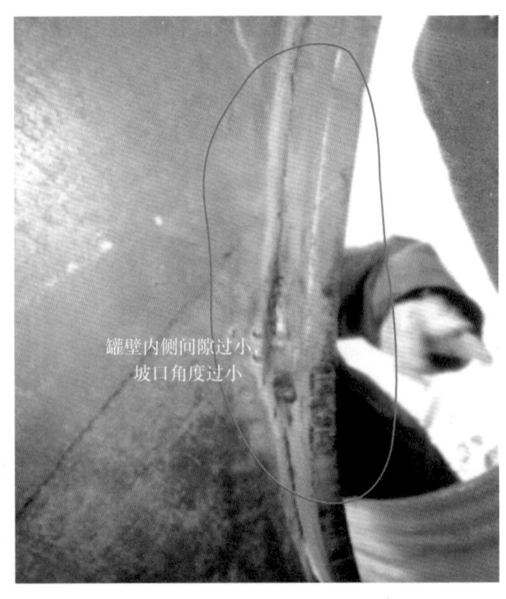
罐壁内侧间隙过小，
坡口角度过小

问题分析

储罐入孔组对间隙不符合 JB/T 4736—2002《补强圈》附录 A 中“A.1 各种坡口的焊接接头型式及适用范围见表 A.1”中的任何一种型式。施工单位对相关标准规范不熟悉，现场施工人员责任心不强；监理单位专业监理工程师把关不严。

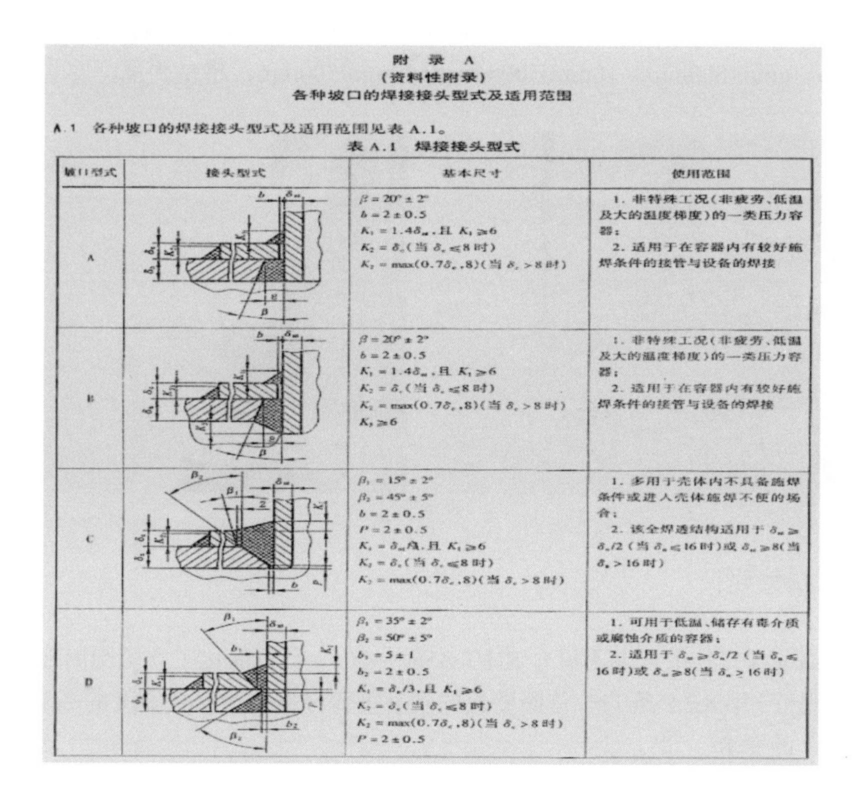

附 录 A

（资料性附录）

各种坡口的焊接接头型式及适用范围

A.1 各种坡口的焊接接头型式及适用范围见表 A.1。

表 A.1 焊接接头型式

坡口型式	接头型式	基本尺寸	使用范围
A		$\beta = 20^\circ \pm 2^\circ$ $b = 2 \pm 0.5$ $K_1 = 1.4\delta_{nt}$，且 $K_1 \geq 6$ $K_2 = \delta_n$（当 $\delta_n \leq 8$ 时） $K_2 = \max(0.7\delta_n, 8)$（当 $\delta_n > 8$ 时）	1. 非特殊工况（非疲劳、低温及大的温度梯度）的一类压力容器； 2. 适用于在容器内有较好施焊条件的接管与设备的焊接
B		$\beta = 20^\circ \pm 2^\circ$ $b = 2 \pm 0.5$ $K_1 = 1.4\delta_{nt}$，且 $K_1 \geq 6$ $K_2 = \delta_n$（当 $\delta_n \leq 8$ 时） $K_2 = \max(0.7\delta_n, 8)$（当 $\delta_n > 8$ 时） $K_3 \geq 6$	1. 非特殊工况（非疲劳、低温及大的温度梯度）的一类压力容器； 2. 适用于在容器内有较好施焊条件的接管与设备的焊接
C		$\beta_1 = 15^\circ \pm 2^\circ$ $\beta_2 = 45^\circ \pm 5^\circ$ $b = 2 \pm 0.5$ $P = 2 \pm 0.5$ $K_1 = \delta_{nt}/3$，且 $K_1 \geq 6$ $K_2 = \delta_n$（当 $\delta_n \leq 8$ 时） $K_2 = \max(0.7\delta_n, 8)$（当 $\delta_n > 8$ 时）	1. 多用于壳体内不具备施焊条件或进入壳体施焊不便的场合； 2. 该全焊透结构适用于 $\delta_{nt} \geq \delta_n/2$（当 $\delta_n \leq 16$ 时）或 $\delta_{nt} \geq 8$（当 $\delta_n > 16$ 时）
D		$\beta_1 = 35^\circ \pm 2^\circ$ $\beta_2 = 50^\circ \pm 5^\circ$ $b_1 = 5 \pm 1$ $b_2 = 2 \pm 0.5$ $K_1 = \delta_{nt}/3$，且 $K_1 \geq 6$ $K_2 = \delta_n$（当 $\delta_n \leq 8$ 时） $K_2 = \max(0.7\delta_n, 8)$（当 $\delta_n > 8$ 时） $P = 2 \pm 0.5$	1. 可用于低温、储存有毒介质或腐蚀介质的容器； 2. 适用于 $\delta_{nt} \geq \delta_n/2$（当 $\delta_n \leq 16$ 时）或 $\delta_{nt} \geq 8$（当 $\delta_n > 16$ 时）

问题处置

监督人员下发了《质量问题处理通知书》，要求施工单位对存在的问题按照规范要求进行整改，工程总承包单位和监理单位检查确认后，方可进行下道工序的施工。

经验总结

施工单位技术人员应加强标准规范学习，增强质量意识和责任心，严格执行技术要求；监理单位专业监理工程师应把好质量验收关。

18 储罐首圈壁板安装垂直度严重超差

案例概况

2020 年 10 月，监督人员对某公司乙烷制乙烯项目低温罐区监督检查时发现，低温罐区乙烷罐抗压环安装垂直度，在承压环 30°、36°、108°、186°、191°、210°、216°、270°

处测得的垂直度分别为12mm/500mm、14mm/500mm、12mm/500mm、7mm/500mm、6mm/500mm、6mm/500mm、10mm/500mm和12mm/500mm，超差严重。

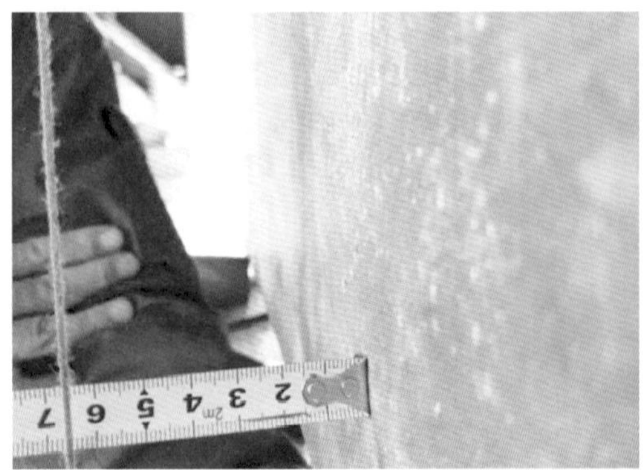

问题分析

储罐首圈壁板安装垂直度不符合SH/T 3560—2017《石油化工立式圆筒形低温储罐施工质量验收规范》第8.2.5条“b）首圈壁板的垂直度允许偏差为壁板宽度的2.5/1000，且不应大于6mm”的要求。

问题处置

监督人员下发《质量问题处理通知书》，要求施工单位按照规范进行壁板安装施工。

经验总结

施工单位应严格执行标准规范，过程控制落实“三检制”，确保施工质量；监理单位应加大平行检验力度，严把质量验收关。

19　炉管焊工超资格施焊

案例概况

2021年8月，监督人员对某公司苯乙烯装置加热炉炉管焊接监督检查时发现，炉管材质为TP347，材料分类属于Ⅳ，焊接工艺为手工电弧焊（SMAW）+氩弧焊（GTAW），部分焊接接头表面有连续咬边现象，随机抽查焊工证，其合格项目为GTAW，没有SMAW。

持证须知：
1、本证在××石化分公司范围内有效；持证项目经《特种设备作业人员证》批准；
2、妥善保管、不得转借他人；如有遗失或损坏，须向发证部门申请办理补发或换发。
3、GTAW-FeIII-6G-2/60-FefS-02/10/12 和SMAW-FeIII-6G(K)-4/60-Fef3J；GTAW-FeIV-6G-5/60-FefS-02/10/12；SMAW-FeIII-6G-12/108-Fef3J

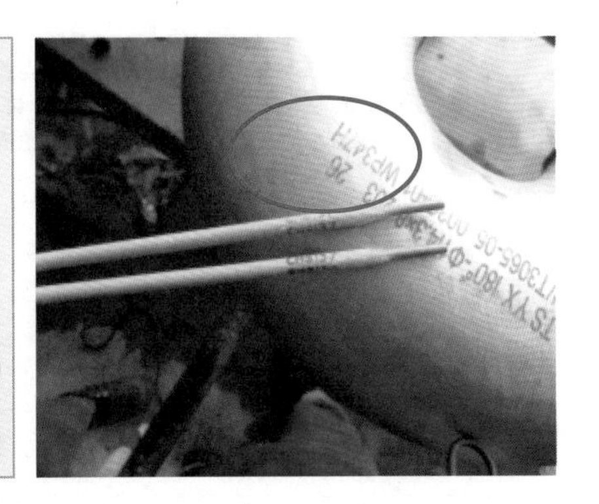

问题分析

炉管焊工不符合 SH/T 3523—2020《石油化工铬镍不锈钢、铁镍合金、镍基合金及不锈钢复合钢焊接规范》第 6.1 条“焊工应按 TSG Z6002 的规定考核合格，取得合格证后方可承担相应项目的焊接工作”的要求。

问题处置

监督人员下发《质量问题处理通知书》，停止该焊工操作，并对该焊工已完成的 TP347 焊缝进行 100% 无损检测，要求施工单位更换合格焊工，加强焊工资格审查，在工程协调会上进行通报。

经验总结

施工单位应加强技术交底，安排具备资格的合格焊工施焊，保证质量体系正常运行；监理单位专业工程师应加强监管。

20　橇装设备内部管道焊接质量不合格

案例概况

2021 年 4 月，监督人员对某公司乙烷制乙烯项目橇装设备自带配管进行无损检测（RT）抽查，共抽查 11 套，其中 4 套不合格，不合格率为 36.36%。

各装置厂家橇装设备自带配管无损检测（RT）情况

（[illegible]二烯装置：橇装设备37套（包括16个化学注入橇+13个泵橇，[illegible]厂家自行处理完再抽拍），抽拍11台，涉及厂家6家，不合格4台，涉及厂家3家。

序号	设备位号	设备名称	数量	厂家	抽检情况（RT，Ⅱ级合格）	抽检结果	缺陷	合格率/%	备注
1	11-PU-2001	气浮单元	1	[illegible]	抽检微气泡发生器11-V-2051，Ø60×4 4个，Ø114×6 1个	Ø60×4 4个合格，Ø114×6 1个不合格	超标气孔	80	北京寰球
2	11-PU-9091A	含油污水预处理系统	1	[illegible]	抽检Ø60×4 4个，Ø89×5 4个	不合格	坡口未焊透	0	
3	11-PU-9091B	含油污水预处理系统	1	[illegible]	抽检Ø60×4 4个，Ø89×5 4个	不合格	坡口未焊透	0	
4		管阀架（FJ2020-04）	1	[illegible]	抽检Ø76×4 6个	合格		100	
5	11-C-4010	膨胀气压缩机	1	[illegible]	抽检Ø32×4 2个	合格		100	
6	11-C-4011	膨胀气压缩机	1	[illegible]	抽检Ø32×4 2个	合格		100	
7	11-AE-3001	射汽抽气器（058A）	1	[illegible]	抽检Ø48×4 4个，Ø32×4 4个	合格		100	
8	11-AE-5001	射汽抽气器（058B）	1	[illegible]	抽检Ø48×4 4个，Ø32×4 4个	合格		100	
9	11-AE-6001	射汽抽气器（058C）	1	[illegible]	抽检Ø48×4 4个，Ø32×4 4个	合格		100	
10	11-TK-3049	裂解气压缩机组油站	1	[illegible]	抽检Ø168×7 2个，Ø219×8 2个	合格		100	
11	11-TK-6042	乙烯、丙烯压缩机组油站	1	[illegible]	抽检Ø168×7 2个，Ø219×8 2个	Ø168×7 1个，Ø219×8 2个不合格	局部未熔合	25	

问题分析

橇装设备内部管道焊接质量不符合 GB 50231—2009《机械设备安装工程施工及验收通用规范》第 6.2.6 条“2 无损检测的抽检数量和焊缝质量，应符合设计或随机技术文件的规定；无规定时，应符合表 6.2.6 的规定”的要求。

现场抽查不合格率高达 36.36%，说明当前的橇装设备制造厂整体质量保证体系不健全，运行不正常。

表 6.2.6 无损检测的抽检数量和焊缝质量

工作压力/MPa	抽检数量/%	焊缝质量
≤6.3	5	Ⅲ级
>6.3~31.5	15	Ⅱ级
>31.5	100	Ⅰ级

问题处置

监督人员下发《质量问题处理通知书》，要求制造厂按照规范要求对所有的不合格焊接接头进行整改。

经验总结

橇装设备制造单位应加强标准规范学习，并在制造过程中认真执行。本案例中出现的质量问题，主要是制造人员不按规范施工，橇装设备制造单位质量管理不到位。采购单位应加强到货验收检查。

21　脱水罐改造热处理后硬度检测不合格

案例概况

2021 年 9 月，监督人员对某公司球罐二次脱水罐改造项目设备安装工程热处理质量监督检查时发现，球罐二次脱水罐 D-5203 进行接管改造焊接后罐体（Q345R）局部热处理，热处理后硬度检测 3 点数值分别是 303HB、160HB 和 250HB，平均值为 238HB。

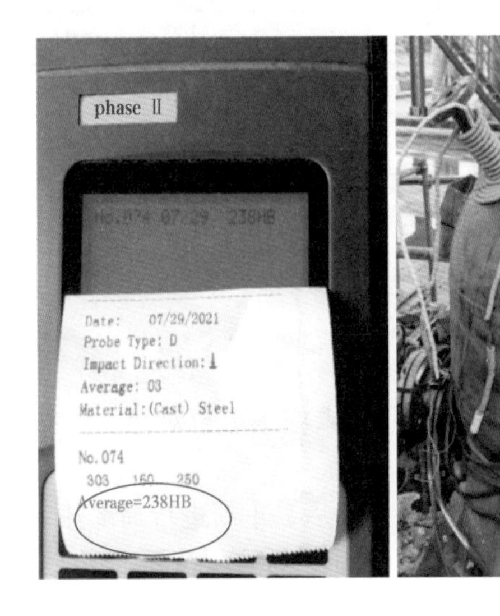

问题分析

脱水罐改造热处理后硬度不符合 HG/T 20581—2020《钢制化工容器材料选用规范》第 6.8.2 条“6）材料为非焊接件或经焊后热处理时，硬度限制应符合表 6.8.2”的要求。

表 6.8.2　材料硬度限制表

组类别	硬度最大值
Fe-1	200HBW
Fe-3	225HBW
Fe-4	225HBW
Fe-5A	235HBW
Fe-5B	235HBW
Fe-5C	235HBW

球罐二次脱水罐 D-5203 为液化气球罐脱水使用，设计环境为湿 H_2S 应力腐蚀环境。查询 NB/T 47014—2011《承压设备焊接工艺评定》“表 1　焊制承压设备用母材分类分组”，Q345R 属于 Fe-1-2，硬度最大值 200HBW。原设备制造为整体焊后热处理，本次改造设计要求对改造部位进行局部焊后热处理。施工单位技术员在编制热处理方案时直接使用原热处理参数，未针对改造后局部热处理进行参数调整，导致热处理恒温时间不足，硬度偏高。

表 1　焊制承压设备用母材分类分组

母材		牌号、级别、型号	标　准
类别	组别		
Fe-1	Fe-1-2	HP345	GB 6653
		Q345	GB 1591，GB/T 8163，GB/T 12459
		Q345R	GB 713
		Q390	GB/T 1591

问题处置

监督人员下发《质量问题处理通知书》，要求施工单位对存在的问题按照规范要求进行整改，重新编制热处理方案，重新进行热处理。

施工单位重新编制热处理方案，经审查合格后，重新进行局部热处理，热处理后硬度检测结果硬度值分别为 196HB、184HB 和 161HB，符合规范要求。

经验总结

在日常监督检查工作中，施工单位责任人编写方案照抄照搬，没有针对性时有发生。监督人员在监督检查中应重点对关键施工工序进行审查，发现此类问题立即整改。

22　裂解炉筑炉耐火胶泥存在孔洞、开裂

案例概况

2021 年 4 月，监督人员对某公司乙烷制乙烯项目乙烯装置监督检查时发现，2# 裂解炉 A 炉膛耐火砖砌筑，多处砖缝耐火胶泥不饱满，抽查两处砖缝耐火胶泥存在孔洞，深

度达 126mm，观火孔处内侧耐火浇注料存在开裂现象。

问题分析

裂解炉筑炉耐火胶泥不符合 GB 50211—2014《工业炉砌筑工程施工与验收规范》第 3.2.12 条“湿砌砌体砖缝中的耐火泥浆应饱满，其表面应勾缝并填平压实”及第 4.3.12 条“耐火浇注料衬体表面可有轻微的网状裂纹，但不得有裂缝、孔洞、剥落等缺陷”的要求。耐火胶泥不饱满，将会造成炉壁钢板超温和防腐漆烧蚀，耐火胶泥开裂，不但降低了隔热层强度，还会造成高温气体对炉外壁的烧蚀。

问题处置

监督人员下发《质量问题处理通知书》，要求施工单位按照规范进行整改。

经验总结

施工单位应加强施工技术交底及过程管控，落实“三检制”。监理单位应严格履职，认真检查验收。

23 裂解炉托砖板未按图纸施工

案例概况

2021 年 8 月，监督人员组织专家对裂解炉进行阶段性监督检查，抽查 F1160 号炉，发现如下质量问题。

（1）炉墙上托砖板与支架间采用双面焊接。

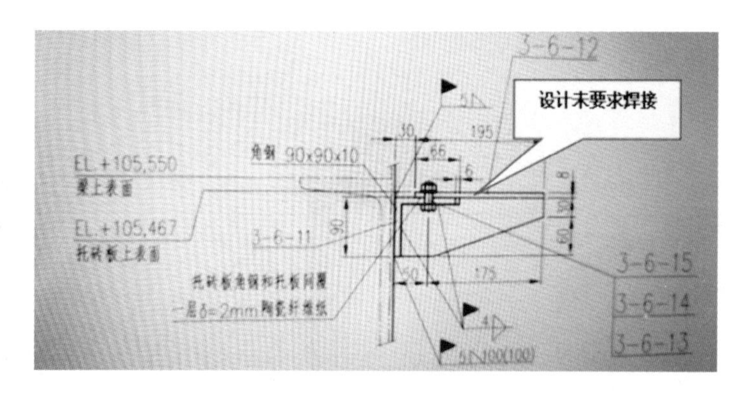

托砖板与支架和角钢连接图

（2）托砖角钢与支架间的水平焊缝没有焊接。

问题分析

裂解炉托砖板不符合“支架与托砖板间滑动支撑，托砖板角钢与支架间水平焊缝焊接”的设计要求。

施工单位阅图不仔细，交底不清楚，盲目施工。炉墙上托砖板与支架间焊接，约束了托砖板横向的自由热膨胀，托砖板在高温下热胀变形，将造成耐火砖的高低不平和砖缝开裂；托砖角钢与支架间没有焊接，将会造成支架与角钢间的连接强度不够。未按设计文件施工，将对炉墙的安全稳定和隔热效果埋下隐患。

问题处置

监督人员下发《质量问题处理通知书》，责令施工单位依据设计要求彻底清除托砖板与支架间的连接焊缝，补焊角钢与支架间焊缝，监理检查确认。此外，要举一反三，对其他炉也做到自查自改。

施工单位按照监督部门及图纸要求整改，结果如下图。

经验总结

施工单位应做好班前技术交底和“三检制”，避免类似问题再次出现；监理单位和建设单位质量管理人员应依据图纸和规范加强对细部质量的检查管理，避免上述问题重复发生。

24 再生器衬里表面疏松、蜂窝麻面

案例概况

2020 年 11 月，监督人员在对某公司 200×10^4t/a 催化裂化装置监督检查时发现，再生器衬里表面疏松、蜂窝麻面。

问题分析

再生器衬里表面不符合 GB 50474—2008《隔热耐磨衬里技术规范》第 6.5.2 条“2 隔热耐磨混凝土表面应平整密实，不得有疏松和蜂窝麻面等缺陷”的要求。施工过程和成品保护未采取有效的防护措施，造成衬里表面疏松、蜂窝麻面等缺陷。

问题处置

监督人员下发《质量问题处理通知书》限期整改，要求返工处理。

经验总结

该缺陷会使得衬里在介质的流动和冲刷下脱落，给装置的生产运行留下隐患。施工单位的技术人员应认真组织技术交底，作业人员应熟悉施工相关要求，在冬季施工过程和成品保护过程中应采取有效保暖措施，避免因混凝土受冻给衬里质量留下隐患。

25　泵蜗壳制造质量不符合规范要求

案例概况

2020 年 8 月，监督人员对某公司精对苯二甲酸（PTA）项目动设备安装质量监督检查时发现，某泵业制造有限公司制造的两台循环泵（位号：95-2003A/B）存在如下问题：

（1）两台泵蜗壳（材料 304）内表面存在较多气孔和大量的补焊打磨痕迹，且 95-2003A 出口颈根部存在显著裂纹。

（2）厂家随机质量保证资料中泵壳体渗透检测报告结果均为合格，无缺陷修补和二次检测记录。

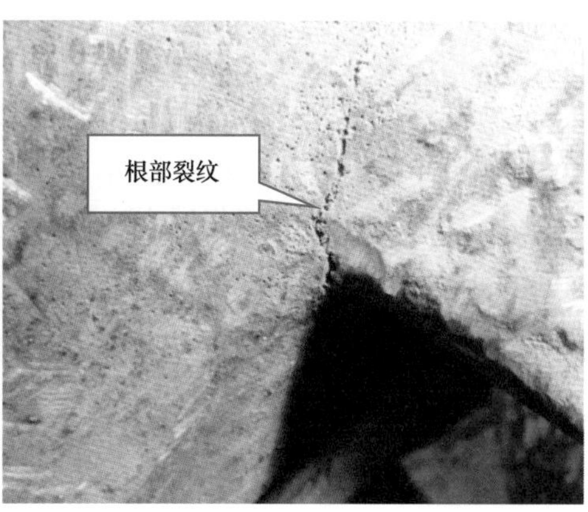

问题分析

泵蜗壳制造质量不符合 GB/T 37681—2019《大型铸钢件　通用技术规范》第 6.5.1 条“铸件表面不应存在影响使用的缺陷，如有缺陷可进行补焊修复”的要求。

泵生产厂家对蜗壳铸造过程质量管理不严格，造成有缺陷的铸件流入机加工和组装环节。建设单位、工程总承包单位、监理单位和施工单位在开箱检验过程检查不细，把关不严。

问题处置

监督人员下发《质量问题处理通知书》，要求采购单位进行整改。生产厂家对泵内壁裂纹和气孔打磨到缺陷根部后进行补焊，再对补焊处打磨光滑后进行渗透检测。

经验总结

泵到货后应严格进行开箱检验，不能只做记录，而忽视了对实体的检查。厂家对泵法兰口尺寸标注存在错误，造成检查时的误判。

26 机泵二次灌浆后垫铁仍外露

案例概况

2020 年 9 月，监督人员对某公司电石厂醇醚 300# 尾气治理项目监督检查时发现，碱液循环泵 PC-301A/B 二次灌浆层高度不满足要求，灌浆层未完全覆盖垫铁组，导致垫铁组上表面外露。

问题分析

机泵二次灌浆层高度不符合 SH/T 3538—2017《石油化工机器设备安装工程施工及验收通用规范》第 6.7.8 条“二次灌浆前应按图 6.7.8 所示安设外模板，图中底座外缘至灌浆层外缘的距离 *c* 值应不小于 60mm，垫铁上表面至灌浆层上表面的最小距离 *h* 值应不小于 10mm”的要求。

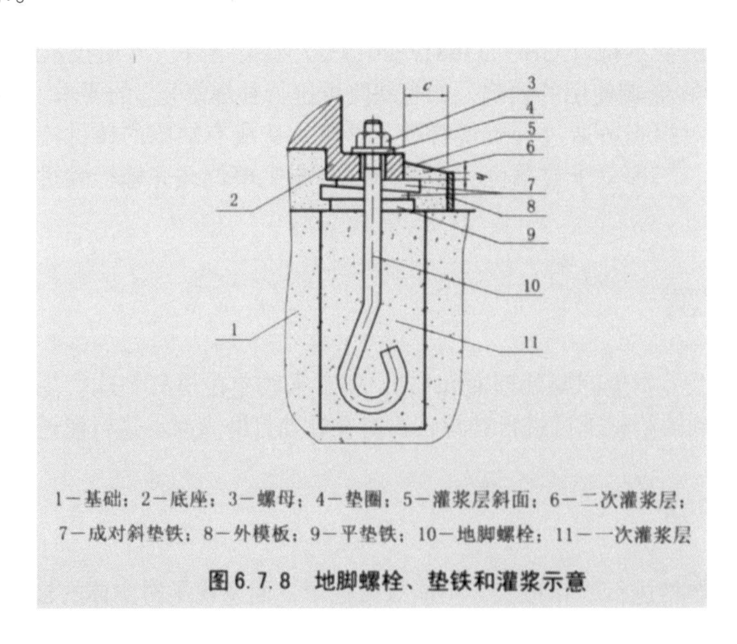

1—基础；2—底座；3—螺母；4—垫圈；5—灌浆层斜面；6—二次灌浆层；7—成对斜垫铁；8—外模板；9—平垫铁；10—地脚螺栓；11—一次灌浆层

图 6.7.8 地脚螺栓、垫铁和灌浆示意

机泵二次灌浆后，高强灌浆料搅拌期间注水过量，致使在灌浆完成后静止状态下，多余的水分析出，并混杂灌浆料浮于表层，造成灌浆高度达到要求的假象，现场施工作业人员没有进行最后确认，待水分蒸发后，露出未覆盖的垫铁组。该机泵工作环境为酸碱环境，若以此状态长期运行，则垫铁将会被腐蚀减薄，造成机泵运行失稳，导致事故发生。

问题处置

监督人员下发《质量问题处理通知书》，要求施工单位将二次灌浆层清除，重新灌浆，监理单位跟踪整改情况，并复查验收直至问题关闭。

经验总结

施工单位应落实关键工序“三检制”，施工操作人员应掌握标准要求，施工完毕应检查到位；监理单位监理人员应加强检查，严把质量验收关；监督人员在监督检查中发现此类问题应立即制止，坚决纠正。

27　循环泵垫铁安装不符合规范要求

案例概况

2020 年 10 月，监督人员在对某公司化肥厂二化尿素装置造粒塔除尘改造工程监督检查时发现，现场安装的循环泵配对斜垫铁的搭接长度小于全长的 3/4，不符合规范要求。

问题分析

循环泵垫铁安装不符合 SH/T 3538—2017《石油化工机器设备安装工程施工及验收通

用规范》第 6.3.7 条“d）配对斜垫铁的搭接长度应不小于全长的 3/4，其相互间中心线偏斜角应不大于 3°”的要求。

施工单位在循环泵垫铁安装过程中未严格按照相关规范要求执行，使得配对斜垫铁的搭接长度严重不足，施工单位质检部门履职不到位，未能及时发现现场的质量问题；在工程项目施工过程中，监理单位也未能按照监理平行检验的相关要求严格把关。

问题处置

监督人员下发《质量问题处理通知书》，要求施工单位立即对此问题进行整改，严格按照规范施工，报监理单位验收合格。

经验总结

施工单位的技术人员应加强相关规范学习，提高工作责任心，增强质量意识，避免给工程实体质量带来安全隐患；监理单位应强化对现场的检查和管控。

28　与转动机器连接的管道重力直接作用在机器上

案例概况

2022 年 5 月，监督人员对某公司 ABS 及其配套工程项目丙烯腈装置精制单元泵垫铁安装质监点监督检查时发现：

（1）精制单元泵 2100-P-1315A 在未找正验收及二次灌浆的情况下进行配管施工，违反了基本施工程序。

（2）2100-P-1315A 等泵出入口配管重力直接作用在泵法兰口上。

问题分析

与转动机器连接的管道安装不符合 GB 50235—2010《工业金属管道工程施工规范》第 7.1.1 条“1 与管道有关的土建工程已检验合格，满足安装要求，并已办理交接手续。2 与管道连接的设备已找正合格，固定完毕”，以及 SH /T 3501—2021《石油化工有毒、可燃介质钢制管道工程施工及验收规范》第 7.2.8 条“a）管道的重量和其他外力不得作用在机器上”的要求。

管道的重力和其他外力作用在机器上，会使已经安装找正的机器设备产生位移和变形，从而破坏其水平度和同心度，造成设备振动加大，严重情况下轴承和机械密封将会被损坏。

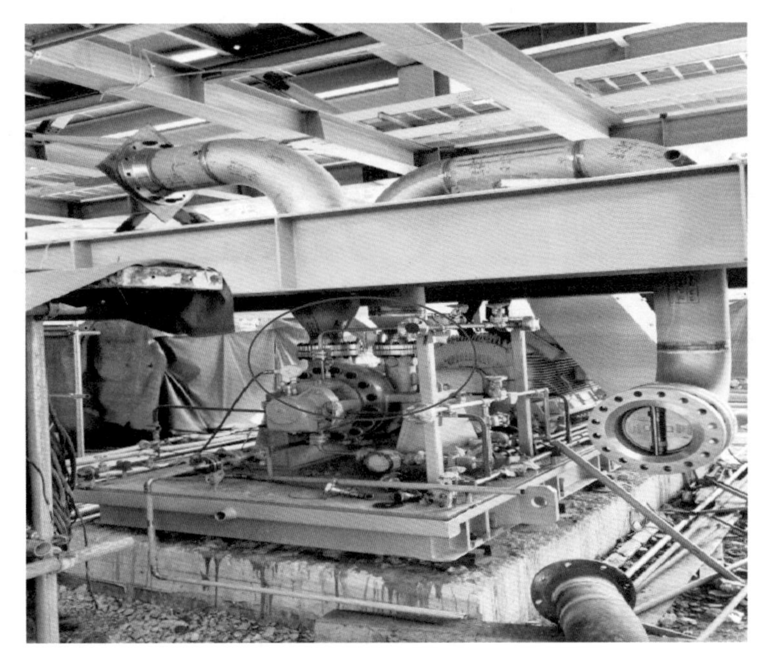

问题处置

监督人员下发《质量问题整改通知书》，施工单位拆除了已连接的管道，重新进行设备找正，进行垫铁点焊，并在规定的时间内二次灌浆，灌浆料达到强度后，按规范要求进行无应力配管施工。

经验总结

施工单位应加强标准规范学习，加强技术交底，施工人员应按规范施工，监理单位应加强过程管控。

29 管道与机器设备连接不符合规范要求

案例概况

2021 年 4 月，监督人员对某公司乙烷制乙烯项目乙烯装置监督检查时发现：

（1）分离一区乙烯膨胀压缩机（C-4010）转速为 27903r/min，松开压缩机出入口法兰，测得机底位移（上升）0.05mm; 出口法兰同轴度为 3mm，法兰平行度达 3.72mm。

（2）分离二区工艺凝液泵（11-P-9043）与管道连接检查，泵入口管线法兰平行度实测最大 2.02mm，规范要求小于 0.323mm；松开出入口法兰连接螺栓后，泵联轴器水平与垂直方向合成位移 0.56mm，规范要求位移不大于 0.05mm。

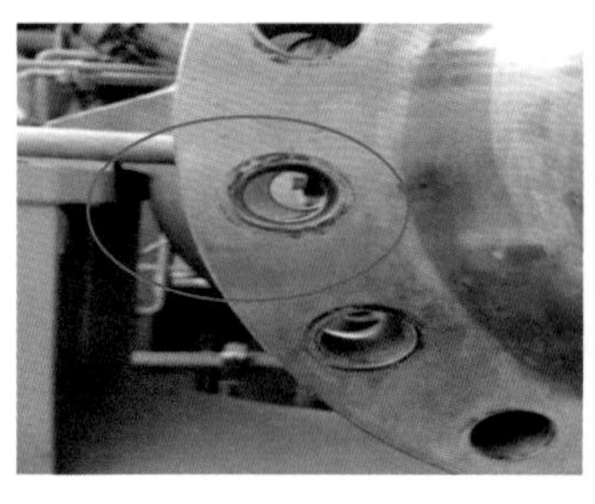
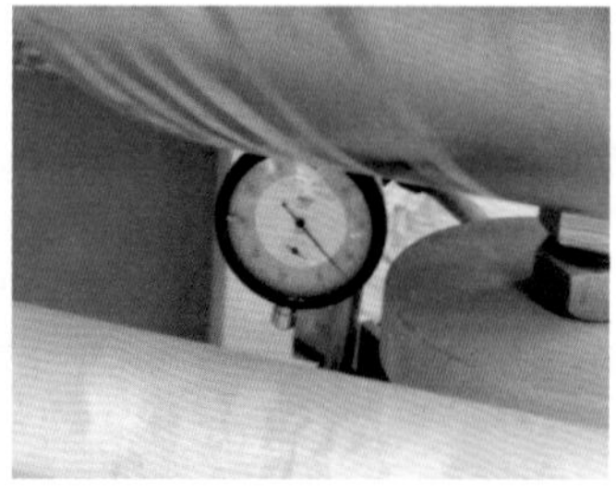

问题分析

管道与机器设备连接不符合 SH/T 3538—2017《石油化工机器设备安装工程施工及验收通用规范》第 8.5.2 条 a）款“管道与机器设备连接前，应在自由状态下，检查配对法兰的平行度和同轴度，其偏差应符合表 8.5.2 的规定”以及第 8.5.2 条 c）款“管道与机器最终连接时，应在联轴器上或机器支脚处，用百分表监测转子轴和机器机体的径向和轴向位移：

（1）转速大于 6000r/min 的机器，位移应不超过 0.02mm；

（2）转速小于或等于 6000r/min 的机器，位移应不超过 0.05mm 的要求。

表8.5.2　法兰平行度、同轴度允许偏差

机器转速V_r / r/min	平行度 / mm	同轴度 / mm
$V_r<3000$	$\leqslant D_o/1000$	全部螺栓顺利穿入
$3000<V_r\leqslant 6000$	≤0.15	≤0.50
$V_r>6000$	≤0.10	≤0.20

注：D_o为法兰外径，mm。

管道安装存在附加应力，会使已经安装找正的机器设备产生位移和变形，从而破坏其水平度和同轴度，造成设备振动变大，情况严重的轴承和机械密封将会被损坏。

问题处置

监督人员下发《质量问题处理通知书》，要求施工单位按规范进行配管施工。

经验总结

施工单位技术人员应加强国家标准规范学习，在工程建设过程中认真执行，保证设备正常、长周期稳定运行。监督人员在检查中发现此类问题应坚决制止，要求立即整改。

30 氮气压缩机曲轴箱内有大量杂质

案例概况

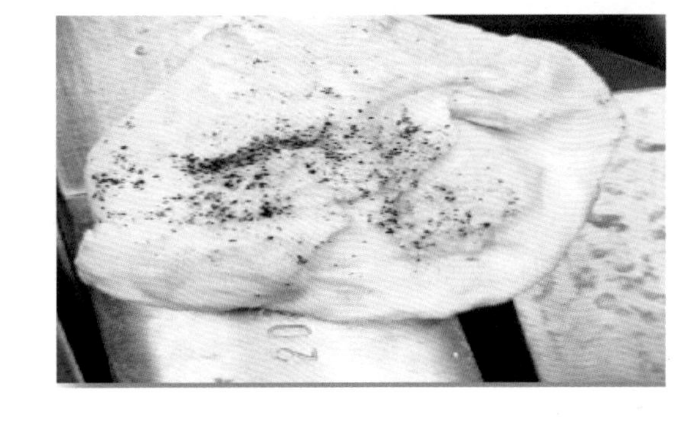

2021 年 4 月，监督人员发现某公司乙烷制乙烯项目乙烯装置氮气压缩机（C-9011A/S）曲轴箱设备出厂前内部未清理干净，用面团检查存在大量细砂、铁锈等杂物。

问题分析

氮气压缩机曲轴箱不符合 SH/T 3538—2017《石油化工机器设备安装工程施工及验收通用规范》第 7.2.5 条“c） 清洗后的箱体不得残留任何异物和清洗剂”的要求。细砂、铁锈易随润滑油进入轴承箱，将造成轴承磨损、温度升高，影响设备长周期稳定运行。

问题处置

监督人员下发《质量问题处理通知书》，要求施工单位按照规范进行压缩机内部全面清理。

经验总结

施工单位应加强施工技术交底及过程管控。监理单位应检查到位。

31 聚乙烯反应器内洁净度与设计文件不符

案例概况

2021 年 4 月，监督人员对某公司乙烷制乙烯项目全密度聚乙烯装置质量检查时发现，全密度聚乙烯反应器 12-R-4001 内部分布板表面有大量白砂。

问题分析

聚乙烯反应器内洁净度不符合图纸设计说明第 15 条“在反应器喷砂除锈、喷刷涂料阶段，制造单位要采取措施，防止白砂、涂料及污垢物进入分布板与筒体的缝隙中，影响产品质量”的要求。

问题处置

监督人员下发《质量问题处理通知书》，要求制造单位按照规范对反应器内部进行全面清理。

经验总结

制造单位应认真查阅图纸，对设计说明认真研读，做好作业前的技术交底。设备监理应加强过程检查，避免同类问题重复发生。

Ⅱ 管道安装

32 膨胀节制造质量差

案例概况

2022 年 8 月，监督人员在某公司技改项目建设现场检查时发现，现场到货的管线膨胀节焊道存在诸多质量缺陷：焊道表面内凹；焊道表面气孔；焊道内表面未焊透等。

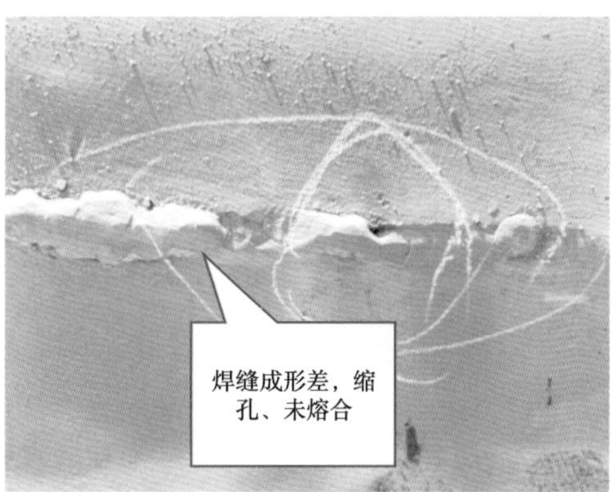

问题分析

膨胀节制造质量不符合 SH/T 3501—2021《石油化工有毒、可燃介质钢制管道工程施工及验收规范》第 5.1.5 条 a）款“无裂纹、缩孔、夹渣、重皮等缺陷”，以及第 5.1.5 条 d) 款“焊缝成形良好，且与母材圆滑过渡，不得有裂纹、未熔合、未焊透等缺陷”的要求。

制造厂家产品质量控制水平较差，产品出厂检验流于形式，不合格产品未经处置直接出厂。监理单位、施工单位在膨胀节进场验收时工作不细致、要求不严格，不符合标准要求的产品直接运至施工现场。

问题处置

监督人员下发《质量问题处理通知书》，要求施工单位将该膨胀节退场，重新供货的膨胀节验收合格后方可进场。施工单位将该膨胀节进行了退场处理。

经验总结

监理单位、施工单位在管道元件进厂时，应严格执行验收程序，做好实体质量和质量证明文件的检查。

33 地管施工使用自制管件

案例概况

2020年10月，监督人员在对某MTBE改造项目现场监督检查时发现，施工单位为了抢工期，在标准管件大小头未到货的情况下，使用手工自制的同心大小头，不能确保大小头的制造质量。

问题分析

地管施工使用自制管件不符合GB 50268—2008《给水排水管道工程施工及验收规范》第1.0.3条“给水排水管道工程所用的原材料、半成品、成品等产品的品种、规格、性能必须符合国家有关标准的规定和设计要求”的要求。

参建各方不重视地管的施工，采用局部多处割除金属、氧乙焰烘烤后手锤敲砸焊接的方法手工自制的同心大小头，因多处焊缝为强力组对，且焊缝未经无损检测，制造质量无法保证，一旦投入运行，将给地下水线的长期安全运行埋下质量隐患。

问题处置

监督人员下发《质量问题处理通知书》，要求施工单位立即将手工自制的同心大小头割除，更换标准大小头，以确保施工质量。施工单位割除了手工大小头，更换了标准大小头，焊接后进行了无损检测。

经验总结

地管施工后应进行埋地隐蔽，各单位容易心存侥幸，不重视地管的施工质量，对施工过程发生的问题以及施工单位的违规施工，建设、监理单位容易视而不见，易导致质量隐患。项目各方应重视地管施工质量，建立健全完善的工序验收制度，杜绝随意进行材料代用，杜绝随意降低施工质量。

34 使用制造标准过期的不锈钢管

案例概况

2022 年 6 月，监督人员在对某项目管道预制场监督检查时发现，施工单位准备开始预制不锈钢管道，但现场存放的不锈钢管中，既有按照 GB/T 14976—2012《流体输送用不锈钢无缝钢管》标准生产的不锈钢管，也有按照 GB/T 14976—2002《流体输送用不锈钢无缝钢管》生产的不锈钢管。GB/T 14976—2012《流体输送用不锈钢无缝钢管》已于 2013 年 2 月 1 日实施，GB/T 14976—2002《流体输送用不锈钢无缝钢管》同时废止。

问题分析

使用制造标准过期的不锈钢管，不符合 SH/T 3501—2021《石油化工有毒、可燃介质钢制管道工程施工及验收规范》第 5.1.2 条“管道组成件和支撑件应符合设计文件规定及本标准的有关要求”和第 5.1.3 条“管道组成件、弹簧支吊架、低摩擦管架、阻尼装置及减振装置等产品应有质量证明书。质量证明书上应有产品标准、设计文件和订货合同中规定的各项内容和检验、试验结果。验收时应对质量证明书进行审查，并与实物标志核对。无质量证明书或与标识不符的产品不得验收”的要求。

GB/T 14976—2012 标准中对不锈钢牌号、合金元素的含量、规格尺寸等都有新的要求，按照 GB/T 14976—2002 标准生产的管线已经不能满足设计及规范要求。

施工单位对原材料标准规范掌握不准确，进场验收不细致，没有对标准更新后材料的适用性进行确认，把属于不合格品的材料验收进入现场。

问题处置

监督人员下发了《质量问题处理通知书》，要求施工单位把按照 GB/T 14976—2002 标准生产的不锈钢管进行退场。施工单位按要求对 GB/T 14976—2002 标准生产批次进行了退场处置，更换为按 GB/T 14976—2012 标准生产批次的不锈钢管。

1）新标准修订内容

本标准代替 GB/T 14976—2002《流体输送用不锈钢无缝钢管》。本标准与 GB/T 14976—2002 相比，主要变化如下：

——增加了按最小壁厚的交货方式；
——修改了钢管的尺寸允许偏差；
——删除了标记示例；
——按 GB/T 20878 修改了钢的牌号和化学成分；
——增加了钢牌号 07Cr17Ni12Mo2、07Cr19Ni11Ti、07Cr18Ni11Nb、06Cr13Al、10Cr15、022Cr18Ti、019Cr19Mo2NbTi 和 12Cr13；
——删除了双相型钢牌号及相关内容；
——修改了钢管的液压试验要求；
——增加了资料性附录 A 牌号对照表。

2）化学成分差异

GB/T 14976—2012 标准：

GB/T 20878		牌号	化学成分（质量分数）/%						
序号	统一数字代号		C	Si	Mn	P	S	Ni	Cr
13	S30210	12Cr18Ni9	0.15	1.00	2.00	0.035	0.030	8.00～10.00	17.00～19.00
17	S30408	06Cr19Ni10	0.08	1.00	2.00	0.035	0.030	8.00～11.00	18.00～20.00
18	S30403	022Cr19Ni10	0.030	1.00	2.00	0.035	0.030	8.00～12.00	18.00～20.00

GB/T14976—2002 标准：

牌号	化学成分（质量分数）/%						
	C	Si	Mn	P	S	Ni	Cr
0Cr18Ni9	≤0.07	≤1.00	≤2.00	≤0.035	≤0.030	8.00～11.00	17.00～19.00
1Cr18Ni9	≤0.15	≤1.00	≤2.00	≤0.035	≤0.030	8.00～10.00	17.00～19.00

经验总结

随着生产工艺和标准体系的进步，材料标准也随之进行更新。监理单位、总承包单位和施工单位应强化对材料标准的辨识、学习和宣贯，现场施工人员应按照有效标准对到货材料进行验收。监督人员在监督检查中应关注此类问题，确保项目建设质量符合标准要求。

35　进场钢管质量证明文件化学成分与牌号要求不符

案例概况

2021 年 2 月，监督人员在对污水预处理装置埋地管道进场原材料质量监督检查时发现，某市无缝钢管厂生产制造的牌号为 20 钢的流体用无缝管产品质量证明文件（编号：0515018、Y25-05-06）中 C 含量为 0.07%，Cr 含量为 0.78%。

市无缝钢管厂

产品质量证明书

日　期　2020年11月20日　　　　编号：0515018

收货单位：

产品名称：流体无缝钢管

产品标准：GB/T8163-2018

产品批号	规格	特殊要求	钢号	炉号	件数	重量 kg	C	Si	S	Mn	P	Cr	Ni	Cu	抗拉强度 σb MPa	屈服点 σs MPa	伸长率 δ5 %	压扁	无损探伤
7-4178	73*5		20	15340		10120	0.07	0.29	0.004	0.46	0.013	0.78	0.19	0.28	457/465	376/378	38/43	合格	合格
7-6715	89*5		20	14541		9930	0.07	0.29	0.004	0.45	0.013	0.78	0.10	0.27	457/465	376/378	38/43	合格	合格
7-3648	114*6		20	13528		10365	0.07	0.29	0.004	0.45	0.013	0.78	0.11	0.27	457/465	376/378	38/43	合格	合格
7-3579	168*8		20	12675		8649	0.07	0.29	0.004	0.46	0.013	0.78	0.10	0.27	457/465	376/378	38/43	合格	合格
7-3176	219*8		20	14679		13682	0.07	0.29	0.004	0.46	0.013	0.78	0.10	0.27	[illegible]	376/378	38/43	合格	合格
7-3178	273*10		20	25912		8932	0.07	0.29	0.004	0.46	0.013	0.78	0.10	[illegible]	[illegible]	[illegible]	38/43	合格	合格
7-3284	325*10		20	26973		20264	0.07	0.29	0.004	0.46	0.013	0.78	0.10	0.27	457/465	[illegible]	38/43	合格	合格

备注：

1、表面质量、几何尺寸合格、涡流探伤代替水压试验。

2、质量证明书须妥善保管，遗失不补。

3、如有质量异议请在货到十五日内提出，将原物妥善保管，并及时通知供方。

交货状态：热轧

总重量（kg）：81942

[illegible]无缝钢管厂 质量专用章

制表：　　审核：　　单位签章：

问题分析

20 钢的 C 含量和 Cr 含量不符合 GB/T 8163—2018《输送流体用无缝钢管》第 5.1.2 条“牌号为 10、20 钢的化学成分（熔炼分析）应符合表 5 的规定”的要求。C 含量不同，将直接影响钢管的力学性能。

5.1.2 牌号为10、20钢的化学成分(熔炼分析)应符合表5的规定。

表5 10、20钢的化学成分

牌号	化学成分(质量分数)[a]/%							
	C	Si	Mn	P	S	Cr	Ni	Cu
10	0.07～0.13	0.17～0.37	0.35～0.65	≤0.030	≤0.030	≤0.15	≤0.30	≤0.20
20	0.17～0.23	0.17～0.37	0.35～0.65	≤0.030	≤0.030	≤0.25	≤0.30	≤0.20

a 氧气转炉冶炼的钢其氮含量应不大于0.008%。供方能保证合格时,可不作分析。

上述问题说明钢材生产厂家质量意识淡薄，将低牌号钢材料按照高牌号钢材料进行发货，违反订货合同要求及设计意图；施工现场各责任主体单位对材料进场验收质量把关不严，存在严重漏洞。

问题处置

监督人员下发《质量问题处理通知书》，要求对该批次无缝管现场委托进行化学成分分析。

施工单位委托检测公司对该批次无缝管进行了光谱分析，项目监督人员在现场对整个检验过程进行了跟踪。通过光谱分析发现，该批次无缝管的C含量低于0.17%，不符合GB/T 8163—2018《流体输送用无缝钢管》标准中20钢化学成分含量的要求。施工单位对该批次无缝管进行了退货。

经验总结

建设、监理、施工等责任主体单位应加强对进入施工现场的原材料质量管控，严格按照规范要求对进场材料进行检验检测，对进场材料产品合格证和出厂检验报告等质量证明文件严格审核，防止因使用不合格材料而给工程留下质量隐患。工程质量监督人员在日常监督过程中，应注重对进场原材料报验资料的核查，发现问题及时提出，并督促整改。

36 到货的TPEP防腐钢管材质与设计要求不符

案例概况

2021年3月，监督人员对某公司新增供水管网及水处理设施现场已验收合格的管件进行监督检查时发现，聚乙烯防腐螺旋焊管外表面喷涂的焊管材质为 Q235B，与采购合同中要求的 Q355B 材质不符。

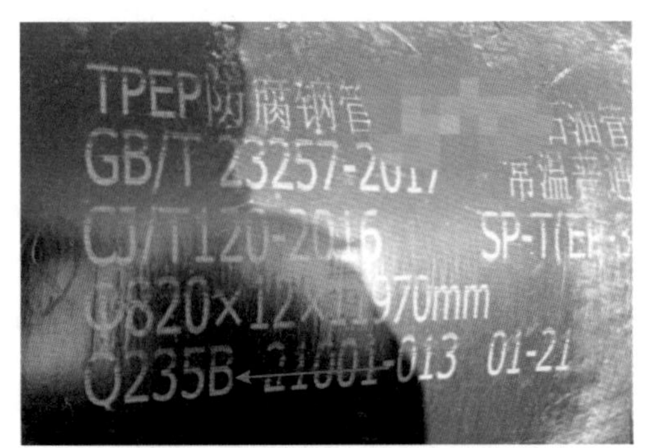

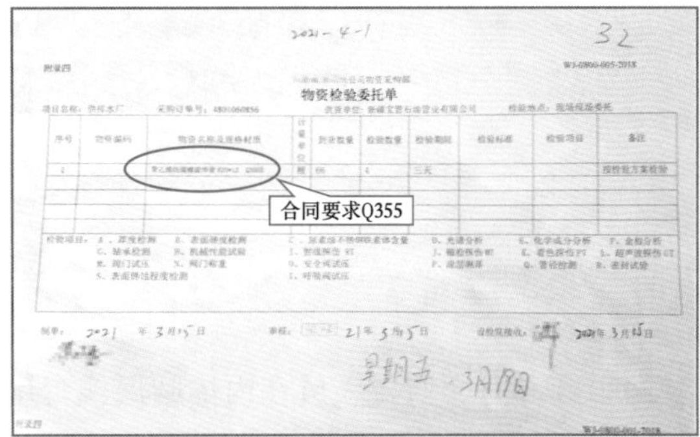

问题分析

聚乙烯防腐螺旋焊管材质不符合 GB 50235—2010《工业金属管道工程施工规范》第 4.1.2 条“管道元件和材料在使用前应按国家现行有关标准和设计文件的规定核对其材质、规格、型号、数量和标识，并应进行外观质量和几何尺寸的检查验收，其结果应符合设计文件和相应产品标识的规定”的要求。

供货单位在供货过程中未严格按照采购合同要求的内容进行出场条件确认，施工单位对进场验收不重视，验收人员履职不到位，导致进场的聚乙烯防腐螺旋焊管材质为 Q235B，与采购合同中材质要求的 Q355B 不符。

问题处置

监督人员下发《质量问题处理通知书》，要求施工单位退货，供货单位重新发货，更换符合采购合同要求材质的管件。该批次管件已退货，符合采购合同要求材质的管件进场验收合格。

经验总结

供货单位应强化产品质量管控体系运行，产品出场时应认真核对，确保实物与合同要求一致。施工单位进场验收人员应掌握采购合同中技术协议内容，在防腐管进场验收时不但要核对防腐管件结构形式，还应核对合同技术协议规定的钢管材质，避免给工程实体质量带来安全隐患。

37　丙烯腈管道用钢管质量证明文件检验项目漏项

案例概况

2020年9月，监督人员在丙烯腈厂栈台尾气治理项目监督检查时发现，丙烯腈管线（20钢，159mm×4.5mm）设计管道级别为SHA1级，设计单位在管段表和综合材料表上明确了SHA1级管道管子的制造标准为GB/T 8163—2018《输送流体用无缝钢管》。但钢管厂家提供的质量证明文件没有超声检测结果。

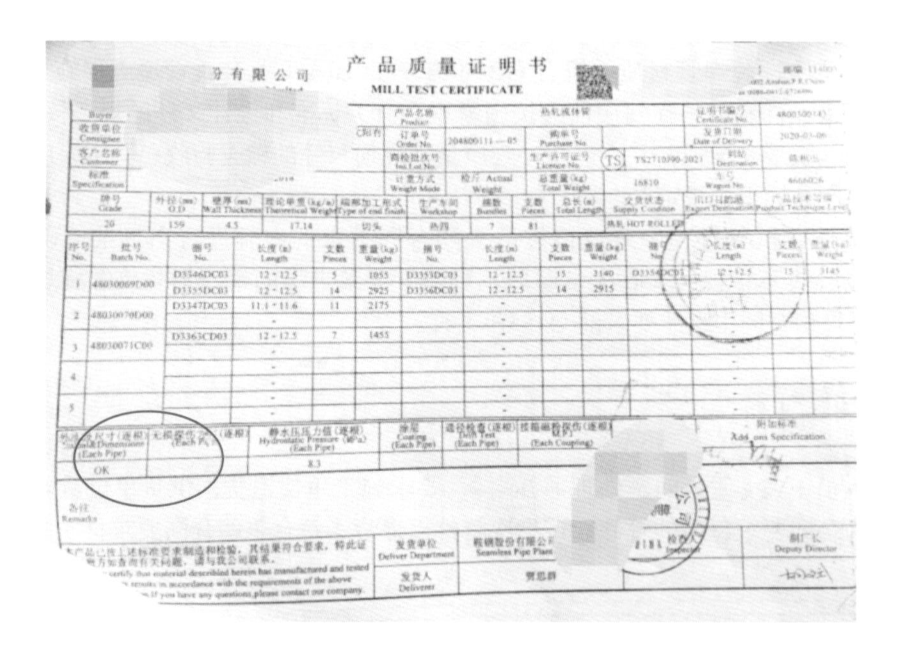

产品质量证明书
MILL TEST CERTIFICATE

产品名称 Product	热轧流体管		证明书编号 Certificate No.	[illegible]
订单号 Order No.	204800111—05	购单号 Purchase No.	发货日期 Date of Delivery	2020-03-06
商检批次号 Ins.Lot No.		生产许可证号 Licence No. TS	[illegible]	到站 Destination
计重方式 Weight Mode	检斤 Actual Weight	总重量(kg) Total Weight	16810	车号 Wagon No.

牌号 Grade	外径(mm) O.D	壁厚(mm) Wall Thickness	理论单重(kg/m) Theoretical Weight	端部加工形式 Type of end finish	生产车间 Workshop	捆数 Bundles	支数 Pieces	总长(m) Total Length	交货状态 Supply Condition
20	159	4.5	17.14	切头	热四	7	81		热轧 HOT ROLLED

序号 No.	批号 Batch No.	捆号 No.	长度(m) Length	支数 Pieces	重量(kg) Weight	捆号 No.	长度(m) Length	支数 Pieces	重量(kg) Weight	捆号 No.	长度(m) Length	支数 Pieces	重量(kg) Weight
1	48030069D00	D3346DC03	12～12.5	5	1055	D3353DC03	12～12.5	15	3140	D3354DC03	12～12.5	15	3145
		D3355DC03	12～12.5	14	2925	D3356DC03	12～12.5	14	2915				
2	48030070D00	D3347DC03	11.1～11.6	11	2175								
3	48030071C00	D3363CD03	12～12.5	7	1455								
4													
5													

外观及尺寸(逐根) Surface & Dimensions (Each Pipe)	无损探伤(逐根) (Each Pipe)	静水压压力值(逐根) Hydrostatic Pressure (MPa) (Each Pipe)	涂层 Coating (Each Pipe)	通径检查(逐根) Drift Test (Each Pipe)	接箍磁粉探伤(逐根) (Each Coupling)	附加标准 Additions Specification
OK		8.3				

备注 Remarks

本产品已按上述标准要求制造和检验，其结果符合要求，特此证明。如有问题，请与我公司联系。
...certify that material described herein has manufactured and tested ... results in accordance with the requirements of the above ... If you have any questions,please contact our company.

发货单位 Deliver Department	无缝钢管厂 Seamless Pipe Plant	检查人 Inspector	副厂长 Deputy Director
发货人 Deliverer	贾思群		

问题分析

丙烯腈管道用钢管不符合GB/T 8163—2018《输送流体用无缝钢管》第6.4条“钢管其他检验项目的取样方法和试验方法应符合表10的规定”的要求，由表10可见，钢管的超声检测需要逐根进行，试验方法为GB/T 5777—2008。

钢管厂家对标准规范掌握不准确，没有按照GB/T 8163—2018的规定对供货钢管逐根进行超声检测；采购单位、施工单位对标准规范不熟悉，对进场材料把关不严，导致丙烯腈管道进场材料超声检测缺失。

表 10 钢管的检验项目、取样数量、取样方法、试验方法

序号	检验项目	取样数量	取样方法	试验方法
1	化学成分	每炉取 1 个试样	GB/T 20066	见 6.1
2	拉伸	每批在两根钢管上各取 1 个试样	GB/T 2975	GB/T 228.1
3	冲击	每批在两根钢管上各取一组 3 个试样	GB/T 2975	GB/T 229
4	压扁	每批在两根钢管上各取 1 个试样	GB/T 246	GB/T 246
5	扩口	每批在两根钢管上各取 1 个试样	GB/T 242	GB/T 242
6	弯曲	每批在两根钢管上各取 1 个试样	GB/T 244	GB/T 244
7	液压	逐根	—	GB/T 241
8	涡流检测	逐根	—	GB/T 7735—2016
9	漏磁检测	逐根	—	GB/T 12606—2016、ISO 10893-1
10	超声检测	逐根	—	GB/T 5777—2008
11	镀锌层	按附录 A 的相关规定		

问题处置

监督人员下发了《质量问题处理通知书》，要求采购单位联系钢管厂家按照 GB/T 8163—2018 逐根进行超声检测，不合格的不得使用。钢管厂家按照标准要求，逐根进行了超声检测。

经验总结

采购单位、施工单位技术人员应加强标准规范的学习，关注高度危害介质条件下工程材料的使用要求；建设单位和监理单位应严把原材料质量验收关。监督人员在 SHA1 管道监督检查时，应将钢管质量证明文件作为重点检查项目，杜绝类似问题发生。

38 TP321 材质管道错用 TP304 材质

案例概况

2020 年 4 月，监督人员对某分子筛装置干燥单元工艺管道施工质量进行监督检查时发现，不锈钢管线 800-VG20105017-C3D-H200 已经预制焊接好的 6 段 DN300mm 管道，法兰材质为 06Cr18Ni11Ti，管子材质为 06Cr19Ni10。管子材质不符合设计图纸规定的材

质 06Cr18Ni11Ti，施工单位未按照设计图纸施工。

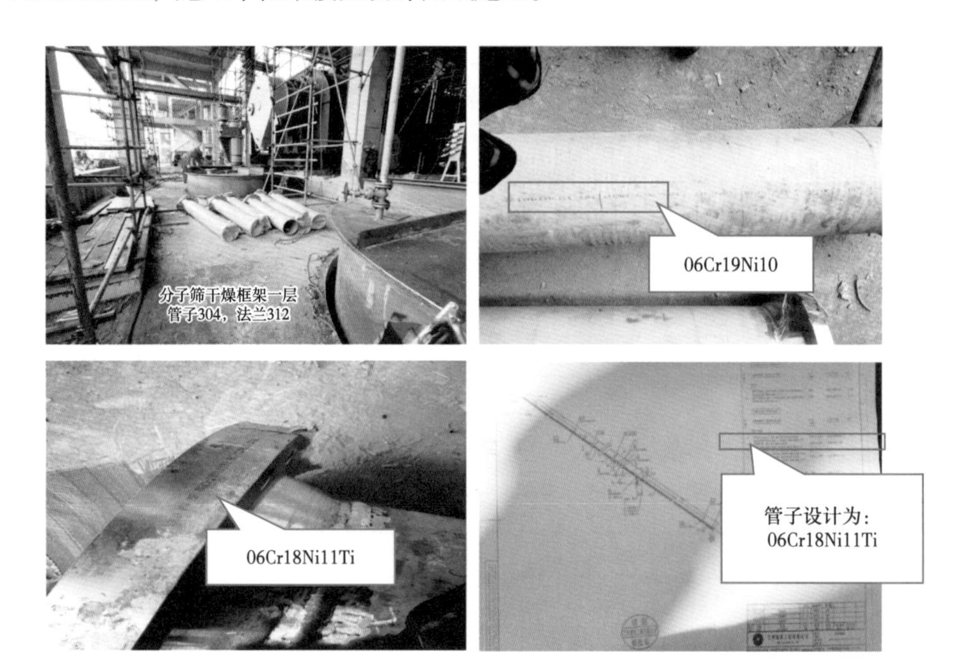

问题分析

管子材质不符合 GB 50235—2010《工业金属管道施工规范》第 4.1.2 条“管道元件和材料在使用前应按国家现行有关标准和设计文件的规定核对其材质、规格、型号、数量和标识，并应进行外观质量和几何尺寸的检查验收，其结果应符合设计文件和相应产品标识的规定”的要求。

管道材质是保证工艺管道本质安全的重要因素，如果管子材质使用错误，将无法保证管道的内在质量，将造成工艺管道重大的质量安全隐患。施工单位工艺纪律执行不严格，技术交底流于形式，对不同材质的管子没有严格按照规范要求涂刷色标予以区分，擅自进行材料代换，质量管理人员疏于检查，此类问题已发生了数次。监理单位监管不到位，对管道安装的重点部位、关键工序没有进行有效的平行检验、巡视监理，不锈钢管道材质使用错误问题没有得到及时纠正。

问题处置

监督人员下发了《质量问题处理通知书》，责令施工单位按照设计文件进行整改，经监理单位确认合格后再进行下一道工序施工；要求施工单位严格按照设计文件施工，认真做好质量“三检”工作。监理单位对重点部位、关键工序要加强平行检验力度，杜绝此类质量问题发生。

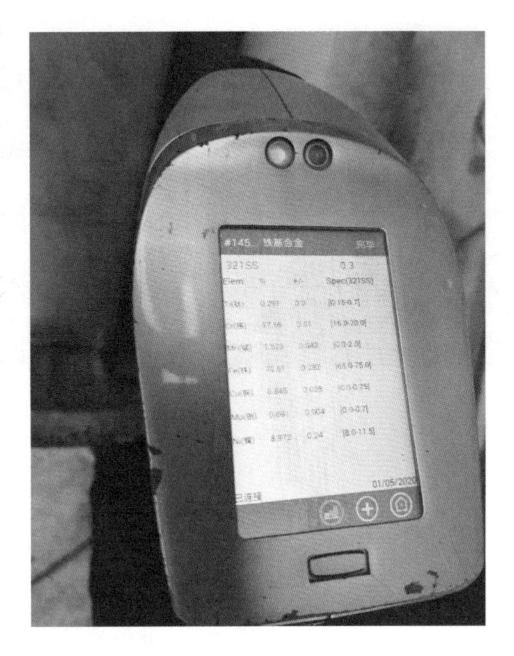

施工单位按照要求整改完毕，并委托有相应资质的第三方检测机构对更换的6根不锈钢管子进行了材质光谱检测，结果符合设计文件所选管道材质。监理单位对光谱检测过程进行了现场见证检查。

经验总结

施工单位严格按照规范要求对进入施工现场的工程材料在自检合格的基础上，及时向监理单位报审，经检验合格后对不同材质的管道组成件涂刷色标，使用在拟定部位。监理单位对重点部位、关键工序的施工质量要认真做好检查验收工作，加强过程质量控制。

39　管道不同规格弯头、管子错用

案例概况

2020年10月，监督人员在对某公司15×10^4t/a石蜡成型装置无损检测审片过程中发现，液氨管线GA03-10104（60mm×6mm）的$2^{\#}$、$5^{\#}$、$6^{\#}$焊口，管道与弯头在底片影像上反映的壁厚相差较大后，向总监督工程师反映并及时联系工程总承包单位、监理单位及施工单位技术人员，共同对出现疑问的预制管道进行现场壁厚实测检查，发现用错了3个弯头和两处直管段，设计要求壁厚 6mm，实际错用为 3mm 的。

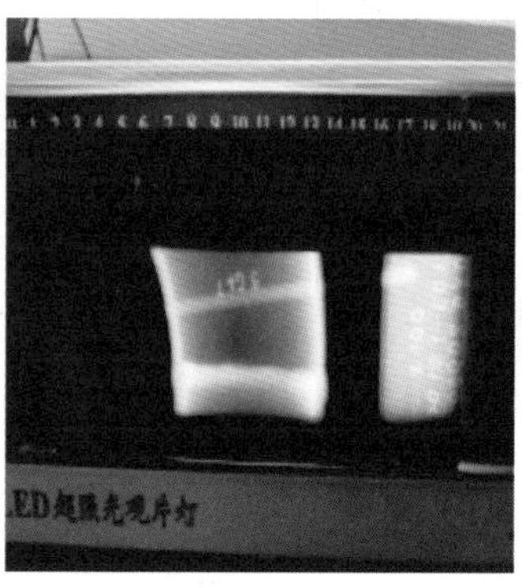

液氨管线 GA03-10104 焊道射线底片影像反映壁厚相差较大

问题分析

弯头、管子不符合 GB 50235—2010《工业金属管道工程施工规范》第 5.1.1 条“管道元件的加工制作除应符合本规范的有关规定外，尚应符合设计文件和有关产品标准的规定”的要求。

施工单位将其他管道使用的 3mm 厚的弯头和管道，错用在液氨管线上使用，造成的后果直接减少母材厚度，降低管道腐蚀余量，缩短管道的使用安全寿命。如果未发现，会在使用过程中造成严重的质量安全生产事故和严重的环保安全事故隐患。

从质量行为的角度分析，主要是施工单位材料发放管理混乱；焊接作业班组质量意识不强；质量检验人员没有认真检查；现场监理人员没有认真履行职责，工序验收和旁站监理流于形式。

问题处置

监督人员下发《质量问题处理通知书》，要求施工单位立即对 GA03-10104 液氨管线进行割口；同时，对同类问题进行排查，对于不符合设计文件的，全部进行割口，重新组焊符合设计文件要求的管子和管件。

监理组织施工单位进行了复查，对上述不符合设计文件要求的管道进行了割口，更换了合格的管子和管件。

经验总结

施工单位应加强工艺纪律严肃性的宣贯教育，对不按设计文件施工，施工前对管子、管件确认不认真的应严格考核。

40　不锈钢支管台错用碳钢材质

案例概况

2020 年 4 月，监督人员在对某公司生产凝结水回收装置建设现场检查时发现，不锈钢管线上开孔焊接压力引出管时，未按照设计要求使用与主管线同材质的不锈钢支管台，而是使用碳钢材质支管台。

问题分析

支管台材质不符合 GB 50235—2010《工业金属管道施工规范》第 4.1.2 条“管道元件和材料在使用前应按国家现行有关标准和设计文件的规定核对其材质、规格、型号、数量和标识，并应进行外观质量和几何尺寸的检查验收，其结果应符合设计文件和相应产品标识的规定”的要求。

施工人员擅自将碳钢管件焊接在不锈钢管线上，由于渗碳的影响易在焊接部位产生开裂，酿成生产事故。施工单位质量管理体系存在问题，施工人员质量意识淡薄，不按设计要求施工，现场随意变更管件材质，对施工过程中工艺纪律的严肃性缺乏足够的重视。监理单位、工程总承包单位现场监管不到位，未能及时制止施工单位随意施工的行为。

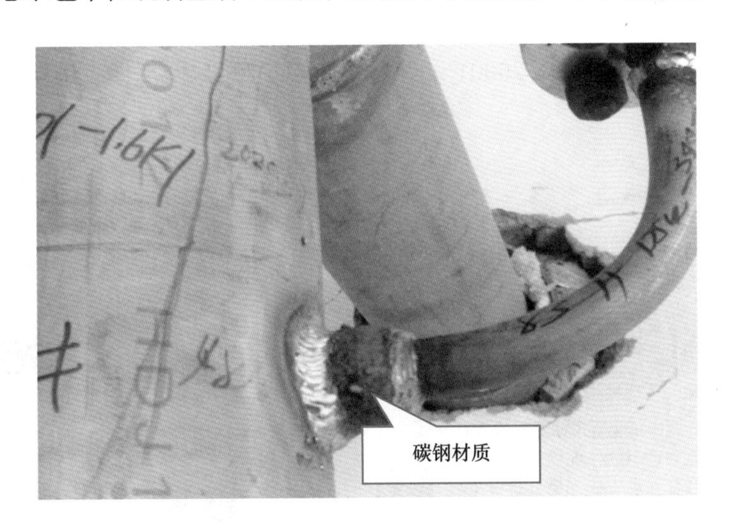

问题处置

监督人员下发了《质量问题处理通知书》，要求施工单位使用不锈钢材质管件替换碳钢材质管件，并且在更换过程中对原来焊接部位进行深度打磨，保证将原来不锈钢与碳钢焊接产生的熔合区域打磨干净，然后按照工艺要求重新焊接；要求监理单位、工程总承包单位督促施工单位认真落实工艺纪律，向作业人员明确质量标准和要求，做好过程材质管控，不得乱用、混用。

经验总结

施工单位应提高施工人员质量意识，强化施工过程工艺纪律的严肃性，严格按照设计文件施工，坚决制止现场随意施工。监理单位、工程总承包单位应加强过程监督检查，及时制止不按图纸施工的错误行为。监督人员在监督检查中应加强管件材质检查，发现此类问题应立即制止，坚决纠正；同时，要监督施工单位对施工人员做好工艺纪律的交底，保证工艺纪律的执行。

41 已安装的 TP316L 材质管道错用

案例概况

2022 年 6 月，监督人员在对某公司 20×10^4t/a 乙烯—醋酸乙烯酯共聚物（EVA）项目工艺管道安装工程进行监督检查时发现：

（1）艺管线 101-2'-VAC-12506 设计材质为 TP316L，但现场光谱检测两立管材质为 TP304。

（2）工艺管线 101-6'-SAD-20001 设计材质为 TP316L，但现场光谱检测直管段材质为 TP304 。

图中箭头所指两立管段设计材质为TP316L，现场光谱未检测出合金元素Mo，光谱分析材质与TP304相符

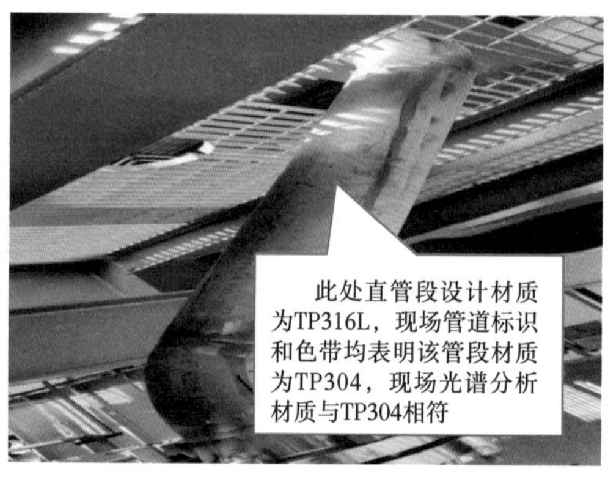

此处直管段设计材质为TP316L，现场管道标识和色带均表明该管段材质为TP304，现场光谱分析材质与TP304相符

问题分析

管道材质不符合 GB 50235—2010《工业金属管道施工规范》第 4.1.2 条“管道元件和材料在使用前应按国家现行有关标准和设计文件的规定核对其材质、规格、型号、数量和标识，并应进行外观质量和几何尺寸的检查验收，其结果应符合设计文件和相应产品标识的规定”的要求。

正确使用材料是保证管道使用寿命、使用功能和运行安全的前提。上述问题表明施工单位质量管理存在漏洞，班组作业人员质量意识淡薄，存在侥幸心理，在 TP316L 管子数量不足的情况下，未经设计单位同意擅自用 TP304 代替，给工程留下质量和安全隐患。工程总承包单位和监理单位人员未认真履行职责，合金钢管道安装完成后未对材料标识进行检查确认。

问题处置

监督人员下发《质量问题处理通知书》，并对问题进行了通报，要求施工单位更换不符合设计要求的管段，并对合金钢管线材质标识进行核查，对标识不清或无标识等可疑管道组成件进行在线光谱分析，确定材质，排除质量隐患。监理组织总承包单位、施工单位更换了材料错误的管段，并举一反三进行了复查。

经验总结

施工单位应加强质量管理，提高作业人员质量意识，合金钢管道安装前应按国家现行有关标准和设计文件的规定核对其材质、规格、型号、数量和标识；工程总承包单位和监理单位应认真履行质量控制职责，对材料标识进行检查确认，防止材料错用；监督人员在监督检查中发现此类问题应立即制止，坚决纠正，责令施工单位全面排查，避免给工程留下质量和安全隐患。

42　已安装的法兰螺栓材质错误

案例概况

2022 年 6 月，监督人员在对某公司硫磺回收装置Ⅲ监督检查时发现，2704-HS-503002 管道与阀门连接螺栓经光谱抽查，有一条螺栓（材质 35CrMo）使用错误，不符合设计要求的 25Cr2MoVA。

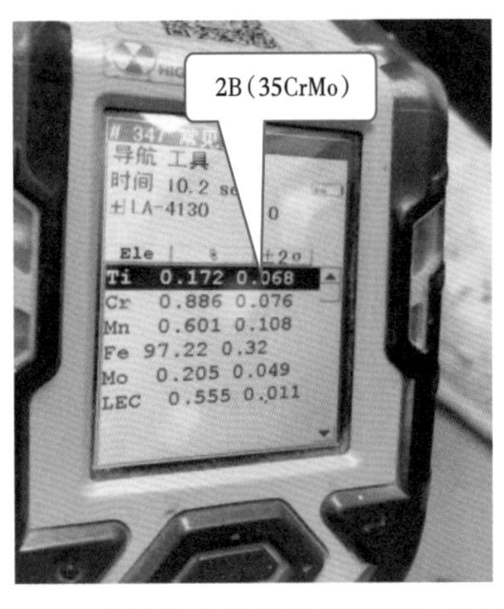

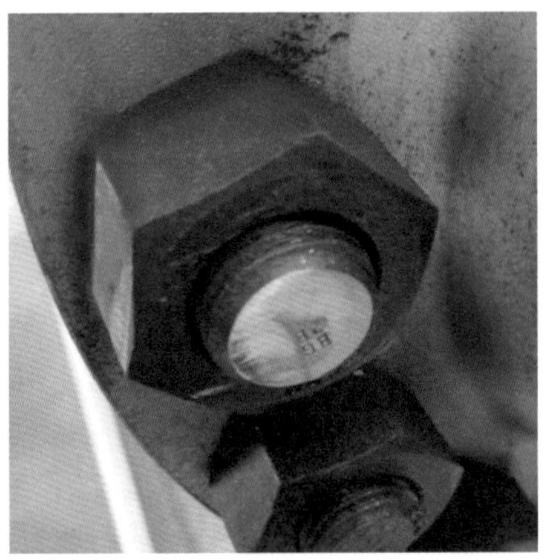

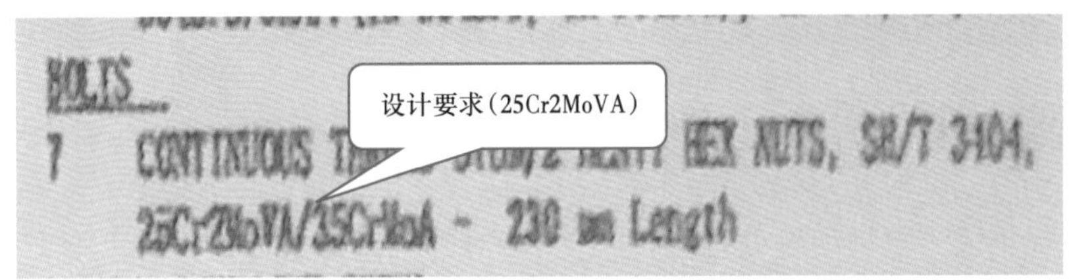

BOLTS...
7 CONTINUOUS THREAD STUD/2 HEAVY HEX NUTS, SH/T 3404,
25Cr2MoVA/35CrMoA - 230 mm Length

问题分析

螺栓材质不符合 SH/T 3501—2021《石油化工有毒、可燃介质钢制管道工程施工及验收规范》第 5.1.2 条“管道组成件和支撑件应符合设计文件规定及本规范的有关要求”的要求。

25Cr2MoVA 和 35CrMo 的化学成分和力学性能有明显差异。GB/T 3077—2015《合金结构钢》表 1 中钢的牌号、统一数字代号及化学成分如下：

钢组	序号	统一数字代号	牌号	化学成分/%（质量分数）										
				C	Si	Mn	Cr	Mo	Ni	W	B	Al	Ti	V
CrMo	40	A30352	35CrMo	0.32~0.40	0.17~0.37	0.40~0.70	0.80~1.10	0.15~0.25	—	—	—	—	—	—
CrMoV	46	A31252	25Cr2MoV	0.22~0.29	0.17~0.37	0.40~0.70	1.50~1.80	0.25~0.35	—	—	—	—	—	0.15~0.30

GB/T 3077—2015《合金结构钢》表 3 中，25Cr2MoVA 抗拉强度为 930MPa，断后伸长率 14%；35CrMo 抗拉强度为 980MPa，断后伸长率为 12%。

不同工况条件，允许使用的螺栓材质不同。25Cr2MoVA 的螺栓力学性能和允许使用温度与 35CrMoA 材质的螺栓有区别，强度略低、韧性更高，使用温度更高，设计配套使用相应的 35CrMoA 材质螺母，能够在工况条件下安全有效使用，反之则不适用。

上述问题表明施工单位螺栓材质管控存在漏洞，对不同材质的螺栓材质检验和色标管理不到位，存在相同规格螺栓混标、漏标和混放、错用的情况。监理工程师履职不到位，对螺栓材质的监管不到位。

问题处置

监督人员下发了《质量问题处理通知书》，要求监理单位组织施工单位更换正确的螺栓，对已安装的螺栓重新检测，不合格的严格按照设计要求更换。监理单位组织施工单位对该管道系统紧固件进行了材质复检，对材质不符合设计要求的紧固件进行了更换。

经验总结

施工单位应严格按照设计文件要求，在螺栓进入施工现场后及时进行检验，并做好色标；监理单位应加强原材料质量控制，对施工单位报验原材料应按照设计文件要求详细审核，不符合设计文件要求的原材料严禁使用；监督人员在工作中应注意强化对此类问题的监控，避免留下质量隐患。

43　大管径管线支架选型错误

案例概况

2021 年 8 月，监督人员在某公司硫磺回收联合装置现场巡监时发现，DN1000mm 管线 P-00203 上已安装的 2# 支架选用型钢偏小。通过和施工单位技术人员查看图集，发现该支架为 ZJ-1-33 双肢悬臂固定承重支架（DN500mm），这种形式支架适用管线的最大管径为 500mm，不能用于 DN1000mm 管线，且支架为承重架，不能满足使用要求。

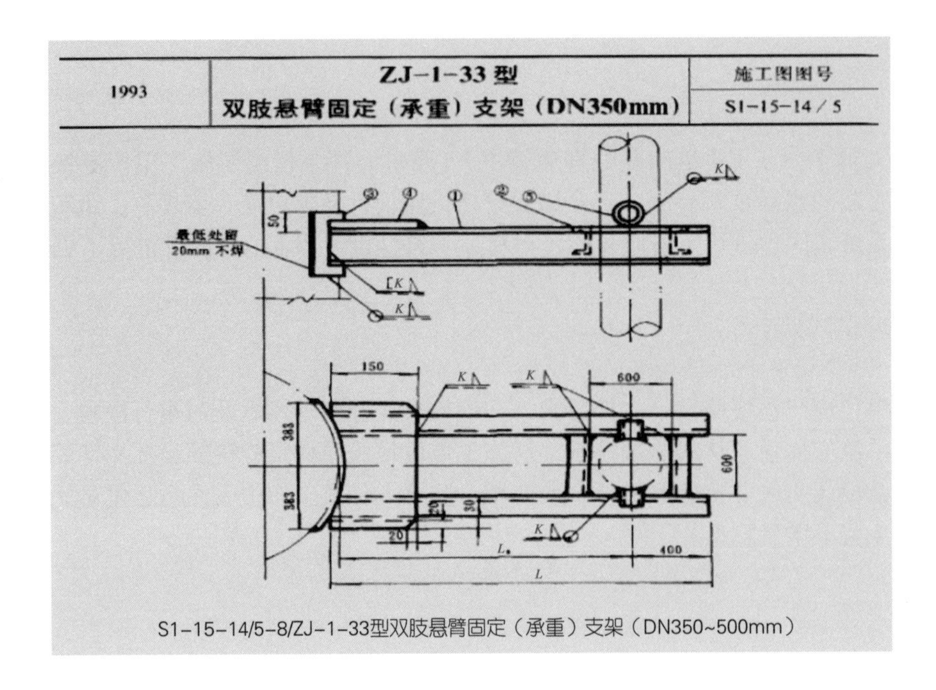

S1-15-14/5-8/ZJ-1-33型双肢悬臂固定（承重）支架（DN350~500mm）

问题分析

管线支架不符合 GB 50316—2000《工业金属管道设计规范》(2008 年版)第 10.3.2 条“支吊架的荷载组合应按使用过程中的各种工况分别进行计算，并对同时作用在支吊架上的所有荷载加以组合，取其中最不利的组合作为支吊架结构设计的依据”的要求。

设计人员在支架选型时，没有认真核实管线和支架形式是否匹配，没有考虑管线管径变化带来的重量变化，随意选择支架；施工单位技术人员图纸审核不仔细，对于实际管径明显与设计图集适用的管径不相符的情况没有注意，没有提出疑问，致使问题发生。监督人员同现场设计服务人员现场交流提出这一问题，设计人员同意反馈专业设计。经过沟通，设计人员认为支架尺寸选型偏小。

问题处置

监督人员下发《质量问题处理通知书》，并在协调会上予以通报。设计人员经计算后将支架所用型钢改为工字钢，并出图由施工单位进行了整改。

经验总结

承重支架关系到管道系统的可靠运行，设计选型不当，可能造成管道系统失稳。设计人员应高度重视承重支架的设计质量；施工技术人员应加强相关设计图集和标准规范学习，加强对引用标准图集适用性的审核，确保管道系统支撑件稳定有效。

44 高温管道 CrMo 材质管支架错用碳材质

案例概况

2022 年 8 月，监督人员对某公司延迟焦化装置管支架材质进行监督检查时发现，P9 材质管道（介质温度为 200~500℃，最大压力为 5.72MPa）设计图集中类别代码为 M2 的托架立板或管卡材质为 15CrMoR，现场光谱检测 5 个支架，其中 4 个为碳钢材质（1 个是外购成品，3 个是施工单位现场制造），CrMoR 材质错用为碳钢。

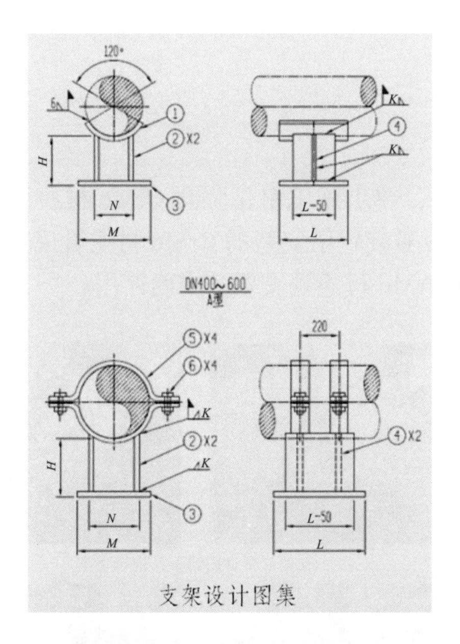

支架设计图集

管道材质类别代码表

管道材质	件2,4,5材质	件6材质	材质类别代码
碳钢	Q245R	35#(Q235B)	M1
合金钢	15CrMoR	35CrMo(35#)	M2
不锈钢	06Cr19Ni10	35CrMo(35#)	M3

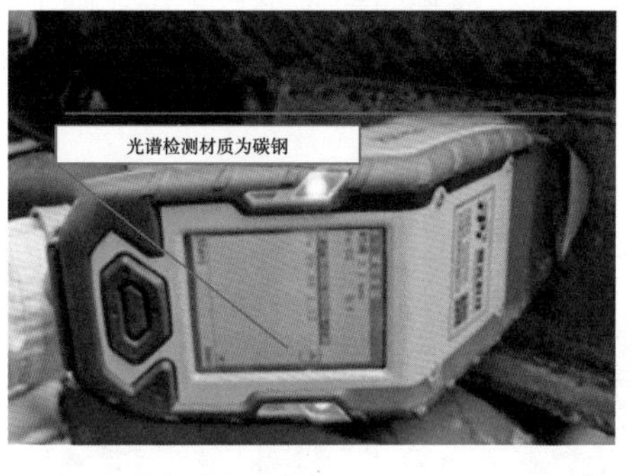

支架立板、管卡材质错用为碳钢

问题分析

管支架材质不符合 SH/T 3501—2021《石油化工有毒、可燃介质钢制管道工程施工及验收规范》第 5.10.1 条“管道支承件的材质、规格、型号、外观及几何尺寸应符合国家现行标准或设计文件规定”的相关要求。

在高温运行工况条件下，碳钢材质的焊缝和材料力学性能急剧下降，焊缝或母材存在产生裂纹的风险，有可能导致管道开裂或失稳引发安全事故。该问题产生的主要原因如下：

（1）监理单位、工程总承包单位、施工单位思想上对 CrMo 材质支架施工质量对高温管道安全运行的重要性认识不足，施工单位对 CrMo 材质支架施工管理不严谨，对设计图集支架材质没有准确辨识，现场制造的管支架没有按照设计要求使用正确的材质，监理单位、总承包单位对现场制造、安装的管支架质量监管不到位。

（2）施工单位成品验收不规范，对 CrMo 材质成品管支架没有进行进场光谱材质检测。

（3）施工单位现场材料管理不到位，对已安装的 CrMo 材质管道元件的材质管控不到位，管道支吊架的材质检测存在漏洞。

问题处置

项目监督部下发了《质量问题处理通知书》，要求施工单位强化 CrMo 材质管道支承件的材质管理，监理组织总承包单位、施工单位对装置已安装的 CrMo 材质管道支吊架进行全面排查，对不符合要求的进行更换，确保 CrMo 材质管支架的准确使用。

光谱检测，全面排查合金钢支架

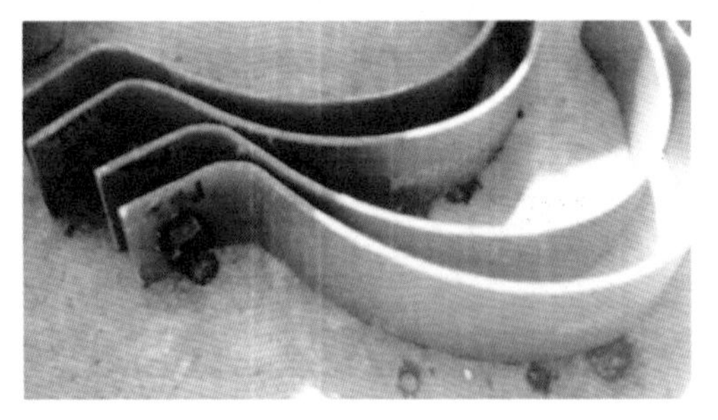

采购的合金钢管支架材料

支架立板材质错误，现场切割

立板切割后打磨

焊接好的托架立板

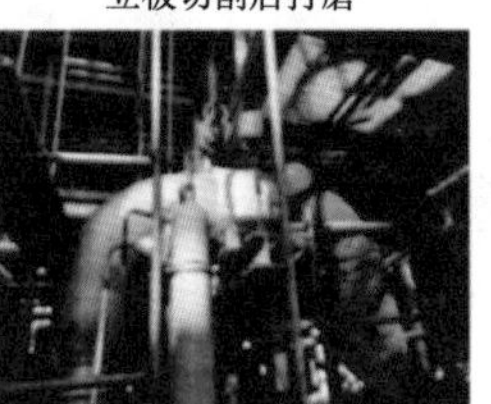

现场支架材质错误的立板重新焊接，焊接后光谱检测

按照《质量问题处理通知书》整改要求，监理单位组织施工单位对延迟焦化合金钢管道支架材质进行全面排查，通过光谱检测发现42处支架材质使用错误，排查后对现场支架进行标记。施工单位统计材质错误支架数量和材料，通知支架制造厂家重新制作，并发货至现场；同时，采购15CrMoR合金钢钢板用作更换支架立板用材料。施工单位对现场材质使用错误的支架进行整改，对错误材质的支架立板进行割除，对购买的15CrMoR合金钢板进行下料加工，下料后按要求焊接更换；管卡式支架采用厂家成品管卡进行替换。

经验总结

施工单位应高度重视高温管道的管支架材质管理，其CrMo材质钢材与碳钢材质的在外观上没有明显区别，CrMo材质部件预制和安装阶段应严格进行材质管控：一是应准确掌握设计图纸要求，从根源上确认哪些部件应采用CrMo材质；二是应强化现场预制管理，强化标识管理，确保正确的材质用在正确的位置上；三是严格成品进场验收管理，强化对CrMo材质构件的检测；四是规范安装完成的管道系统的材质检测，杜绝管道支吊架的材质检测管理漏洞。

45 已安装的金属软管质量证明文件不符合设计要求

案例概况

2021年6月，监督人员对某公司“三苯”罐区项目用于苯、甲苯、二甲苯等工艺管道上的30根金属软管进行监督检查时发现：

（1）30根金属软管的波纹管两端连接材料，设计的法兰/接管材质是S304不锈钢，实际材质是碳钢。

（2）波纹管设计PN25MPa，质量检验报告中设计压力为25MPa，试验压力为31MPa，气密性试验32MPa。

（3）6根PN16MPa的波纹管和3根PN25MPa的波纹管无质量检验报告。

（4）金属软管及其质量合格证书上无制造许可证标志。

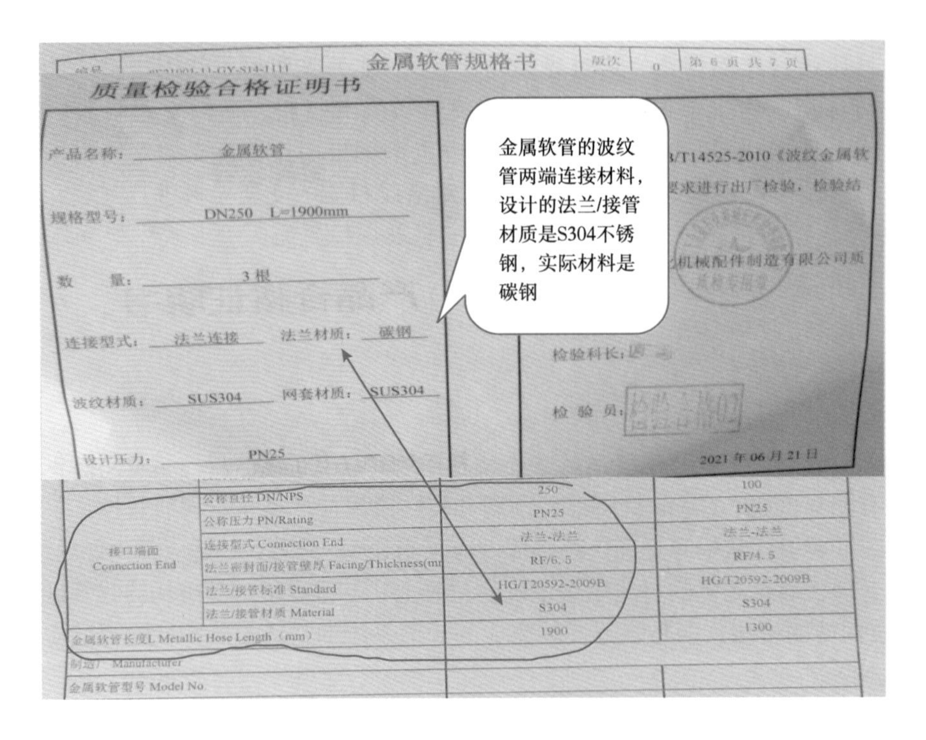

金属软管规格书	版次	0	第6页 共7页

质量检验合格证明书

产品名称：金属软管

规格型号：DN250 L=1900mm

数 量：3根

连接型式：法兰连接 法兰材质：碳钢

波纹材质：SUS304 网套材质：SUS304

设计压力：PN25

……B/T14525-2010《波纹金属软……要求进行出厂检验，检验结……

……机械配件制造有限公司质……

检验科长：

检 验 员：

2021年06月21日

接口端面 Connection End	公称直径 DN/NPS	250	100
	公称压力 PN/Rating	PN25	PN25
	连接型式 Connection End	法兰-法兰	法兰-法兰
	法兰密封面/接管壁厚 Facing/Thickness(mm)	RF/6.5	RF/4.5
	法兰/接管标准 Standard	HG/T20592-2009B	HG/T20592-2009B
	法兰/接管材质 Material	S304	S304
金属软管长度L Metallic Hose Length（mm）		1900	1300
制造厂 Manufacturer			
金属软管型号 Model No.			

……件制造有限公司

质量检验报告

产品名称	金属软管	产品型号	DN250*1.9米
公称直径（mm）	250	外观质量	合格
设计压力（MPa）	25	焊缝	合格
设计温度（℃）	-19-200	试验压力（MPa）	31
设计位移（mm）	:	气密性试验（MPa）	32
连接形式（J、F、S）	F	波纹挠性材质	304
设计疲劳寿命（次）	1000	连接材料	碳钢
本批数量（根）		出厂编号	js01

本批产品经质量检查符合 GB/T14525-2… 标准，产品质量合格，准予出厂。

制造单位：（质量检验专用章）

出厂日期：2021年6月

问题分析

金属软管质量证明文件不符合 GB 50517—2010《石油化工金属管道工程施工质量验收规范》第5.1.1条“管道组成件必须具有质量证明文件并应有批号，质量证明文件的性能数据应符合国家现行标准和设计文件规定”、第5.1.6条“实物标识应与质量证明文件相符。

到货的管道组成件实物标识不清或与质量证明文件不符或对质量证明文件中的特性数据或检验结果有异议时，在问题和异议未解决前不得验收”、第 5.1.2 条“管道组成件应按相应标准进行表面质量检查和尺寸抽样检查。压力管道组成件上应有批号和 TS 许可标志”，以及 SH/T 3412—2017《石油化工管道用金属软管选用、检验及验收规范》第 6.1 条“金属软管出厂前应进行强度试验。当采用水压试验时，试验压力应为公称压力的 1.5 倍；当采用气压试验时，试验压力应为公称压力的 1.15 倍”、第 6.2 条“金属软管出厂前应作气密性检验，试验压力应为公称压力的 1.0 倍”和第 6.7 条“质量合格证书应包括以下内容：c）设计和制造标准及制造许可证”的要求。

工程总承包单位对采购质量重视不够，对采购文件相关技术要求不掌握，未认真对金属软管及其质量证明书进行核对，致使不合格金属软管产品运至现场。施工单位对金属软管及其进场验收资料质量重视不够，未能认真开展进场验收。监理单位履职不到位，监理人员对未提供质量证明书的进场材料没有进行落实，金属软管进入安装现场，未做出任何处置措施，导致不合格金属软管在现场安装使用。

问题处置

监督人员下发了《工程质量问题处理通知书》，要求施工单位将不合格产品退货，总承包单位严格按照设计文件要求重新采购，监理单位严格按照国家标准规范验收进场材料。

施工单位将已安装的不合格金属软管拆除后进行了退场处理，工程总承包单位重新按要求采购，监理单位组织按程序验收，合格后施工单位重新安装。

经验总结

工程总承包单位相关人员应熟悉金属软管设计和标准规范的要求，严格履行采购和进场验收程序；施工单位应加强原材料质量管控，质量控制措施执行要到位，对问题产品要及时发现，不合格金属软管不得安装使用；监理单位应认真履职，强化材料进场验收程序，强化质量证明文件的审核。

46　乙烯装置超高压蒸汽管线材质错用

案例概况

2022 年 5 月，监督人员在对某公司乙烯装置超高压蒸汽管线材质监督抽检时发现，已完成水压试验的两条超高压蒸汽管线上（设计温度 545℃，设计压力 13.6MPa），各有一

段 ϕ33.4mm×6.35mm、A335-P22 材质的支管错用为碳钢材料，埋下重大质量隐患。

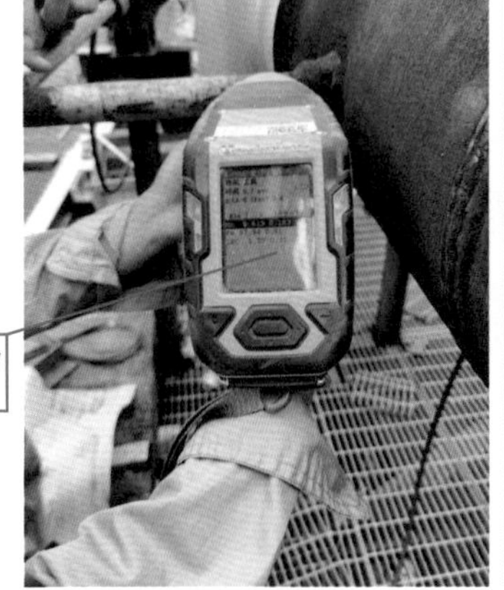

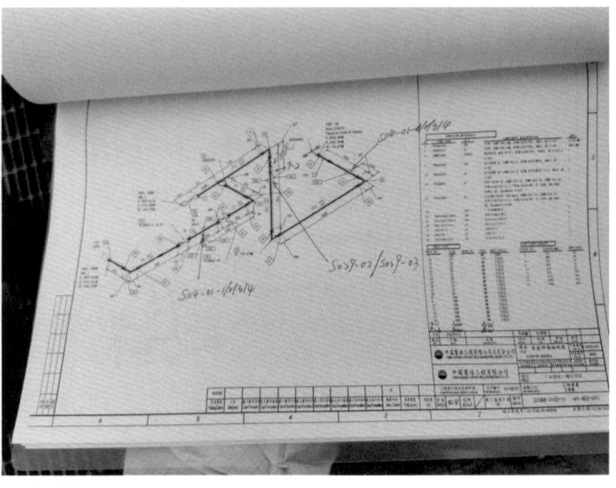

问题分析

乙烯装置超高压蒸汽管线材质不符合设计文件（图号：22388-3100-91-61-352-0001）的要求，也不符合 TSG D0001—2009《压力管道安全技术监察规程——工业管道》第二十九条中“碳钢、碳锰钢、低温用镍钢不宜长期在 425℃ 以上使用”、GB 50316—2000《工业金属管道设计规范》（2008 年版）第 4.2.2.1 条“除了低温低应力工况外，材料的使用温度，不应超出本规范附录 A 所规定的温度上限和温度下限”及 GB 50235—2010《工业金属管道工程施工规范》第 8.6.3 条第 1 款“试验范围内的管道安装工程除防腐、绝热外，已按设计图纸全部完成，安装质量符合有关规定”等的要求。问题原因分析如下：

（1）施工单位对 Cr-Mo 材质的管子管理不严格。在管道预制阶段，未将 Cr-Mo 材质管子和碳钢材质管子严格进行分区管理，导致碳钢材质管子混入 Cr-Mo 材质管子中，防腐涂漆刷上了错误的色标，最终碳钢材质的管子被当作 Cr-Mo 材质管子，安装在超高压蒸汽管道上。

（2）施工单位、工程总承包单位和监理单位对重要、关键部位合金材质复查存在漏洞。超高压蒸汽管道系统属于装置重要、关键管道，按照标准规范及公司要求，管道系统中的每个合金管道元件均应进行材质复查，并做好标识。但经过工程项目部、监理单位、总承包单位和施工单位数次材质复检，该部位错用的管子始终未能在水压试验前被排查出来。

问题处置

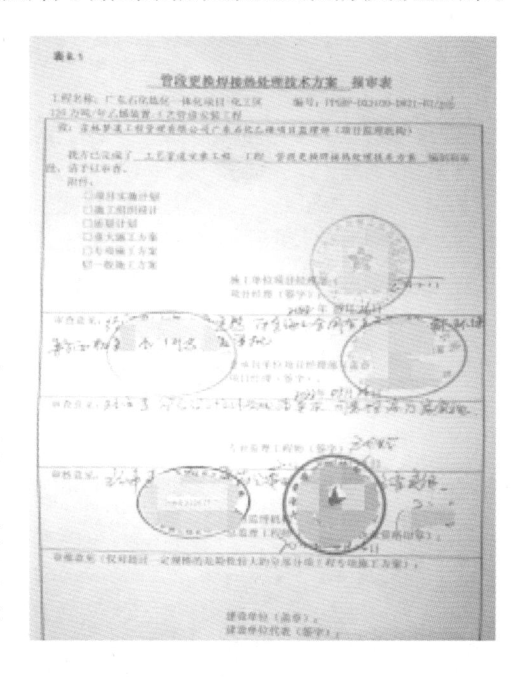
管段更换焊接热处理技术方案 报审表

监督人员下发了《质量问题处理通知书》，责令监理单位、总承包单位和施工单位彻底整改：一是暂停超高压蒸汽管线试压工作，监理组织总承包单位、施工单位对所有超高压管线的材质进行全面排查，做好检查记录，落实检查责任，杜绝材质错用；二是施工单位制订错用管段整改方案，明确整改措施，总承包单位、监理单位审核批准后，组织施工单位认真落实，彻底消除隐患。

监督站向建设单位通报了此问题。建设单位高度重视，要求工程项目部组织，施工单位、总承包单位和监理单位立即全面排查，确保超高压蒸汽管道质量。

工程项目部组织施工单位、总承包单位和监理单位进行了超高压蒸汽管道材质全面排查。施工单位制订了整改方案，监理单位、总承包单位进行了审核。施工单位按照方案对错误管段进行切割，坡口进行检测，对更换管段进行光谱检测，按照焊接和热处理工艺，实施焊接和热处理，并进行了无损检测。

管段切割

管段切割后材质复验

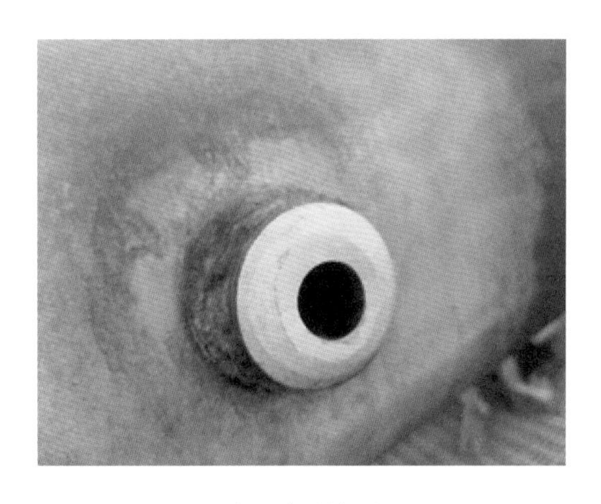

坡口渗透检测

接管渗透检测

预热温度测量 237℃

焊前预热 + 管内充氩

焊后外观检查

焊后热处理

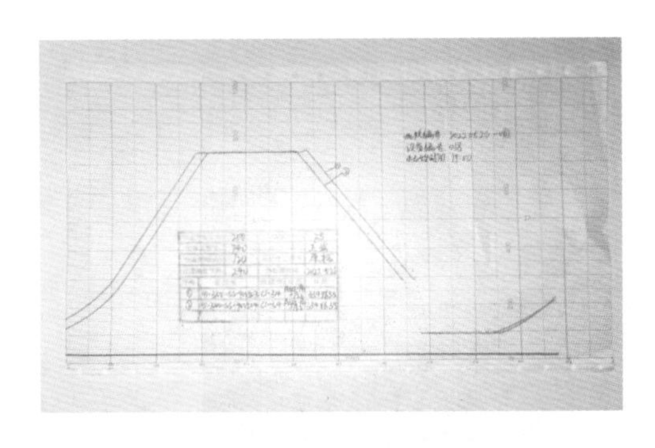

焊后马氏体转变 + 热处理曲线

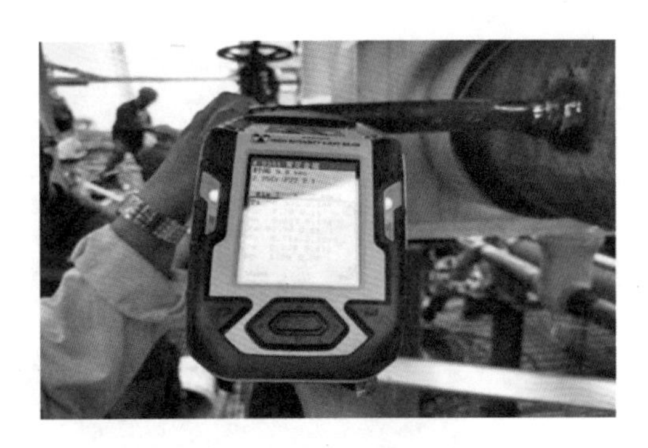

管段材质排查

经验总结

由于 Cr-Mo 材质管道与碳钢管道在外观上没有明显区别，在 Cr-Mo 材质管道预制安装阶段必须严格进行材质管控，严格分区存放，规范色标管理。当施工单位管理不严，出现混放和色标错误时，将很难纠正。

管道压力试验的前提条件是试验范围内的管道已按设计图纸全部完成，管道材质正确，安装质量符合规定。如果已进行压力试验，则表示管道系统上各管道元件材质的正确性被监理单位、总承包单位和施工单位认可，试压后的管道系统将保持现状进入生产运行阶段。而超高压蒸汽管线运行的高温高压工况条件已严重超出了碳钢材质管子安全工作的工况范围，这两处碳钢管子将成为“隐藏的炸弹”，随时都有可能裂爆，对生产安全造成严重危害，湖北当阳“8 · 11”重大高压蒸汽管道裂爆事故就是惨痛的教训。

47　普通碳钢管件错涂低温钢管色标

案例概况

2020 年 10 月，监督人员在某公司 30×10^4t/a 高性能聚丙烯项目管道预制场，发现一个碳钢三通（A234 Gr.WPB）涂刷单条绿色色标，管件材料色标涂刷错误。

问题分析

碳钢管件涂刷色标不符合 SH 3501—2011《石油化工有毒、可燃介质钢制管道工程施工及验收规范》第 7.1.2 条“管道预制过程中应核对并保留管道组成件的标志，并做好标志的移植”及《材料标识管理实施细则》中“单条绿色色标对应的材质为低温钢管件

（A420 Gr.WPL6），碳钢管件不涂刷色标”的要求。

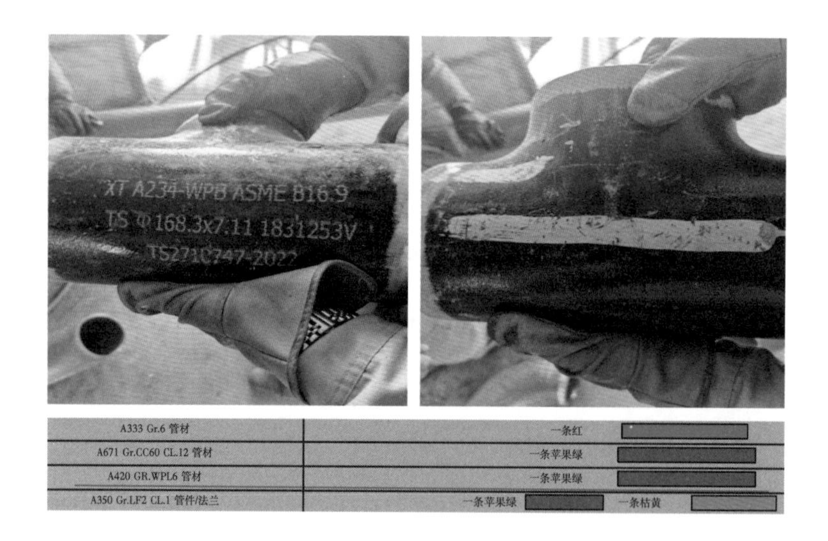

这一问题反映出施工单位质量意识不强，责任心欠缺，未认真核对管件材质，未严格执行《材料标识管理实施细则》相关内容，误将不涂刷色条漆的碳钢材质管件（A234 Gr.WPB）涂刷为低温钢管件（A420 Gr.WPL6）标识一条苹果绿，易造成材料错用。

由于以上两种材质化学成分基本一致，很难用全定量/半定量光谱分析方法进行辨别，只能依靠色标进行质量控制，一旦错用将为后续工艺管线质量埋下重大隐患。

问题处置

监督人员下发《质量问题处理通知书》，现场召开了质量问题专题会，并在公司范围内进行通报，要求加强施工现场特殊材质工艺管线材料标识管理，防止材料混淆和误用。要求施工单位重点关注以下几方面内容：

（1）加强工艺管线进场材料的自检和复检，尤其是低温钢工艺管线紧固件，应按照相关标准规定进行低温冲击性能复验，复验合格后方可进入现场安装使用。

（2）严格执行《材料标识管理实施细则》相关内容，加强管材喷砂、除锈、防腐后的标识移植管理。

（3）施工单位在领用和使用低温钢管材、管件、紧固件时，要仔细核对标识和喷码。

（4）低温钢工艺管线安装时，重点关注 DN100mm 以下的小径管及短接管标识的核对和确认工作。

施工单位按照整改要求对现场管子、管件材质进行了复查，对《材料标识管理实施细则》相关内容进行了宣贯学习，重点对 DN100mm 以下的小径管及短接管标识、喷码、色标进行了检查。

经验总结

施工单位应强化质量意识和责任心；监理单位应加强现场质量管控力度；业主应加大

考核力度，杜绝类似问题的发生。

48 钢管未进场验收就已开始除锈防腐

案例概况

2022 年 10 月，监督人员在对某公司 $150×10^4$t/a 渣油加氢装置现场巡监时发现，部分钢管尚未进行验收，防腐施工单位已经开始除锈、防腐工作，钢管上的喷码及粘贴标签被清除，导致无法与质量证明文件进行对应检查确认。

问题分析

钢管未进场验收就已开始除锈、防腐，不符合 SH/T 3501—2021《石油化工有毒、可燃介质钢制管道工程施工及验收规范》第 5.2.1 条“管子和管件使用前，应核对质量证明书、规格、数量和标志”、第 7.1.2 条中“管道预制过程中应核对并保留管道组成件的标志，并做好标志的移植”的要求。

完成除锈的钢管喷码已被消除且未进行标记移植，导致质量证明文件与钢管无法进行对应，无法判断该部分钢管的制造厂家、生产炉批号等相关信息，从而无法判定钢管是否符合使用要求。施工单位质量意识淡薄，违反工艺纪律，尚未进行进场验收就组织进行防腐除锈；现场质量体系不健全，管理不到位，质量控制流程未有效运行。

问题处置

监督人员下发《质量问题处理通知书》，要求施工单位加强对到货材料的质量控制，做好材料的验收、报验及交接程序，并要求施工单位对已经完成除锈、防腐的钢管进行退场处理。

施工单位组织进行了进场验收制度学习宣贯，已完成除锈、防腐的钢管退出了施工现场。

经验总结

施工单位应加强质量保证体系建设，严格执行质量控制流程，材料验收后方可进行施工；监督人员在监督检查中发现此类问题后应对施工单位的质量保证体系运行不畅问题进行纠正，杜绝此类问题的发生。

49 超高压蒸汽管线支管增强支架设计、施工质量违反规范

案例概况

2021 年 3 月，监督人员对某公司乙烯装置超高压蒸汽管线监督检查时发现，超高压蒸汽管线支管增强支架质量管控不到位：

（1）设计选型、选材错误。超高压蒸汽管线设计温度 545℃，材质 P91，设计选用编号 S083-E 的结构形式。该结构支架材质为 Q235B，焊接连接主管和支管。管道设计规范明确规定 Q235B 材质不能在该管道设计温度下使用，且与 P91 材质不具有相容性，不能直接与超高压蒸汽管线焊接。

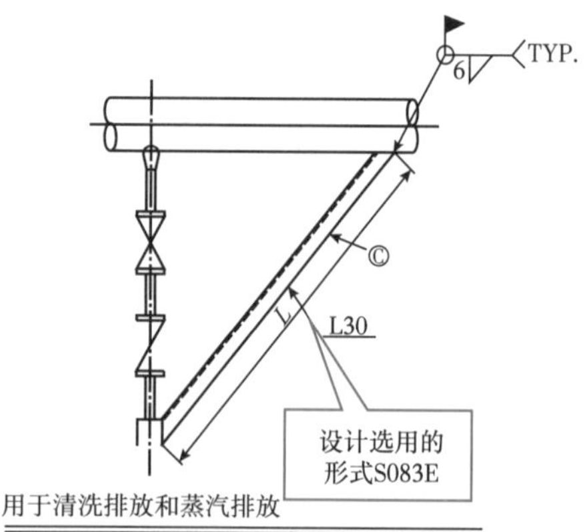

（2）施工单位未经设计同意，任意变更超高压蒸汽管线支架连接形式。施工单位对 5 台裂解炉超高压蒸汽管线上的该编号的支架自行变更了多种连接形式，均未履行设计变更程序。变更使用的该构件形式各有不同，存在明显差异，5 台裂解炉上超高压蒸汽管线都已完成了试压，不论是在施工环节还是在试压环节，监理单位、总承包单位均未对该差异提出异议。

施工单位自行变更，一侧焊接、一侧使用碳钢管卡

施工单位自行变更，两侧均使用碳钢管卡

问题分析

超高压蒸汽管线支管增强支架设计、施工质量不符合 TSG D0001—2009《压力管道安全技术监察规程——工业管道》第二十九条“碳钢、碳锰钢、低温用镍钢不宜长期在 425℃以上使用”，以及 GB 50316—2000《工业金属管道设计规范》(2008 年版)第 4.2.2.1 条“除了低温低应力工况外，材料的使用温度，不应超出本规范附录 A 所规定的温度上限和温度下限”、第 10.4.1.1 条“管道支吊架用材料应符合本规范第 4 章的规定”、第 10.4.1.2 条“与管道组成件直接接触的支吊架零部件材料应按管道的设计温度选用；直接与管道组成件焊接的支吊架零部件材料应与管道组成件材料具有相容性”、第 10.5.3.2 条“直接焊在管道组成件上的管托、吊板、导向板、耳板等材料应适于焊接，宜采用与管道组成件相同的材料，焊接、预热和热处理应符合本规范的规定”的要求。

从质量管理的角度分析，产生上述问题的主要原因是：

(1)设计人员对相关标准规范理解不到位。

(2)监理人员责任心不强、履职不到位，未能及时发现上述质量问题。

(3)施工单位随意施工，发现问题时，未经设计变更，自行改变安装工艺，导致问题没有在施工前及时解决。

问题处置

监督人员下发《质量问题处理通知书》，并对问题进行通报，对设计单位、监理单位、总承包单位和施工单位存在问题进行了剖析和批评，要求设计单位严格按规范重新确定超高压蒸汽管线小分支管增强支架形式；设计单位组织制订整改方案，确保超高压蒸汽管线主管和支管使用安全性能。

设计单位制订整改方案，更改了该支架形式，由 S083E 变更为 S083A，由焊接连接更改为管卡连接，施工单位进行了问题整改。

经验总结

P9、P91 材质用于高温、高压等关键管道系统，由于 P9、P91 材质合金含量高，焊接难度大，易出现裂纹等危害性缺陷，与之焊接的任何部件均应慎重进行设计、施工和检查，确保 P9、P91 材质管道的安全运行。监督人员应对 P9、P91 等 Cr-Mo 材质的管道元件的材料验收、施工过程予以重点关注，对设计质量、监理工程师的履职情况和施工单位工序验收认真进行监督检查，确保高温、高压等关键管道系统的本质安全。

50 蒸汽管线阀组支托未按设计制造和施工

案例概况

2020 年 8 月，监督人员在某公司油浆火车接卸设施改造项目施工现场检查时发现，蒸汽管线流量计阀组支托被打进混凝土地面中，阀组支托未按照设计要求安装底板，而且支托不能在地面移动，管线投用时不能有效释放阀组中由于热膨胀产生的应力，为管线的长周期运行留下了质量隐患。

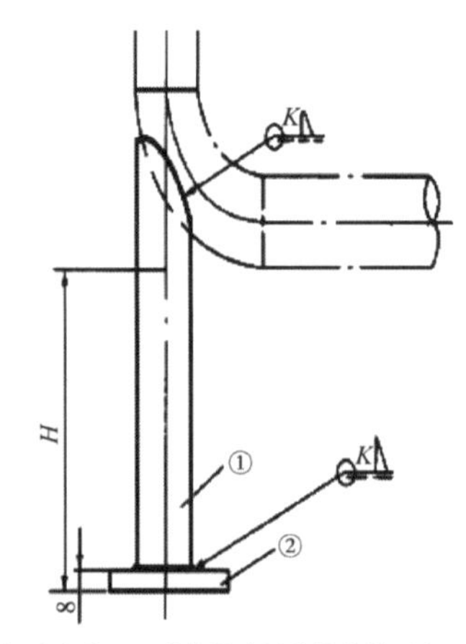

K—焊脚高度，取连接件中较薄构件的厚度；
H—管线支撑高度；①支撑管；②钢板(滑动底板)

问题分析

蒸汽管线阀组支托的制造和施工不符合 GB 50517—2010《石油化工金属管道工程施

工质量验收规范》第 8.8.7 条“管道安装完毕后，应按设计文件逐个核对，确认支、吊架的形式和位置”的要求。

该案例中蒸汽管线支托按照设计文件规定应为滑动支托，在支托底部焊接 8mm 钢板，使支托能够在增大和地面接触面积的同时起到温度变化可以滑动的作用。施工单位在地面工程施工完成后，未能按照设计要求安装支托底板，导致管线支托被固定在地面上，且与设计要求不符。

问题处置

监督人员下发了《质量问题处理通知书》，要求施工单位对存在问题的管托按照设计图纸要求进行整改，安装支托底板，使其能够在地面上受力时可以移动；同时，要求施工单位对安装的所有管线支托重新按照图纸进行核对，保证与图纸要求一致，满足设计要求。

施工单位按照设计要求重新进行了管架施工，在支托底部焊接钢板；同时，监理单位组织施工单位对同类问题进行排查。

经验总结

施工人员应提高对管线支托安装重要性的认识，按照设计图纸逐一核对管线支托的形式及位置，注意施工现场条件的变化，及时完善施工内容使之与图纸一致；监督人员在监督检查中发现此类问题后应立即制止，坚决纠正。

51 私自变更管道组成件装配结构

案例概况

2020 年 7 月，监督人员对污水处理设施室外主管廊管道水压试验进行监督检查时发现：管线号［50-SA5050001-A1L（93% 浓硫酸）、50-CA5050001-A1C（35%碱液）、50-PA5500001-A1A（工厂空气）等］，DN50mm 的主管道与 DN50mm 的支管的装配，施工单位没有按照设计文件《管道材料等级规定》使用等径三通焊接连接，而采用在主管上直接开孔与支管焊接连接的装配方式。

问题分析

管道组成件装配不符合 GB 50235—2010《工业金属管道工程施工规范》第 1.0.4 条“工业金属管道的施工，应按设计文件及本规范的规定进行”、第 1.0.5 条“当需要修改设计文件及材料代用时，必须经原设计单位同意，并应出具书面文件”、第 8.6.3 条中“1 试验范围内的管道安装工程除防腐、绝热外，已按设计图纸全部完成，安装质量符合有关规定”的要求。

施工单位对设计文件执行不严，施工过程材料使用控制不到位，工艺纪律执行不严格，随意更改管道组成件装配方式，降低了设计要求。监理人员对施工单位按照施工设计图纸施工管控不到位，对施工现场检查不到位，施工质量管控不细致。

问题处置

监督人员下发《质量问题处理通知书》，要求监理单位组织施工单位按照设计文件规定进行返工处理后重新进行管道压力试验。施工单位对该部位主管与支管间的装配方式进行了返工，按设计要求增加了等径三通，焊接、无损检测合格后进行了水压试验。

经验总结

管道元件预制安装过程中，施工单位、监理单位应严格按照设计图纸施工和监理，杜绝不履行设计变更程序、未经许可违反设计要求施工；否则，会造成工程质量失控，降低工程质量，造成质量隐患。

52　随意改变直管接头形式

案例概况

2021 年 3 月，监督人员在对某公司乙烯装置裂解炉急冷区工艺管道试压监督检查时发现，管道号 1#-CH1407-A17KEO-W 的管道系统，设计文件规定该管道直管段接头全部采用承插管件焊接连接形式，但现场施工全部改为直管对接焊接连接形式，未按照设计文件进行施工。

问题分析

施工人员随意改变直管接头形式，不符合 GB 50235—2010《工业金属管道工程施工规范》第 1.0.4 条“工业金属管道的施工，应按设计文件及本规范的规定进行”、第 1.0.5 条“当需要修改设计文件及材料代用时，必须经原设计单位同意，并应出具书面文件”、第 8.6.3 条中“1 试验范围内的管道安装工程除防腐、绝热外，已按设计图纸全部完成，安装质量符合有关规定”的要求。

问题处置

监督人员在发现此问题后，由总监督工程师召集建设单位、工程总承包单位、施工单位及监理单位的相关负责人召开现场会，下发《质量问题处理通知书》，并要求停止该管道水压试验，监理单位督促总承包单位、施工单位严格按照设计文件和施工验收规范进行整改，符合相关要求后重新进行水压试验。施工单位按照设计文件进行了整改，并进行了无损检测，合格后重新进行了试压。

经验总结

按照设计文件施工，是施工单位必须遵守的工艺纪律要求。施工单位技术人员应严格执行相关标准规范和设计文件，严格落实工序交接，对设计文件的变更必须按程序取得设计单位的许可。监理工程师应强化对设计文件、标准规范的学习和掌握，认真履行监理职责，强化试压前对设计文件执行情况的检查确认。

53　高压管道试压未执行压力试验方案

案例概况

2022 年 6 月，监督人员在对某公司渣油加氢装置高压包 1 水压试验进行监督检查时，发现如下问题：

（1）试压过程不符合《高压管道试压施工技术方案》要求，方案中试压值为 12.38MPa，实际试压值为 13.65MPa。

（2）试压检查记录中不参与本次试压的管线也记录在内，没有按照实际试压内容填写记录。

（一）高压包 1：H2-新氢线、FLG-放空线。本系统管道与设备 D-111AB、E-107AB 无法隔离，且设备的试验压力大于管道试验压力的 77%，按设备 D-111AB、E-107AB 壳程的试验压力进行试验。故本系统水压试验压力为 12.38MPa，试验压力稳压 10min，无降压后将压力降至设备 D-111AB、E-107AB 壳程的设计压力 9.9MPa 进行检查，稳压 30min 后，无压降为合格。

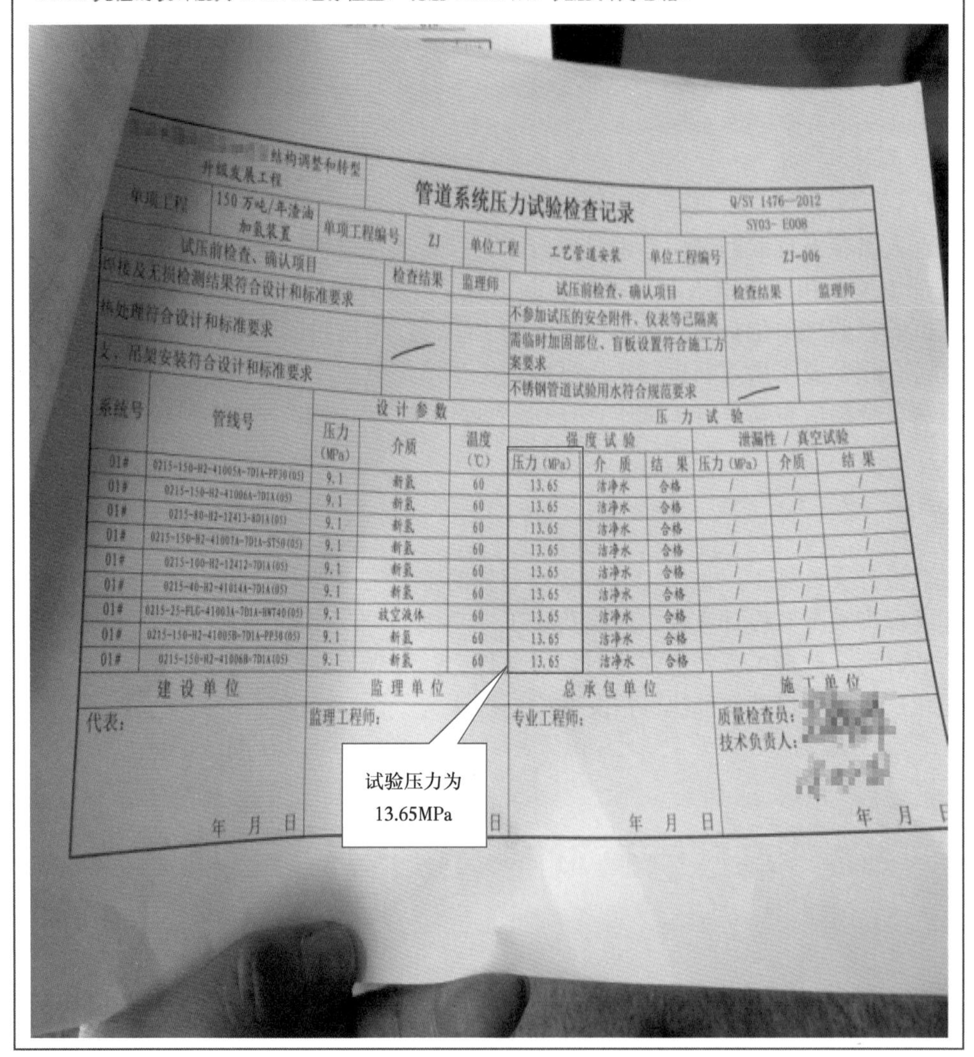

结构调整和转型升级发展工程

管道系统压力试验检查记录

Q/SY 1476—2012
SY03- E008

单项工程	150万吨/年渣油加氢装置	单项工程编号	ZJ	单位工程	工艺管道安装	单位工程编号	ZJ-006

试压前检查、确认项目	检查结果	监理师	试压前检查、确认项目	检查结果	监理师
接及无损检测结果符合设计和标准要求			不参加试压的安全附件、仪表等已隔离		
处理符合设计和标准要求			需临时加固部位、盲板设置符合施工方案要求		
、吊架安装符合设计和标准要求			不锈钢管道试验用水符合规范要求		

系统号	管线号	设计参数 压力(MPa)	介质	温度(℃)	强度试验 压力(MPa)	介质	结果	泄漏性/真空试验 压力(MPa)	介质	结果
01#	0215-150-H2-41005A-7D1A-PP30(05)	9.1	新氢	60	13.65	洁净水	合格	/	/	/
01#	0215-150-H2-41006A-7D1A(05)	9.1	新氢	60	13.65	洁净水	合格	/	/	/
01#	0215-80-H2-12413-8D1A(05)	9.1	新氢	60	13.65	洁净水	合格	/	/	/
01#	0215-150-H2-41007A-7D1A-ST50(05)	9.1	新氢	60	13.65	洁净水	合格	/	/	/
01#	0215-100-H2-12412-7D1A(05)	9.1	新氢	60	13.65	洁净水	合格	/	/	/
01#	0215-40-H2-41014A-7D1A(05)	9.1	新氢	60	13.65	洁净水	合格	/	/	/
01#	0215-25-FLG-41003A-7D1A-HW740(05)	9.1	放空液体	60	13.65	洁净水	合格	/	/	/
01#	0215-150-H2-41005B-7D1A-PP30(05)	9.1	新氢	60	13.65	洁净水	合格	/	/	/
01#	0215-150-H2-41006B-7D1A(05)	9.1	新氢	60	13.65	洁净水	合格	/	/	/

建设单位	监理单位	总承包单位	施工单位
代表：	监理工程师：	专业工程师：	质量检查员： 技术负责人：
年 月 日	日	年 月 日	年 月 日

问题分析

高压管道试压过程不符合 SH/T 3550—2012《石油化工建设工程项目施工技术文件编制规范》第 6.3.4 条“项目施工过程中，发生下列情况之一时，应进行修订，经修订的施工技术方案应按原程序审批后实施。修订可采用再版、局部修订、补充等方式。a）工程设计有重大修改，选定的施工方法不能实施时；b）大型设备吊装、运输机具发生变化时；

c）施工程序发生重大调整时”的要求。

根据《高压管道试压施工技术方案》，该试压包与设备连接试压，实际该系统单独试压，施工单位没有执行原方案，也没有履行方案变更、审批手续。

高压管道试压记录不符合 SH/T 3501—2021《石油化工有毒、可燃介质钢制管道工程施工及验收规范》第 9.1.2 条“管道系统试压前，应由建设 / 监理单位、施工单位和有关部门对下列资料进行审查确认：h）经批准的试压方案及试压流程图”的要求。

在该试压包施工过程中，施工单位调整了试压系统，已将设备与管线隔离，管线试验压力采取设计压力 9.1MPa 的 1.5 倍，即 13.65MPa，但试压方案却没有进行变更，监理单位也没有提出变更要求。在试验时，监理单位和施工单位技术人员对试压应有的资料没有进行认真审核，对试压过程管理不到位，试压检查流于形式，对于变更试压程序、记录中随意增加管线没有及时发现和制止，试压质量不能得到保证。

问题处置

监督人员下发《质量问题处理通知书》，要求施工单位按程序变更试压方案，变更后方能再次试压。检查其他高压试压包系统是否与方案描述一致，检查试压记录中是否填写与试压包不相符的管线。施工单位按程序变更了试压方案，对其他试压包进行了检查，确保与试压方案一致，删除了记录中不相符的管线。

经验总结

建设单位、监理单位及施工单位技术人员应重视管线系统试压，提高管线试压重要性认识。对于该类高压管道，施工单位应专门制订试压技术方案，管线系统试压必须严格执行试压方案，要保证方案执行的严肃性，当实际情况发生变化时，应及时按程序进行变更。监督人员对于检查中的关键点，应仔细检查审核，避免问题发生。

54 管道试验压力未按照标准计算

案例概况

2022 年 7 月，监督人员审查某公司船舶燃料油生产设施改造工程项目原料调和部分、成品储罐部分和火车装车部分的管道表，发现蒸汽管线材质为 20 钢（GB 9948—2013《石油裂化用无缝钢管》），管道表中蒸汽管线设计温度为 250℃、设计压力为 1.18MPa，管道试验压力为 1.77MPa，为设计压力的 1.5 倍。

	管　道　表	项目文件号	H21404200D-2002
		文　表　号	ST01-PT001
		版　　次	AFC0
业主文件编号		第 4 页　共 5 页	

序号	管道编号	介质名称	起止点		温度(℃)		压力[MPa(g)]		管道试压		管道等级代号	公称直径(mm)	保温或保冷		伴热管		蒸汽吹扫	管道施工及检验级别	管道级别
			自	至	设计	操作	设计	操作	介质	压力 MPa(g)			材料	厚度(mm)	热源	管径/根数(mm)/根			
24	P308/4	调合油	管P308	管P304/4	85	75	0.18	常压	水	0.27	2.5A1	450	复合硅酸盐	60	蒸汽	20/2	√	SHB4	GC2
25	P309	调合油	D-227入口集合管	罐D-227	85	75	0.82	0.64	水	1.23	2.5A1	350	复合硅酸盐	60	蒸汽	20/2	√	SHB4	GC2
26	P310	调合油	D-228入口集合管	罐D-228	85	75	0.82	0.64	水	1.23	2.5A1	350	复合硅酸盐	60	蒸汽	20/2	√	SHB4	GC2
27	P311	调合油	D-229入口集合管	罐D-229	85	75	0.82	0.64	水	1.23	2.5A1	350	复合硅酸盐	60	蒸汽	20/2	√	SHB4	GC2
28	P312	调合油	罐D-227	D-227出口集合管	85	75	0.18	常压	水	0.27	2.5A1	450	复合硅酸盐	60	蒸汽	20/2	√	SHB4	GC2
29	P313	调合油	罐D-228	D-228出口集合管	85	75	0.18	常压	水	0.27	2.5A1	450	复合硅酸盐	60	蒸汽	20/2	√	SHB4	GC2
30	P314	调合油	罐D-229	D-229出口集合管	85	75	0.18	常压	水	0.27	2.5A1	450	复合硅酸盐	60	蒸汽	20/2	√	SHB4	GC2
31	P315	调合油	零售循环线	成品罐入口线	85	75	0.68	0.5	水	1.02	2.5A1	150	复合硅酸盐	60	蒸汽	20/1	√	SHB4	GC2
32	P315/1	调合油	管P315	管P309	85	75	0.68	0.5	水	1.02	2.5A1	150	复合硅酸盐	60	蒸汽	20/1	√	SHB4	GC2
33	P315/2	调合油	管P315	管P310	85	75	0.68	0.5	水	1.02	2.5A1	150	复合硅酸盐	60	蒸汽	20/1	√	SHB4	GC2
34	P315/3	调合油	管P315	管P311	85	75	0.68	0.5	水	1.02	2.5A1	150	复合硅酸盐	60	蒸汽	20/1	√	SHB4	GC2
35	P316/1	调合油	罐D-227生产线接线	管P309	85	75	1	常压	水	1.50	2.5A1	50	复合硅酸盐	50	蒸汽	20/1	√	SHB4	GC2
36	P316/2	调合油	罐D-228生产线接线	管P310	85	75	1	常压	水	1.50	2.5A1	50	复合硅酸盐	50	蒸汽	20/1	√	SHB4	GC2
37	P316/3	调合油	罐D-229生产线接线	管P311	85	75	1	常压	水	1.50	2.5A1	50	复合硅酸盐	50	蒸汽	20/1	√	SHB4	GC2
38	LS301/1	蒸汽	管LS401	D-227加热器入口	250	200	1.18	1	水	1.77	2.5A1	50	复合硅酸盐	50				SHC4	GC2
39	LS301/2	蒸汽	管LS401	D-228加热器入口	250	200	1.18	1	水	1.77	2.5A1	50	复合硅酸盐	50				SHC4	GC2
40	LS301/3	蒸汽	管LS401	D-229加热器入口	250	200	1.18	1	水	1.77	2.5A1	50	复合硅酸盐	50				SHC4	GC2
41	LS501	蒸汽	管LS401	D-227入口支管	250	200	1.18	1	水	1.77	2.5A1	50	复合硅酸盐	50				SHC4	GC2
42	LS502	蒸汽	管LS401	D-228入口支管	250	200	1.18	1	水	1.77	2.5A1	50	复合硅酸盐	50				SHC4	GC2
43	LS503	蒸汽	管LS401	D-229入口支管	250	200	1.18	1	水	1.77	2.5A1	50	复合硅酸盐	50				SHC4	GC2
44	LS504	蒸汽	管LS401	管P307/5	250	200	1.18	1	水	1.77	2.5A1	25	复合硅酸盐	30				SHC4	
45	LS505	蒸汽	管LS401	管P307/5	250	200	1.18	1	水	1.77	2.5A1	25	复合硅酸盐	30				SHC4	
46	LS508	蒸汽	管LS401	管P307/5	250	200	1.18	1	水	1.77	2.5A1	25	复合硅酸盐	30				SHC4	

问题分析

管道试验压力不符合 TSG D0001—2009《压力管道安全技术监察规程——工业管道》第八十九条 第(三)款“承受内压的管道除本条第(五)项要求外，系统中任何一处的液压试验压力均不低于 1.5 倍设计压力，当管道的设计温度高于试验温度时，试验压力不得低于公式(1)的计算值”的要求。

$$p_T = 1.5p\frac{S_1}{S_2} \tag{1}$$

式中：

p_T —— 试验压力，MPa；

p —— 设计压力，MPa；

S_1 —— 试验温度下管子的许用应力，MPa；

S_2 —— 设计温度下管子的许用应力，MPa。

该案例中，蒸汽管线设计温度为 250℃，管道施工进行压力试验时为常温，管道压力试验温度(20℃)下管材的许用应力为 137MPa，设计温度下管材的许用应力 110MPa，试验压力应为 2.21MPa，高于 1.77MPa，设计人员未考虑设计温度和试验温度之间的差异。监督人员分析认为发生这种情况是因为：设计人员工作不认真，不熟悉相关标准；图纸照抄照搬，图纸没有针对性，导致问题的发生。

问题处置

监督人员下发《质量问题处理通知书》，要求设计单位按照标准修订管道表，及时下发到施工单位指导施工，并将整改情况书面上报监督站。设计单位及时按照标准规范要求对管道表中的相关试验压力数值进行了修订。

经验总结

设计单位技术人员应强化图纸设计、校核和审核责任，严把质量关；施工单位应加大管理人员专业知识培训，安排专业、责任心强的人员进行管理，避免质量问题发生。

55　管线未试压就埋地隐蔽

案例概况

2020 年 10 月，在对某公司储罐项目建设现场检查时发现，输油管线设计选用的施工规范是 GB 50235—2010《工业金属管道工程施工规范》，部分输油管线及焊口在水压试验前已进行埋地隐蔽。

问题分析

管线未试压就埋地隐蔽不符合 GB 50235—2010《工业金属管道工程施工规范》第 7.1.11 条“埋地工业金属管道试压、防腐检验合格后，应及时回填，并应分层夯实”的要求。

监理单位、总承包单位、施工单位对标准规范掌握不准确，未按照程序进行施工和验收，导致部分管段及焊口在水压试验前已完全埋地隐蔽，无法确认管段和焊道是否有渗漏，不具备水压试验条件，造成了隐患。

问题处置

监督人员下发《质量问题处理通知书》，要求将所有相关的埋地管线挖出，进行水压试验，确认水压试验合格后再进行埋地隐蔽。施工单位对已隐蔽管段进行了开挖，具备试压条件后进行了水压试验，试验合格后进行了回填隐蔽。

经验总结

监理单位、总承包单位、施工单位应加强标准规范学习，安装单位和土建单位严格执行工序交接程序。各质量监管部门应重视工序间交接验收，避免出现此类问题。

56　夹套管内管未检测、未试压　外管已封闭

案例概况

2022 年 6 月，监督人员对某公司高密度聚乙烯装置低聚物结片系统 VOCs 治理项目进行监督检查时发现：

（1）工艺夹套管设计单位对该夹套管等级定义为 SHB4 级，检测比例选定 5%。

（2）工艺夹套管内管未试压，内管环焊缝未进行射线检测，外管已全部封闭。

问题分析

夹套管内管未检测、未试压，外管已封闭不符合 TSG D0001—2009《压力管道安全技术监察规程——工业管道》第七十五条“夹套管的内管必须使用无缝钢管，内管管件应当使用无缝或者压制对焊管件，不得使用斜接弯头。当内管有环向焊接接头时，该焊接接头应当经 100% 射线检测合格，并且经耐压合格后方可封入夹套”的要求。

设计单位对标准掌握不准确，对内管检测要求不明确，未对内管焊缝提出 100% 检测要求。施工单位及监理单位对标准不掌握，未严格执行施工程序，施工人员责任心不强，对施工过程隐蔽工程验收不重视，未按照施工验收规范进行检测和水压试验即封管，擅自进行下道工序施工。

问题处置

监督人员下发了《质量问题处理通知书》，要求施工单位和设计单位进行整改。设计单位完善了套管设计，明确了内管无损检测要求；施工单位重新进行了该管段的施工，按标准进行了无损检测和水压试验。

经验总结

设计单位应加强对夹套管设计标准的学习；施工单位应严格执行夹套管施工工序要求；监理单位应加强设计文件审核和施工质量验收。

57　管道未进行无损检测和水压试验即回填

案例概况

2020 年 6 月，监督人员在对某厂外管道项目站内消防管道安装工程进行的监督抽查时发现，消防管道 DN100-FW（设计压力 1.6MPa）在未进行无损检测、未按照程序要求进行水压试验、未经管道专业监理工程师签字确认的情况下，已经完成回填隐蔽。

问题分析

管道未进行无损检测和水压试验即回填，不符合 SH/T 3533—2013《石油化工给水排水管道工程施工及验收规范》第 6.2.10 条“设计压力大于 1. 0MPa 且小于或等于 1.6MPa 的管道焊接接头无损检测比例不得低于 5%，且不少于一个接头”及第 8.2.8 条

“当同时满足下列条件时，经设计单位或建设单位同意，可先行回填，再进行压力试验。a）管子公称直径大于或等于600mm；b）所有焊缝按照标准或设计要求无损检测合格；c）所有现场焊缝采用氩弧焊封底或双面焊焊接；d）所有现场焊缝经100%煤油渗漏检测合格”的要求。

Q/SY 1476-2012

[illegible]	管道系统压力试验检查记录	Q/SY 1476—2012 SY03- E008

单项工程	厂外工程-厂外管道（龙凤末站-场站工程）	单项工程编号	71-18A009.06.02	单位工程	消防水	单位工程编号	[illegible]

试压前检查、确认项目	检查结果	监理师	试压前检查、确认项目	检查结果	监理师
焊接及无损检测结果符合设计和标准要求			不参加试压的安全附件、仪表等已隔离		
热处理符合设计和标准要求			需临时加固部位、盲板设置符合施工方案要求		
支、吊架安装符合设计和标准要求			不锈钢管道试验用水符合规范要求		

系统号	管线号	设计参数			压力试验					
					强度试验			泄漏性／真空试验		
		压力（MPa）	介质	温度（℃）	压力（MPa）	介质	结果	压力（MPa）	介质	结果
1#	新建消防管道	1.6	水	—	2.4	水	合格	—	—	—
	以下空白									

建设单位	监理单位	总承包单位	施工单位
代表： 年 月 日	监理工程师： 年 月 日	专业工程师： 年 月 日	质量检查员： 技术负责人： 2018年10月30日

上述管线直径为DN100mm，未经煤油渗漏检测，未经设计单位或建设单位同意，就已回填隐蔽。

施工单位不严格执行标准规范，随意施工，监理单位履职不到位，现场检查不认真，导致管道未经无损检测和水压试验就已回填隐蔽。无损检测和水压试验是对焊缝内在质量和管道安装质量最重要的两项检验方式，现场焊缝无损检测未完成、未进行试压的情况下回填，无法保证管道安装的质量，给工程质量埋下隐患。

问题处置

监督人员下达《质量问题处理通知书》，暂停现场试压，要求施工单位对上述问题逐项进行整改，要求监理工程师对试压前各项内容逐项进行检查确认，全部符合要求后，由施工单位以书面形式上报整改结果，经专业监督工程师复查合格后方再进行试压。监理单位组织施工单位进行了整改，对已回填管段进行了开挖，对焊缝按比例进行了无损检测，合格后重新进行了水压试验。

经验总结

施工单位应重视消防管道施工质量，严格执行标准规范；监理单位应认真确认试压条件，对无损检测和回填隐蔽情况进行检查、核实，满足要求后再进行压力试验。

58　水压试验管道系统部分管段遗漏

案例概况

2022 年 8 月，监督人员在对某公司乙烯装置 2# 裂解炉急冷区超高压蒸汽工艺管道水压试验进行监督检查时发现，水压试验时，管道号为 10#-SS-11006-G03CB1A-HS 的管道系统中有两根导淋管上的 4 个导淋阀门没有开启，造成 6 道承插角焊缝没有在压力试验范围内，留下了质量安全隐患。

导淋管和导淋阀门位置

导淋阀门没有开启

问题分析

水压试验管道系统部分管段遗漏，不符合 SH/T 3501—2021《石油化工有毒、可燃介质钢制管道工程施工及验收规范》第 9.1.3 条“g）管道系统内的阀门开关状态正确”的要求。

施工单位工作不细致，对管道系统检查不全面，导致部分管段未参与管道系统试压。监理单位监管不认真，对管道系统试压前的条件确认工作不重视，未发现部分阀门未开启。

问题处置

监督人员下发《质量问题处理通知书》，要求管道系统泄压，将两根导淋管上的 4 个导淋阀门开启，重新进行压力试验。监理单位组织总承包单位、施工单位对问题进行了整改，重新对管道系统进行了压力试验。

经验总结

水压试验时，检查试压系统的完整性是一项非常重要的工作，管道试压系统完整才能保证试压的有效性。水压试验时，监理单位要督促总承包单位、施工单位认真做好工艺管道试压前的检查确认工作，严格按照设计工艺流程图和批准的管道试压施工方案对管道的试压范围认真仔细确认。总承包单位、监理单位对上述类似问题应引起高度重视，认真做好工艺管道试压前的检查确认工作。监督人员在监督检查中发现此类问题应立即制止，坚决纠正。

59　聚四氟乙烯内衬管试压泄漏

案例概况

2020 年 9 月，监督人员在对某公司烷基化装置离子液再生系统叔丁基氯管道（介质碱液，设计压力 1.68MPa，试验压力 2.52MPa）压力试验监督检查时发现，该管道系统使用聚四氟乙烯（PTFE）内衬管，在管线试压升压到 2.0MPa 时，法兰密封面泄漏，泄压检查发现弯头部位聚四氟乙烯内衬管破裂。

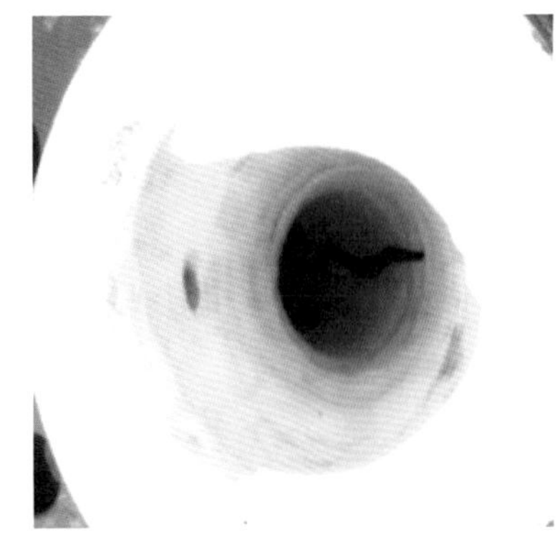

问题分析

（1）设计选型错误。设计依据 HG/T 20538—2016《衬塑钢管和管件选用系列》选型，该标准第 1.0.3 条“本标准适用于以聚丙烯（PP）、聚乙烯（PE）、聚烯烃（PO）、聚四氟乙烯（PTFE）、超高分子量聚乙燃（UHMW-PE）为衬塑层，公称压力为 PN10、PN16、Class150（PN20），公称尺寸为 DN25mm~DN1200mm 的钢管和管件”，但本项目使用的聚四氟乙烯（PTFE）衬塑管件部分公称压力为 PN25，超出设计选用规范的适用范围，应根据 GB/T 26500—2011《氟塑料衬里钢管　管件通用技术要求》选型，符合该标准第 1 条“本标准适用于由金属外壳与氟塑料衬里组成的直管与管件制品。氟塑料包括聚四氟乙烯（PTFE）、聚全氟乙丙烯（FEP）、聚偏氟乙烯（PVDF）、乙烯和四氟乙烯共聚物（ETFE）、可熔性聚四氟乙烯（PFA）。本标准适用于设计压力不大于 2.5MPa；使用介质为气体、液化气体、蒸汽或可燃、易爆、有毒、有腐蚀性、最高工作温度高于或等于标准沸点的液体；且公称尺寸为 DN25mm~DN600mm 范围的管道”的要求。

（2）该批产品出厂验收未达标。对现场—去除内衬的 DN150mm 弯头检查，发现内部存在焊接烧穿缺陷；据供货商提供信息，由于供货时间紧，衬塑管出厂前未进行水压试验。不符合 GB/T 26500—2011《氟塑料衬里钢管　管件通用技术要求》第 7.2 条“制品应进行水压试验，试验压力取设计压力的1.5倍，保压时间不少于30min，不得出现泄漏及破裂现象”的要求。

设计错误选用低压力等级的管道组成件，衬塑管出厂前未进行水压试验，将造成不合格材料应用到装置现场，给装置的生产带来安全隐患。

问题处置

监督人员下发《质量问题处理通知书》，要求施工单位对不合格的管件进行更换，重新进行压力试压。施工单位对该批次管件进行了拆除、退货，更换了合格的管件，重新进行了压力试验。

经验总结

设计单位应强化对内衬管标准规范的学习、宣贯，正确选择材料执行的标准；生产厂家应严格执行出厂检验的要求，未经检验或检验不合格的产品不得出厂；施工单位应强化对内衬及相关焊接部位的验收检查，严把聚四氟乙烯衬塑管进场验收关。

60　储罐内加热盘管安装缺陷

案例概况

2020年5月，监督人员对某公司油浆火车接卸设施改造项目监督检查时发现，储罐内加热盘管限位卡具安装结构形式和位置与设计图纸不符。

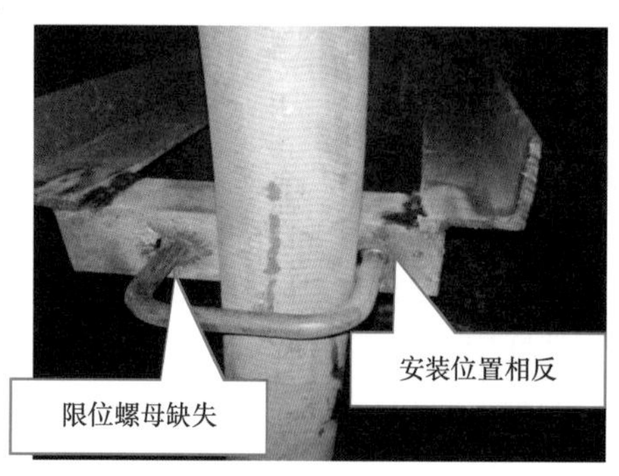

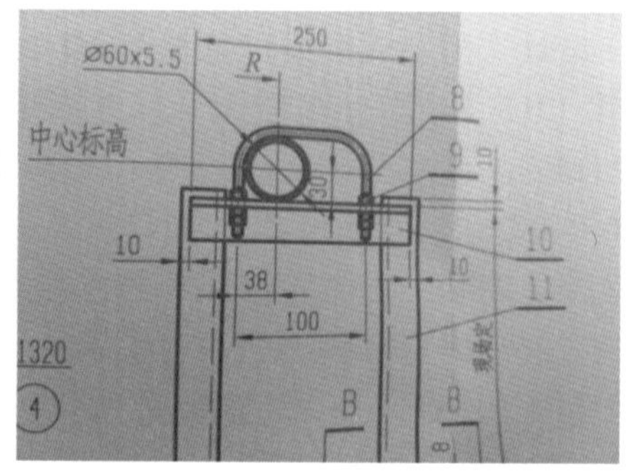

问题分析

储罐内加热盘管卡具未按照设计图纸要求安装，图纸要求卡具使用三螺母对加热盘管进行有效限位，要求卡具在加热盘管膨胀方向上预留间隙。

施工单位在施工中未注意到上述设计要求，实际安装未使用三螺母形式，简单使用单螺母通过卡具将加热盘管锁死在支架上，而且预留的膨胀间隙与加热盘管膨胀方向相反，导致加热盘管受热膨胀过程中，储罐底板及壁板受到支架传力的作用，容易引起母材及焊道开裂，同时支撑角钢安装方向错误，把角钢当作扁钢使用，降低了角钢的承载能力。

问题处置

监督人员下发《质量问题处理通知书》，要求施工单位对存在的问题按照设计图纸彻底整改。施工单位按设计图纸进行了整改，将支撑角钢拆除，按照设计图纸要求的安装方向重新安装支撑角钢。使用三螺母结构对加热盘管进行限位，将卡具重新开孔安装，在盘管的膨胀方向上预留出足够的空间，保证加热盘管能够顺畅移动。

经验总结

施工单位技术人员要提高对加热盘管不按照图纸施工危害的认识，施工图审查过程中应领会设计意图，施工过程中应严格按照图纸施工。监督人员在监督检查时发现此类问题应立即制止，坚决纠正；同时，监督施工单位做好技术交底，严格按照设计图纸施工。

61　埋地工艺管道设计埋深不够

案例概况

2020 年 9 月，在某公司烷基化扩能改造项目施工现场，监督人员发现 3 台回收酸循环泵埋地工艺管线设计埋深不够，后期土建施工时造成该管段外露在混凝土面层或地表层，形成安全隐患。

问题分析

埋地工艺管道设计埋深不符合 GB 50316—2000《工业金属管道设计规范》（2008 年版）第 8.3.8 条“管道埋深应在冰冻线以下。当无法实现时，应有可靠的防冻保护措施”的要求。该问题产生的主要原因如下：

（1）设计单位安装专业与土建专业设计人员沟通不畅，信息有误造成设计埋深不够。

（2）监理单位、工程管理部门图纸会审不严格，对埋地管线标高未进行计算校核。

（3）施工单位技术人员质量意识差，没有及时辨识出埋地管线标高存在偏差的质量隐患。

问题处置

监督人员发现问题后，对设计单位下达《质量问题处理通知书》，要求设计单位进行复核，提供符合要求的施工图纸。

设计单位进行了设计变更，修改了管道标高，增大了埋深。施工单位按设计要求进行了施工。

经验总结

在设计文件会审过程中，应严格审查设计文件和相关专业上有关联的内容，避免出现已施工完毕的埋地管线外露在地坪上的事件，造成工期延误，也给工程留下安全隐患。

62　埋地管道成品保护失控

案例概况

2021 年 5 月，监督人员对某化工区地下管网工程进行监督巡查时发现，现场成品保护不到位，部分管件管口变形严重，部分管口未进行封堵，部分管口浸泡在泥沙中。

问题分析

埋地管道成品保护不符合 GB 50268—2008《给水排水管道工程施工及验收规范》第3.1.11 条“所用管节、半成品、构(配)件等在运输、保管和施工过程中，必须采取有效措施防止其损坏、锈蚀或变质”、第 5.1.14 条“管道安装时，应随时清除管道内的杂物，暂时停止安装时，两端应临时封堵”的要求。地下管道现场成品保护不到位问题是埋地管道施工中的常见问题，成品保护不到位，地下管道会受到腐蚀，缩短管道的使用寿命，形成质量隐患，降低管道系统使用性能，同时，管道内不洁净还将影响与管道连接设备的正常使用。

施工单位在地下管网施工过程中质量意识淡薄，施工管理松懈，未认真履行施工质量管理的相关规定，未能按照标准规范中相关条文要求对管道变形防护、管口封堵等成品保护情况进行监督检查。监理单位、工程总承包单位履职不到位，对成品保护不重视，施工现场疏于管理。

问题处置

监督人员下发《质量问题处理通知书》，责令监理单位组织工程总承包单位和施工单位立即进行整改，确保埋地管道现场成品保护工作符合设计及施工质量验收规范的要求。施工单位对现场成品保护进行了整改，割除了变形严重的管件，封堵了外漏管口，清除了管内泥沙，落实了成品保护措施。

经验分析

总承包单位、施工单位应建立健全质量保证体系，做好各工序质量管控工作，确保管道施工过程质量控制符合标准规范的相关要求。监理单位要加强平行检验、巡视监理力度，及时发现质量问题，及时要求整改，确保施工质量受控。监督人员在日常监督检查过程中应加大巡监力度，对发现的质量问题及时督促整改。

Ⅲ 焊接及热处理

63 复合钢焊工超资格施焊

案例概况

2020 年 6 月，在对某公司常减压蒸馏装置的监督抽查中，监督人员发现如下问题：减压塔（复合板材质为 Q245R+S30403）已完成第 6 段纵缝的焊接，其中焊缝编号为 A6-3 的焊缝，现场焊口标记的施焊焊工代号为 31710；焊接记录中该条焊缝的基层（Q245R）、过渡层、复层（S30403）均为该焊工施焊，而该焊工的特种设备作业证无复层（S30403）及过渡层堆焊的焊接资格。

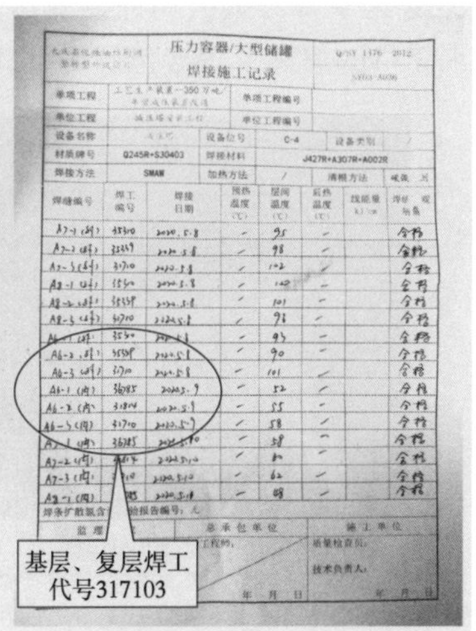

问题分析

该焊工不符合 TSG Z6002—2010《特种设备焊接操作人员考核细则》第 A4.3.10 条“（3）焊接不锈钢复合钢的复层之间焊缝及过渡焊缝的焊工，应当取得耐蚀堆焊资格”的要求。该案例中施焊的焊工不具备耐蚀堆焊资格，进行焊接作业无法保证焊缝的焊接质量。

施工单位技术人员对焊工的持证项目审查不细，对复合钢的焊接没有进行专项技术交底，没有及时发现焊工超资格施焊问题。监理单位对焊工的报验及现场实际施焊情况不掌握，监理不到位。

问题处置

监督人员及时下达了《质量问题处理通知书》，限期整改；要求立即更换资格符合要求的焊工施焊，同时要求对该名焊工已经焊接的焊口进行返工处理。

经验总结

施工单位和专业监理工程师应加强对特殊材质焊接中的焊工持证项目的审核力度，避免因焊工超资格施焊给设备的长周期安全运行埋下质量安全隐患；监督人员进行现场抽查时，应加大特殊材质焊工资格抽查频次，从而避免上述问题的重复出现。

64　焊工超资格施焊

案例概况

2020 年 9 月，某公司原油罐区现场焊接施工中，编号为 TK0101-PSJG-18 的储罐中央排水管口的焊缝，焊接位置为插入式支管角焊缝，现场正在施焊的焊工（03-118）只有对接焊缝资质，不具备水平固定位置的管板角焊头（5FG）的资质，属于超资格施焊。

排水管口的焊接位置5FG

考试机构：[illegible]有限公司锅炉压力容器焊工考试委员会
持证项目：GTAW-FeIV-6G-3/159-Fefs-02/10/12+SMAW-FeIV-6G(K)-13/159-Fef4J,GTAW-FeII-6G-3/57-Fefs-02/11/12+SMAW-FeII-6G(K)-9/57-Fef3J
档案编号：[illegible]

施焊焊工的持证项目

问题分析

该焊工资质不符合 GB 50128—2014《立式圆筒形钢制焊接储罐施工规范》第 6.1.1 条“从事储罐焊接的焊工，必须按《特种设备焊接操作人员考核细则》TSG Z6002 的规定考核合格，并应取得相应项目的资格后，方可在有效期间内担任合格项目范围内的焊接工作”的要求。

问题处置

监督人员下达了《质量问题处理通知书》，要求施工单位将超资格施焊的焊口割口，安排具备资格的焊工重新焊接。对所有参与储罐焊接的焊工重新进行技术交底，明确各自可施焊项目。

经验总结

施工单位应重视焊工管理工作，对特殊位置的焊接提前进行识别，焊工应准确掌握自身持证项目可施焊的具体内容；项目管理单位、监理单位、总承包单位及施工单位应加强现场施焊焊工的资格管理。

65　不锈钢焊工超资格焊接

案例概况

2022 年 6 月，监督人员对某公司新建原料罐区项目工艺管道安装工程进行监督检查时，发现焊工 Fe Ⅳ持证项目为焊接工艺因素代号“11”，即背面有保护气体时进行施焊，而现场查出该焊工使用京威焊材 JWTGF308 药皮自保焊丝焊接材质为 06Cr19Ni10 的管道 3 道焊口，即背面无保护气体时进行施焊（焊接工艺因素代号 10），分别是 80-VAC2010-2K1（醋酸乙烯管线）的 E8# 和 100-PG1006-2K1（工艺介质气相管线）的 E8#、E9#，该焊工资格不满足现场施焊项目要求。

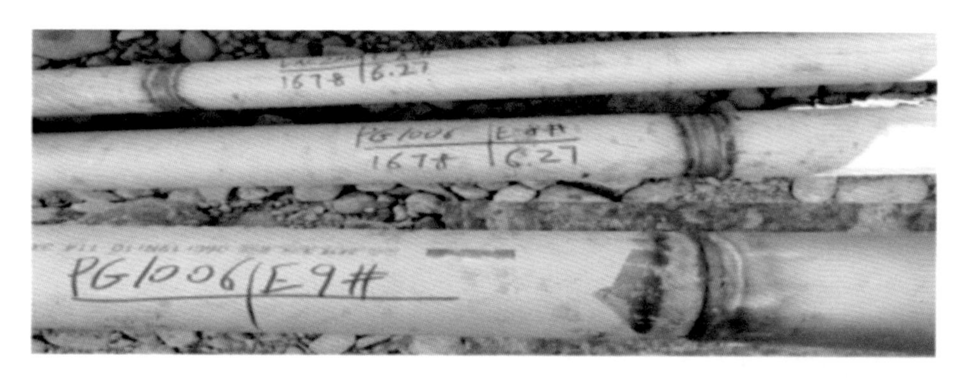

今天是：2022年06月28日

特种设备从业人员公示查询结果

人员查询
单位查询
设备查询

姓名：		身份证号：	
性别：		联系电话：	
所在省：		所在城市：	
证书编号：		证书有效期：	2025-09
发证部门：	市场监督管理局	考试机构：	特种设备制造防护有限公司
证书类型：	特种设备作业人员-特种设备焊接作业	持证项目：	GTAW-FeIV-6G-3/76-FefS-02/10/12和SMAW-FeIV-6G(K)-9/76-Fef4J
批次：		档案编号：	
法人代表：	/		

问题分析

该焊工不符合 TSG Z6002—2010《特种设备焊接操作人员考核细则》第 A4.3.9 条“当焊接工艺因素代号 01、02、03、04、06、08、10、12、13、14、15、16、19、20、21、22 中某一代号因素变更时，焊工需重新进行焊接操作技能考试”、GB 50517—2010《石油化工金属管道工程施工质量验收规范》第 3.0.2 条“从事石油化工金属管道施工的焊工应取得相应的合格证书，并在合格证书认可的合格项目范围内作业”的要求。

施工单位技术管理人员没有掌握焊接工艺因素“10”和“11”的区别，没有针对自保护焊丝的使用进行针对性的技术交底，监理工程师对报审焊工的审查把关不严，致使焊工超资格焊接。

问题处置

监督人员下发《质量问题处理通知书》并限期整改，要求将该焊工施焊的 3 道焊口全部割除，重新由具有资格的焊工施焊；同时，要求监理单位跟踪确认整改结果。现上述 3 道焊口已全部割口，由具备资格的焊工重新焊接并经检测合格。

经验总结

施工单位焊接管理人员应加强相关标准规范的学习，有针对性地开展技术交底，使焊工资格满足现场施焊项目要求；专业监理工程师应提高对相关标准规范的关键条款理解及运用能力，丰富管理经验，严把焊工资格审查关。

66　焊工无证进行工艺管道焊接

案例概况

2022 年 3 月，监督人员对苯乙烯装置进行巡监时，发现主管廊北侧正在进行工艺管道焊接作业的人员，现场无法提供经考核合格的特种作业人员证及焊工准入证。

问题分析

该焊工不符合 SH/T 3501—2021《石油化工有毒、可燃介质钢制管道工程施工及验收规范》第 4.5 条“管道施工的焊工应按 TSG Z6002 的规定进行考核，无损检测人员应按 TSG Z8001 的规定进行考核，并取得相应资格证书”、第 8.1.2 条“焊工应持有效的资格证书，并在合格项目内从事管道的焊接”的要求；同时，违反了《中国石油天然气集团公司工程建设项目焊工准入管理规定》第二十七条“未获得准入管理机构颁发的《进场施焊准入证》的焊工，不得进入规定工程建设项目的施工现场进行焊接施工作业”的规定。由于该作业人员是对压力管道进行焊接，一旦焊接完成后会给工程质量留下隐患。

施工单位对焊工管理不严，进场前未对劳务分包单位的焊工是否持证进行审查；总承包单位及监理单位未按要求对进场焊工进行资格审查及准入考试。

问题处置

监督人员下发了《质量问题处理通知书》并限期整改，要求对该焊工施焊的全部焊口进行割口处理，并将该焊工清除出场；同时，按照相关管理规定对该项目监理单位、总承包单位及施工单位进行考核，并要求监理单位做好问题的整改检查确认工作。

经验总结

施工单位应加强焊工管理，进场前对劳务分包单位的焊工是否持证进行审查，并严格按照工程建设项目焊工准入管理规定执行。监督人员在监督检查中发现此类问题应立即制止，坚决纠正，并且要通过一个问题整改提升一类管理，坚决避免同类问题重复出现。

67　高温 TP304H 管线焊接焊条选用不当

案例概况

2021 年 9 月，某公司烷基化装置扩能改造项目，拟用于材质为 TP304H 工艺管线的 CHS102RH 焊条，厂家在外包装盒上所附的说明书中明确指出该焊条用于“焊接工作温度低于 300℃ 的耐腐蚀不锈钢承压结构件”，而设计文件中给出的上述工艺管线的最高设计温度为 700℃，最高操作温度为 677℃，与焊条说明书使用操作温度不符。

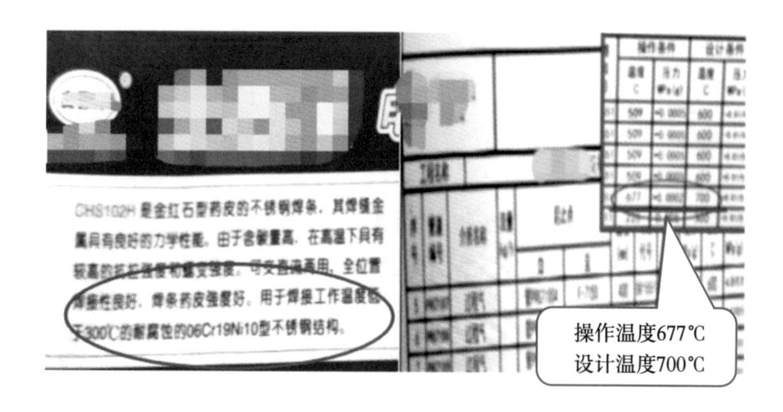

问题分析

高温 TP304H 管线焊接焊条不符合 SH/T 3523—2020《石油化工铬镍不锈钢、铁镍合金、镍基合金及不锈钢复合钢焊接规范》第 8.3.1 条“焊接材料的选择应根据母材的化学成分、力学性能、使用条件和施焊条件等综合考虑”的要求。

施工单位焊接材料选用不当，忽略了焊条外包装中对焊条使用温度的限制及设计文件中对操作温度的要求，一旦现场使用该焊条，无法确保熔敷金属高温力学性能满足设计要求，从而埋下质量隐患。监理人员质量责任意识不强，履职监管不到位，对 TP304H 材质管道的操作温度及焊条允许使用温度不掌握。

问题处置

监督人员下达《质量问题处理通知书》，要求施工单位与焊条厂商沟通，重新更换满足设计要求的焊条并重新向监理单位进行报验，并在监督周报中对施工单位、监理单位提出批评。焊条厂商已出具书面材料，对焊条的使用温度进行了更正，并在后序的产品规格书中全部进行了更新。

经验总结

施工单位在依据焊接工艺评定编制焊接工艺卡、选用焊材时，不仅要考虑焊材的化学成分是否能满足设计要求；对于高温管线，还应考虑其熔敷金属高温力学性能是否能满足设计要求，从而避免选用的焊材因使用温度不满足设计要求，留下质量安全隐患，影响装置长周期安全运行。

68　复合钢焊接焊材选用错误

案例概况

2021 年 8 月，在某公司催化装置监督检查中发现，复合钢洗涤塔焊接过程中，洗涤塔顶部锥段不锈钢 316L（S31603）接管与复合钢 S31603 ＋ Q345R 壳体的焊接，所选用的焊接工艺评定中复合钢母材（Fe-7-1）与现场洗涤塔壳体复合钢的母材（Fe-8-1）类别号不同，过渡层及基层焊接所选用的焊材为不含钼（Mo）的 A307，存在焊接工艺评定选用不当和焊材选用错误问题。

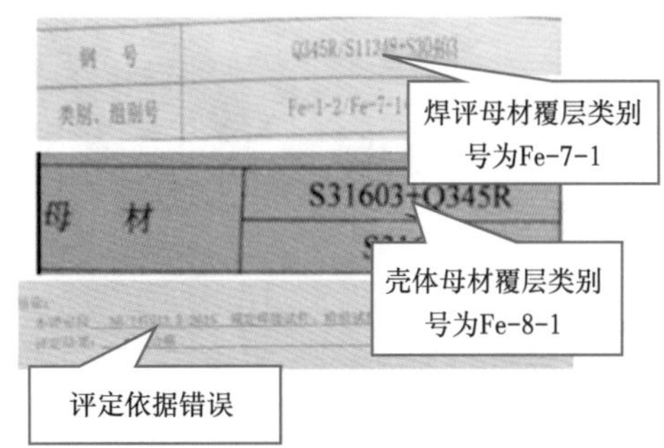

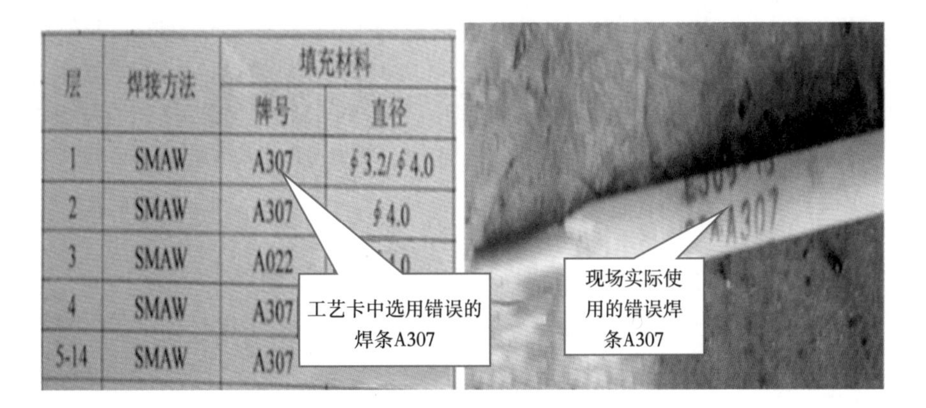

层	焊接方法	填充材料	
		牌号	直径
1	SMAW	A307	φ3.2/φ4.0
2	SMAW	A307	φ4.0
3	SMAW	A022	
4	SMAW	A307	
5-14	SMAW	A307	

问题分析

复合钢焊接材料不符合 NB/T 47014—2011《承压设备焊接工艺评定》第 6.1.2.1 条“a）母材类别号改变，需要重新进行焊接工艺评定”、SH/T 3523—2020《石油化工铬镍不锈钢、铁镍合金、镍基合金及不锈钢复合钢焊接规范》第 9.3.5 条“b）覆层含钼的不锈钢复合钢过渡层焊材宜采用 309Mo（309LMo）型”的要求。

所选用的 A307 焊条，其合金成分为 Cr25Ni13，不含有 Mo；因此，使用该种焊条焊接，将使焊缝的抗腐蚀性能降低，给设备的长周期运行埋下隐患。

问题处置

监督人员下达《质量问题处理通知书》，要求施工单位将已完成的三道焊缝全部进行割口；重新进行焊接工艺评定并编制正确的焊接工艺卡，经监理单位及监督站审核后方可现场施焊。

经验总结

施工单位和监理单位应加强标准规范的学习与掌握，提升自身的技术水平，强化对焊接工艺纪律执行的监督力度，确保焊接质量，避免在施工过程中留下质量隐患。

69　低温钢焊材选用错误

案例概况

2021 年 9 月，监督人员在对某公司全密度聚乙烯装置低温钢 A333 Gr.6 管道的焊接监督检查中发现，现场所使用的焊丝为 ER50-6，低温冲击试验温度为 -30℃；所使用的焊条为 E5515-N1P，低温冲击试验温度为 -40℃；而低温钢管道母材 A333 Gr.6 低温冲击试验温度标准值为 -45℃。上述焊材的低温冲击试验温度均低于母材的低温冲击试验温度标准值。

问题分析

低温钢焊材不符合 SH/T 3525—2015《石油化工低温钢焊接规范》第 4.4.4 条“熔敷金属的化学成分和力学性能应与母材相近，低温冲击韧性值不低于母材标准值”的要求。采用低于母材冲击韧性值的焊材进行焊接，将使焊缝的低温冲击韧性降低，运行中易出现焊缝先于母材断裂的风险。

问题处置

监督人员下达《质量问题处理通知书》，要求对焊材使用不当的焊缝进行力学性能检验，如不满足设计要求，则进行割口处理。

经验总结

施工单位在选用焊材时，应充分掌握低温钢的焊接特殊性，不仅考虑化学成分与母材相似，还应考虑低温冲击韧性要求；监理单位等相关工程管理部门应加大管理力度，低温钢焊接施工前重点审查选用焊材低温冲击韧性是否满足要求，避免类似问题重复发生。

70　不锈钢储罐焊接焊材使用错误

案例概况

2021 年 8 月，监督人员在某公司精制脱氮区罐体焊接项目现场检查时发现，所用补强板为超低碳不锈钢 316L（含碳量≤ 0.03%），焊接工艺规程中要求使用的焊丝为超低碳不锈钢焊丝 ER316L，而现场实际所用焊丝为 ER316（含碳量≤ 0.08%），焊丝的含碳量高于母材的含碳量。

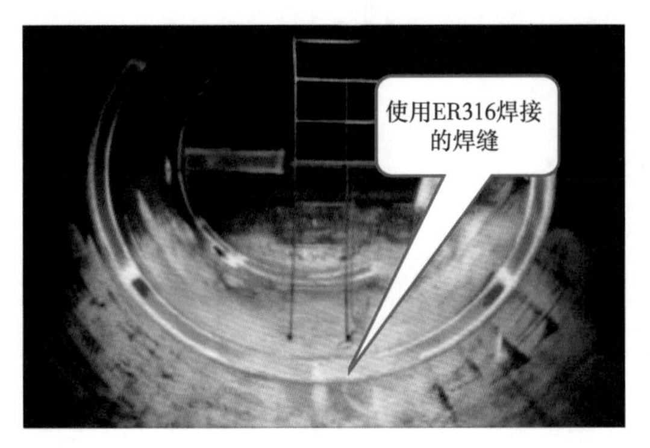

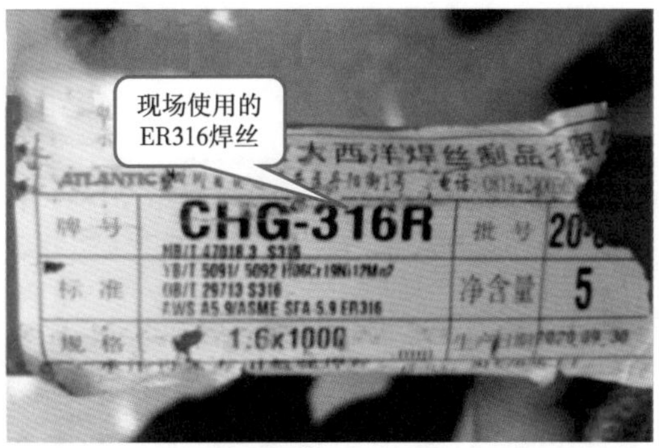

问题分析

不锈钢储罐焊接材料不符合 SH/T 3523—2020《石油化工铬镍不锈钢、铁镍合金、镍基合金及不锈钢复合钢焊接规范》第 8.3.1 条“a）同种材料焊接宜选用和母材合金成分相同或相近的焊接材料”的要求。使用该焊丝焊接时，将使焊缝抗晶间腐蚀能力降低，不能满足储罐的设计要求。

施工单位焊材使用管理不规范，技术人员对标准规范不掌握，焊材管理员发放时未对焊材标识认真辨识，发放错误；焊工领用后未对焊材认真复核；技术人员、质检人员疏于检查，未对现场使用的焊材进行检查确认，焊接过程质量管理失控。

问题处置

监督人员下发了《质量问题处理通知书》，要求施工单位按规范要求立即组织整改。施工单位认识到管理漏洞后，对误用焊丝的焊缝进行了割口，并重新焊接。同时，施工单位完善了内部管理制度——《焊接管理规定》，并对（除普通碳钢以外的）特殊焊材领用增加了技术员施工前进行二次确认环节，对有关责任人进行了相应经济处罚。

经验总结

储罐焊缝是保证储罐安全运行的关键部位，如果焊材使用错误，将无法保证储罐焊缝的内在质量，造成储罐存在质量安全隐患，施工单位应严格按标准规范和焊接工艺规程要求正确选用焊材，严格焊接过程质量控制；工程相关管理部门对重要工序、关键部位的施工质量应认真做好检查验收工作，对焊材烘干室、库房、发放记录以及现场使用应定期检查。

71　抗硫化氢钢焊接错用普通碳钢焊丝

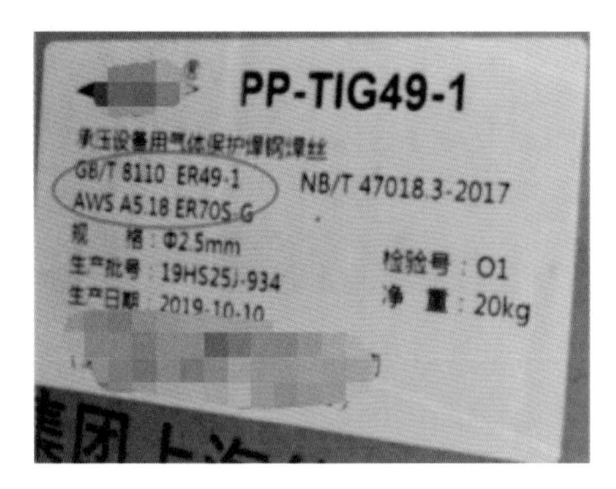

案例概况

2022 年 10 月，监督人员在某公司催化装置预制场地现场检查中发现，材质为 20 GB 9948 ANTI SSCC 的抗硫化氢钢管线，规程要求使用抗硫化氢钢专用焊丝，但现场实际焊接时使用的是普通碳钢焊丝 ER49-1。

问题分析

抗硫化氢钢焊接使用普通碳钢焊丝，不符合 SH/T 3501—2021《石油化工有毒、可燃介质钢制管道工程施工及验收规范》第 8.1.1 条“管道施焊前，应按 NB/T 47014 评定合格的焊接工艺评定报告编制焊接工艺规程。焊工应按焊接工艺规程施焊”的要求。采用碳钢焊丝焊接抗硫化氢钢，将使焊缝不具备抗硫化物应力腐蚀（SSC）及氢致开裂（HIC）性能。而常规的射线检测只是对焊缝致密性的检测，无法检测出焊缝腐蚀性能方面存在的问题。一旦投入运行，易因抗硫化物应力腐蚀能力不足而发生泄漏。

经了解，上述问题的存在是因为施工单位物采部门人员不了解美标和中国焊丝标准的对应关系，不了解牌号为 AWS A5.18 ER70S-G 的焊丝需要在订货合同中明确约定其化学成分，并应对硫、磷含量进行限制，才能作为抗硫化氢钢专用焊丝。而该案例中，施工单位物采部门订货时未在合同中明确焊丝的化学成分，因此所购买的焊丝只是普通碳钢焊丝。监理单位履职不到位，对硫化氢钢管线焊接过程管控不到位。

切割错用焊材的抗硫化氢钢焊口

问题处置

针对此问题，监督人员下达《质量问题整改通知书》，并召开现场质量分析会，要求监理单位、施工单位分析原因、彻查问题，健全焊接质量保证体系，完善质量控制措施，举一反三，对已焊接的焊口进行复查，对所有错用焊材的焊口进行割口，并使用抗氢钢专用焊材重新焊接，彻底消除质量隐患。

经验总结

施工单位在焊前必须掌握母材的性能要求，正确区分普通碳钢与抗硫化氢钢材质，按母材选用正确的焊接材料，以使焊缝的性能与母材匹配。同时，施工单位技术人员应与物采部门沟通，明确所需焊材的化学成分及性能要求，不能只是按牌号采购。

72　316L 管线返修时焊接材料使用错误

案例概况

2022 年 6 月，监督人员在某公司 20×10^4t/a EVA 项目工艺管道安装检查时发现，材质为 TP316L 的管线 103-2′ -IH-02001 有一道焊缝局部进行了返修，现场经光谱分析检测，该返修处 Mo 含量为 0.545%，远低于 TP316L 焊接工艺规程中所用焊材 E316L 的 Mo 含量（2.0% ≤ Mo 含量≤ 3.0%）的要求。

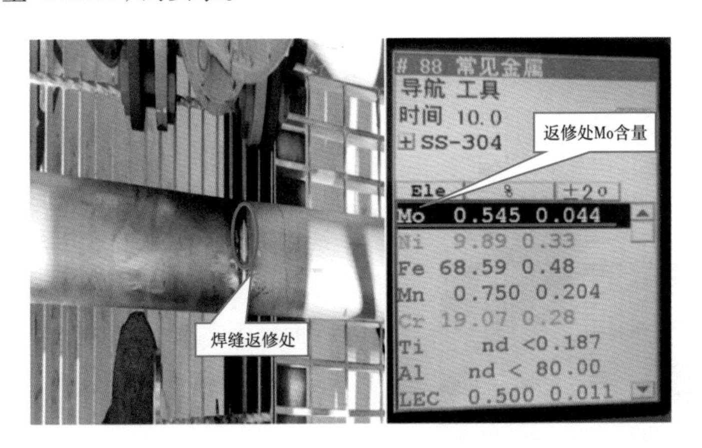

问题分析

316L 管线返修时所用焊接材料不符合 SH/T 3501—2021《石油化工有毒、可燃介质钢制管道工程施工及验收规范》第 8.1.1 条“管道施焊前，应按 NB/T 47014 评定合格的焊接工艺评定报告编制焊接工艺规程。焊工应按焊接工艺规程施焊”及 SH/T 3523—2020《石油化工铬镍不锈钢、铁镍合金、镍基合金及不锈钢复合钢焊接规范》第 8.3.1 条“a）同种材料焊接宜选用和母材合金成分相同或相近的焊接材料”的要求。焊缝的 Mo 含量远低于母材，将使焊缝的抗腐蚀性能降低，会给设备的长周期运行埋下安全隐患。

焊工质量意识不强，未执行焊接工艺规程要求，对局部返修焊缝不重视，私自更换焊条；施工单位焊前对焊工的技术交底不细，没有强化焊工对焊接工艺纪律执行的要求，从而导致上述质量问题的出现。

问题处置

监督人员下发了《质量问题处理通知书》并限期整改，要求清除错用焊条施焊的焊缝，按焊接工艺规程要求重新施焊并进行相应的检测；同时，要求监理人员跟踪整改过程并确认结果。

经验总结

焊接是管道安装工程的重要工序，焊接材料的正确使用是保证焊接质量的基础；因此，应加强技术交底，强化焊接工艺纪律，严格过程管控，尤其是返修焊缝质量的管控。各方责任主体应尽职履责，跟踪质量薄弱环节的整改过程，加大抽查比例，杜绝同类问题发生。

73　焊条超次烘干

案例概况

2020 年 9 月，某公司原油罐区现场正在进行罐底边缘板外 300mm 对接焊缝的焊接，监督检查中发现施工单位现场只配备有一台焊条烘干与保温一体机，不能满足现场至少三种牌号、各两种规格焊条的烘干与保温需要；检查当日，烘干箱中 ϕ4.0mm 的 427R 焊条外表面已因多次烘干由灰色变成土黄色；两种牌号 ϕ3.2mm 的焊条记录显示烘干次数已远超 2 次以上。

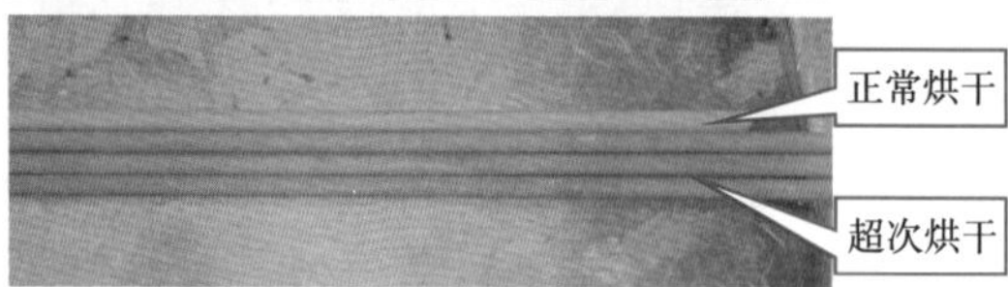

问题分析

焊条烘干次数不符合 GB 50128—2014《立式圆筒形钢制焊接储罐施工规范》第 6.3.2 条表 6.3.2 中焊条重复烘干次数不超过 2 次的要求。多次烘干焊条，易使焊条药皮失效，影响其造渣、保护及冶金性能，从而对焊缝的质量产生影响。

施工单位对焊条烘干不重视，不考虑焊接施工的需要，仅为降低成本，机具投入不足。监理单位在审核施工单位进场机具时，未根据现场焊接实际需要，要求施工单位配备满足现场需要的焊条烘干设备。

问题处置

监督人员下达了《质量问题处理通知书》，要求该炉次的焊条全部废弃处理，已采用超次烘干焊条焊接的罐底边缘板对接焊缝全部割口重焊；施工单位应严格按照厂家及标准的要求烘干焊条；配备能够满足现场需要的足量的焊条烘干设备。

经验总结

施工单位应对烘干人员进行相关的技术培训及技术交底，了解超次烘干的危害性，提高对焊条烘干重要性的认识；同时，施工现场配备的机具应能满足现场施工的需要。

74 焊材烘干、发放、领用管理混乱

案例概况

2022 年 4 月，监督人员对某公司 40×10^4t/a 全密度聚乙烯装置的焊材管理与使用检查时发现如下问题：焊丝均未施行日领用，而是整盒发放（5kg），存在焊丝误用的风险；牌号为 TGF308L 的不锈钢自保护焊丝未按厂家说明书要求 100℃烘干并保温 1h，一次领用 5kg，施工现场存放时间长达 3~7 天，易造成自保护焊丝药皮受潮；焊条发放记录与现场实际不符；焊材管理人员不能熟练地操作烘干设备，不掌握焊条的烘干工艺要求，不能如实填写焊条烘干记录；焊条烘干记录中烘箱送电时间与恒温时间完全相同，烘干记录中不锈钢焊条 CHS107R 的烘干温度为 350℃，而厂家说明书要求的烘干温度为 250~300℃。

问题分析

焊材烘干、发放、领用不符合 Q/SY 06529—2018《炼油化工建设项目施工过程技术文件管理规范》附录 B 中“焊条、焊丝应当天发放当天回收”及 SH/T 3501—2021《石油化工有毒、可燃介质钢制管道工程施工及验收规范》第 8.1.4 条“焊条、焊剂应按说明书的要求进行烘烤，并在使用过程中保持干燥”的要求。

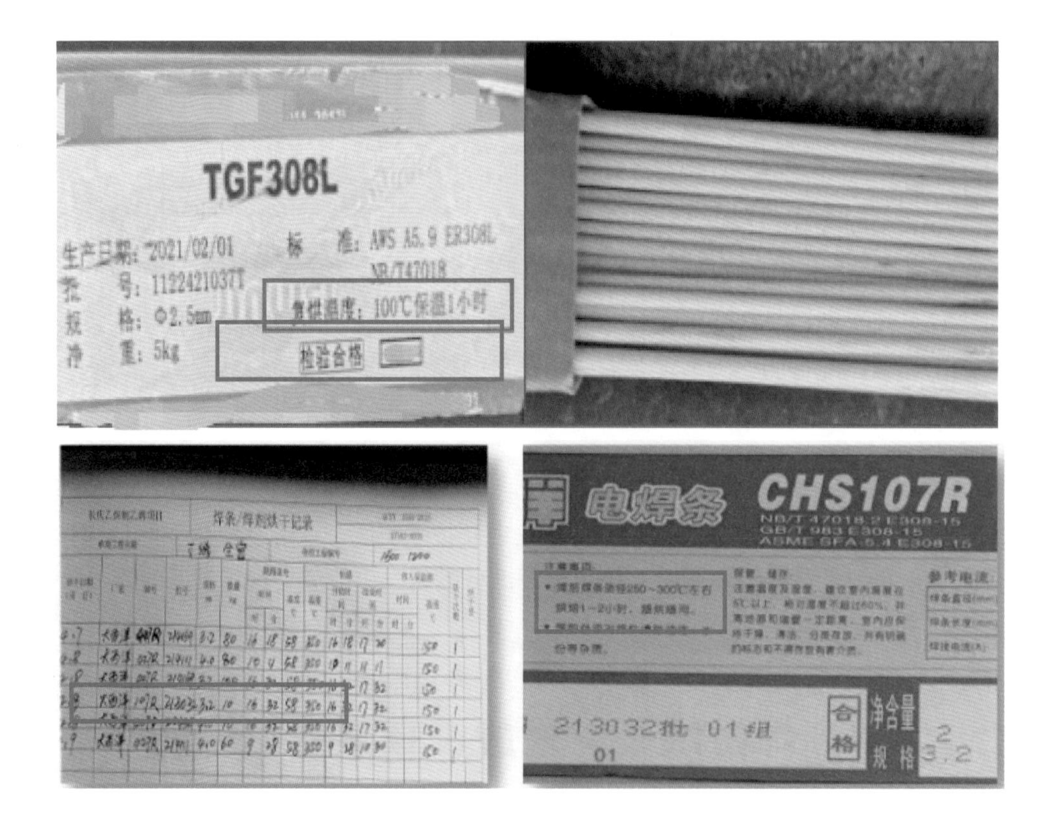

施工单位对焊材的烘干、发放、领用管理混乱，未严格执行相关标准规范要求，在施工中易出现焊材混用及烘干达不到要求，从而影响焊接质量。监理单位对施工单位的焊材管理未进行有效的监理。

问题处置

监督人员下达了《质量问题处理通知书》，要求施工单位对上述问题进行整改，监理单位应对该项目的焊材管理进行专项检查，并督促施工单位对存在的问题进行全面整改。经落实，上述问题均已按要求进行了整改。

经验总结

施工单位应重视焊材管理，严格执行相关标准要求；对焊材烘干人员进行业务培训，了解厂家对自保护焊丝的烘干要求，熟悉焊丝日领用要求，提升焊材烘干人员自身能力。监理单位应加强对施工单位焊材管理的监理。

75　焊材管理不合规

案例概况

2021年5月，监督人员对某公司仓储罐区9810-TK-0005储罐底板及第一带壁板组对、焊接进行质量监督检查时，发现两个作业班组焊材管理存在以下问题：

（1）焊条放置不规范，紧靠墙壁，且标识不清。

（2）库房内温湿计损坏，无法监控库房温度、湿度。

（3）焊条烘干箱的保温箱损坏，无法正常使用。

（4）焊条在同一箱内烘干、保温，存在焊条被多次烘烤的情况。

（5）焊条烘干箱内不同规格焊条混放一起，同一盘堆放焊条层数过多，无法保证焊条烘透。

（6）焊条烘干箱的保温箱温度显示保温温度设定低于相关要求。

（7）焊条烘干箱未附有相关标识。

（8）焊材保管、烘干、发放未设置专人管理。

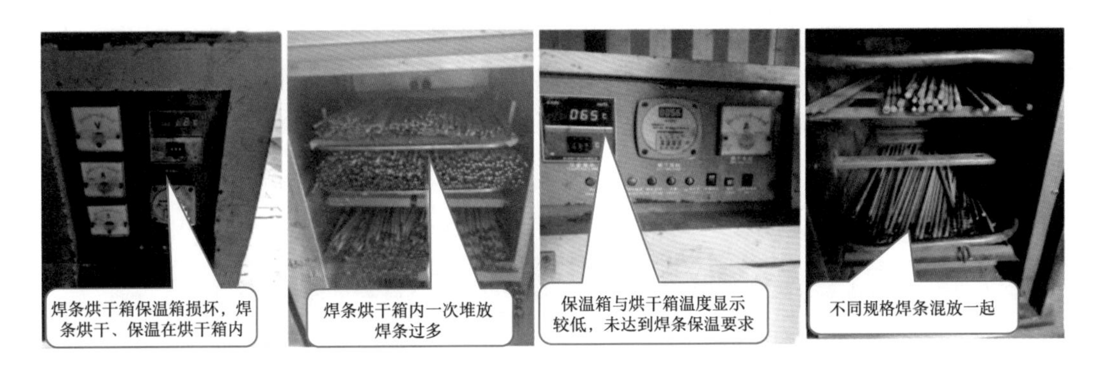
焊条烘干箱保温箱损坏，焊条烘干、保温在烘干箱内
焊条烘干箱内一次堆放焊条过多
保温箱与烘干箱温度显示较低，未达到焊条保温要求
不同规格焊条混放一起

问题分析

焊材管理不符合JB/T 3223—2017《焊接材料质量管理规程》第6.2条“焊接材料的储存库应保持适宜的温度及湿度，一般室内温度不低于5℃，相对湿度不大于60%”、第6.3条“品种、型号/牌号、批号、规格、入库时间不同的焊接材料应分别存放，并有明确的标识，以免混杂。摆放高度或层数、与地面及墙面的距离等应视产品、包装情况和环境条件等进行相应规定，如货架距地面及墙壁的距离不小于300mm，以利于安全和通风”、第7.1.1条“使用方应设置焊接材料管理员，负责焊接材料的领用、保管、烘干、发放及回

收，并做详细记录，以保证焊接材料使用的可追溯性”、第 7.3.1 条“烘干、保温设施应有可靠的温度控制、时间控制及显示装置”、第 7.3.2 条“焊接材料的烘干及保温应严格按焊接材料生产企业推荐的规范或有关技术要求执行。焊接材料在烘干时应排放合理，有利于均匀受热及潮气排除”、第 7.3.3 条“每个烘箱应附有标示牌，标明所装入焊接材料的型号 / 牌号、批号和烘干规范等。焊接材料原则上应按产品类型分别烘干。不同类型的焊接材料在下述条件下，允许同炉烘干：烘干规范相同；相互之间有明显的标记或隔断，不至于混杂；能够确保焊接材料的性能不受影响”、第 7.3.4 条“烘干后的焊接材料，应在保持规定温度范围内的烘箱或保温筒内保存，以备使用”的要求。

焊材管理对焊接质量起着至关重要的作用，通过严格管理，确保焊材的使用性能，从根本上保证焊接质量。

问题处置

监督人员下达了《质量问题处理通知书》并限期整改，对超次烘干的该炉批焊条进行作废处理，完善仓储管理条件，更换不合格设备，添置必要的焊条恒温保管设备等，满足现场焊材合规管理需求；同时，要求施工单位配备专职的焊接材料管理人员，完善并严格执行焊接材料的管理制度。

经验总结

规范、正确使用焊接材料，是保障焊接质量的基础。因此，监督人员在现场发现该类问题后，应要求施工单位加强管理，配备专职的焊材管理人员，严格执行相关管理制度及规程，避免遗留质量隐患。

76　复合钢现场组焊选用焊接工艺评定不当

案例概况

2020 年 6 月，监督人员在对某公司常减压蒸馏装置改造的监督抽查中发现，准备进行现场焊接的材质为复合钢（Q245R+S30403）（用于减压塔）的焊接工艺文件中存在如下问题：施工单位提供的编号为 JYT-001 的焊接技术交底工艺卡中依据的焊接工艺评定报告为 PQR-029-2009，而焊接工艺评定中母材为复合钢（Q345R+316L），与现场减压塔材质相比，两者的基层和覆层金属化学成分均不相同，即编号 PQR-029-2009 的焊接工艺评定报告不能作为编号 JYT-001 焊接技术交底工艺卡的编制依据。

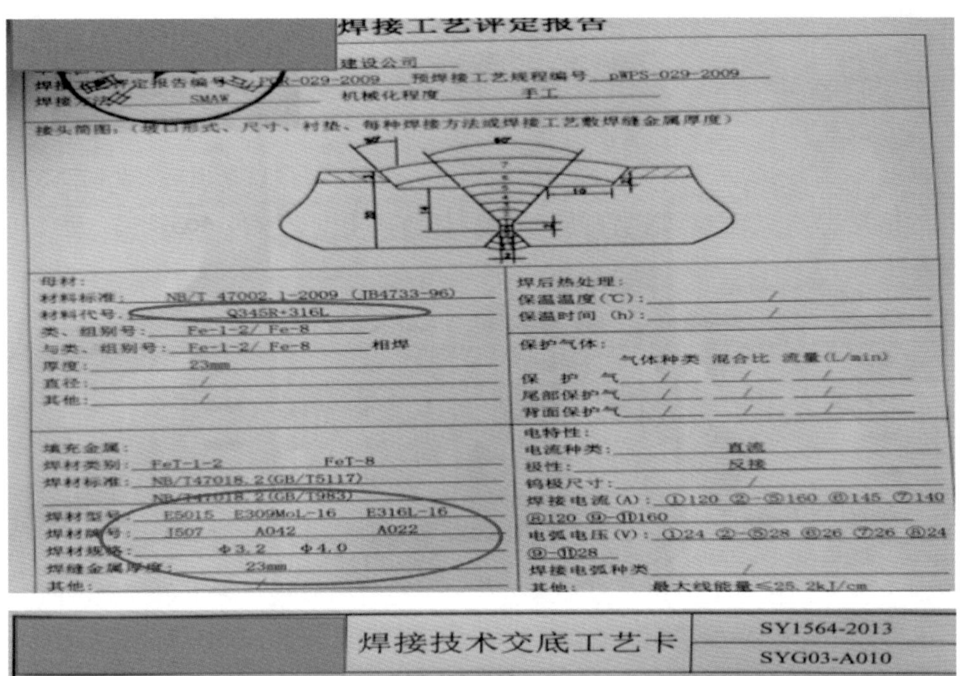

焊接工艺评定报告

建设公司

焊接工艺评定报告编号：PQR-029-2009　预焊接工艺规程编号：pWPS-029-2009

焊接方法：SMAW　机械化程度：手工

接头简图：（坡口形式、尺寸、衬垫、每种焊接方法或焊接工艺数焊缝金属厚度）

母材：	焊后热处理：
材料标准：NB/T 47002.1-2009（JB4733-96）	保温温度（℃）：/
材料代号：Q345R+316L	保温时间（h）：/
类、组别号：Fe-1-2/ Fe-8	保护气体：
与类、组别号：Fe-1-2/ Fe-8　相焊	气体种类　混合比　流量（L/min）
厚度：23mm	保护气　/　/　/
直径：/	尾部保护气　/　/　/
其他：/	背面保护气　/　/　/

填充金属：	电特性：
焊材类别：FeT-1-2　FeT-8	电流种类：直流
焊材标准：NB/T47018.2（GB/T5117）	极性：反接
NB/T47018.2（GB/T983）	钨极尺寸：/
焊材型号：E5015　E309MoL-16　E316L-16	焊接电流（A）：①120 ②-⑤160 ⑥145 ⑦140 ⑧120 ⑨-⑪160
焊材牌号：J507　A042　A022	电弧电压（V）：①24 ②-⑤28 ⑥26 ⑦26 ⑧24 ⑨-⑪28
焊材规格：Φ3.2　Φ4.0	焊接电弧种类：/
焊缝金属厚度：23mm	
其他：/	其他：最大线能量≤25.2kJ/cm

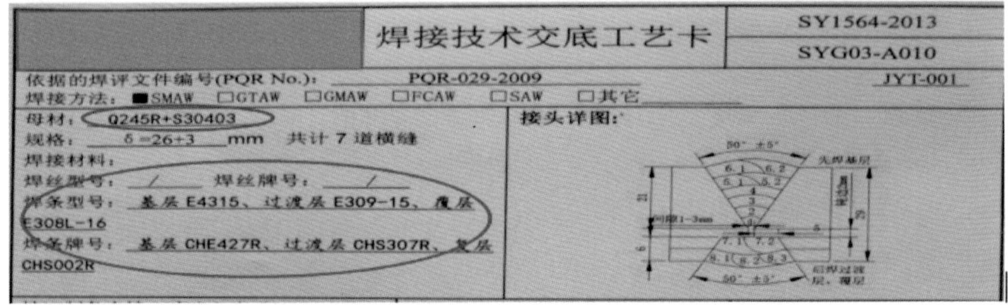

焊接技术交底工艺卡　SY1564-2013　SYG03-A010

依据的焊评文件编号(PQR No.)：PQR-029-2009　JYT-001

焊接方法：■SMAW　□GTAW　□GMAW　□FCAW　□SAW　□其它

母材：Q245R+S30403

规格：δ=26+3 mm　共计 7 道横缝

焊接材料：

焊丝型号：/　焊丝牌号：/

焊条型号：基层 E4315、过渡层 E309-15、覆层 E308L-16

焊条牌号：基层 CHE427R、过渡层 CHS307R、覆层 CHS002R

接头详图：

问题分析

复合钢现场组焊选用的焊接工艺评定，不符合 NB/T 47014—2011《承压设备焊接工艺评定》附录 C 中第 C.2.3 条“经评定合格的焊接工艺适用于焊件覆层焊缝金属厚度有效范围，是指该范围内的化学成分都应满足设计要求”的要求。焊接工艺评定是对焊接工艺正确性进行验证的过程，没有焊接工艺评定为依据编制的焊接技术交底工艺卡不能用于现场指导焊接作业。使用未经评定的焊接工艺，不能确保焊缝的力学性能及耐腐蚀性能满足设计要求。

施工单位不掌握复合钢材质的焊接工艺评定要求，没有选用与现场实际一致的复合钢焊接工艺评定编制焊接技术交底工艺卡。监理工程师的焊接专业能力不足，未及时发现施工单位焊接工艺评定选用不当的问题。

问题处置

监督人员及时下发了《质量问题处理通知书》并限期整改，要求施工单位重新进行焊接工艺评定或提供满足现场焊接要求的焊接工艺评定，并依据合格的焊接工艺评定编制焊接技术交底工艺卡后方可进行现场焊接。

经验总结

施工单位的焊接技术人员应熟悉 NB/T 47014—2011《承压设备焊接工艺评定》及复合钢焊接的相关要求；专业监理工程师应对特殊材质的焊接工艺文件严格把关，避免同类问题重复发生。

77　储罐大角缝焊接工艺评定报告错误

案例概况

2021 年 9 月，在对某公司除盐水罐工程监督检查时发现，施工单位提供的编号为 PQR-HJ-331 的储罐大角缝焊接工艺评定报告中存在如下问题：大角缝焊脚尺寸未标注，不能判断是否符合设计文件的尺寸要求；弯曲试验的弯模尺寸为 44mm，小于标准要求的 50mm；弯曲试验时变形角度 α 为 120°，与标准要求的 60° 不符；未给出试验过程中是否出现裂纹的结论。

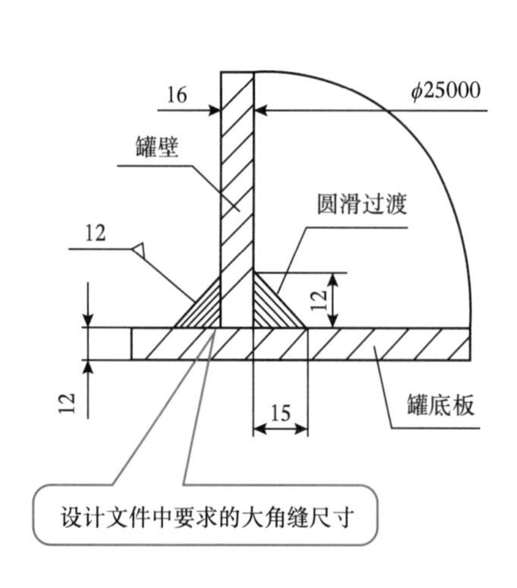

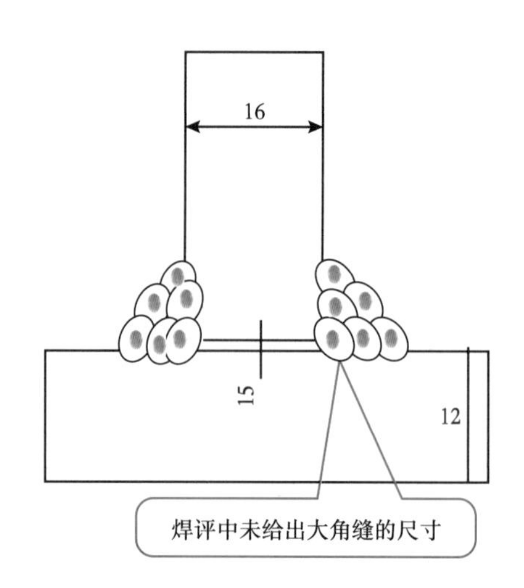

问题分析

储罐大角缝焊接工艺评定报告不符合 GB 50128—2014《立式圆筒形钢制焊接储罐施工规范》第 6.2.2 条“焊接工艺评定应包括 T 形接头角焊缝。T 形接头角焊缝试件的制备和检验，应符合本规范附录 A 的规定”及第 A.0.2 条“试件的焊接工艺及焊脚尺寸应与储罐设计文件相同”等相关要求。施工单位进行焊接工艺评定时，不了解设计文件的要求，未给出大角缝的尺寸，不能确定按此焊接工艺评定给出的焊接工艺施工时，所焊出的大焊缝质量是否能满足设计要求。监理单位对现场管控不到位，未及时发现储罐焊接工艺评定中存在的问题。

问题处置

监督人员下达了《质量问题处理通知书》，要求施工单位按照设计文件及标准要求，重新进行大角缝的焊接工艺评定；在完成焊接工艺评定前，不得进行储罐大角缝的焊接施工。

经验总结

施工单位的焊接工艺评定人员应加强标准规范的学习，特别是进行储罐大角缝焊接工艺评定时，应掌握设计文件及标准对储罐大角缝的特殊技术要求。项目的焊接技术人员应熟悉设计文件，按设计文件要求选择合格的焊接工艺评定编制焊接工艺规程并进行现场施焊。

78 P91 焊接工艺评定中热处理工艺错误

案例概况

2020 年 9 月，在对某公司乙烷制乙烯项目质量大检查时发现，乙烯装置材质为 P91 的超高压主蒸汽管线，施工单位提供的编号为 PQR1399、1259 等 4 份焊接工艺评定报告中，焊后均未降温进行马氏体转变；热处理报告中后热处理的保温时间只有 0.5h。

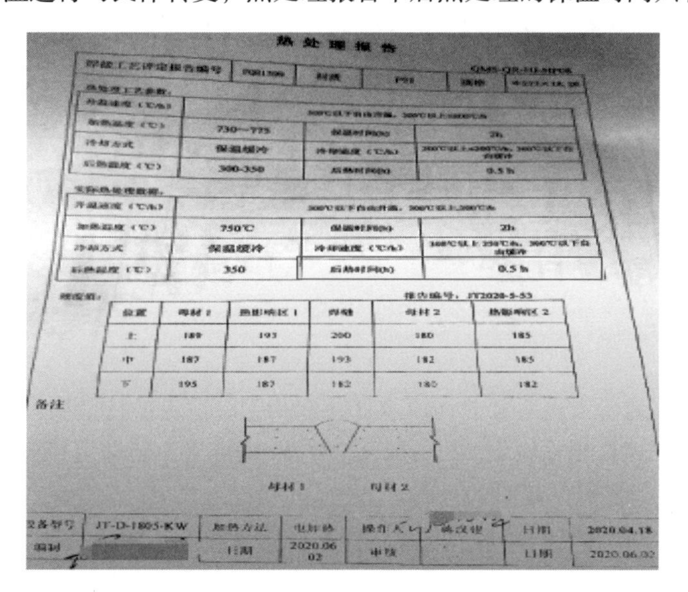

热处理报告

[illegible]	730~775	[illegible]	2h
[illegible]	保温缓冷	[illegible]	[illegible]
[illegible]	300-350	[illegible]	0.5 h

[illegible]	750℃	[illegible]	2h
[illegible]	保温缓冷	[illegible]	[illegible]
[illegible]	350	[illegible]	0.5 h

位置	母材1	热影响区1	焊缝	母材2	热影响区2
上	189	193	200	180	185
中	187	187	193	182	185
下	195	187	182	180	182

备注

母材1　母材2

JT-D-1805-KW　2020.04.18　2020.06.02

问题分析

P91 材质焊接工艺评定中热处理工艺不符合 Q/SY 06802—2017《中合金热强钢管道焊接及热处理施工规范》第 7.4 条“9Cr-1Mo-V 焊后冷却到 80~100℃，保温 1~2h 后进行后热，后热温度宜为 300~350℃，保温时间不应少于 2h”的要求。

施工单位提供的焊接工艺评定焊后未进行马氏体转变，后热时间远低于标准要求的 2h；因此，不能用于作为编制焊接技术交底工艺卡的依据。焊接工艺评定中预焊接工艺规程的编制人员对相关标准掌握不到位，没有在标准升版后对照现行版的标准编制预焊接工艺规程；而后序的相关审核及批准人员也存在同样的问题。施工单位对焊接工艺评定的重视程度不够。项目的焊接专业技术人员在选用 P91 材质的焊接工艺评定时，盲目相信公司焊接工艺评定单位的焊接工艺评定，且专业知识掌握不牢，没有依据标准规范的要求对焊接工艺评定的正确性进行判定，从而没有及时发现焊接工艺评定中焊接工艺存在的不符合标准规范要求的问题，而选用了不当的焊接工艺评定。如未及时发现焊接工艺评定错误并据此编制焊接工艺规程，在焊接施工中使用，将会给焊接质量留下隐患。

问题处置

此问题被检查组定为重大质量问题，并进行了通报。要求施工单位对 P91 材质重新进行焊接工艺评定，在评定完成前，不得进行 P91 材质的焊接施工。

经验总结

施工单位负责焊接工艺评定编制的人员，应强化质量意识，提升焊接专业能力；各级审批人员应提高责任意识，认真履行审批职责；项目的焊接技术人员在选用焊接工艺评定报告时，应对其正确性进行判定，而不是只选不审，只用不核。

79 双相钢焊接工艺评定报告违反标准要求

案例概况

2022 年 8 月，监督人员对某公司海水淡化双相钢管道更换技措项目编号为 PQR2022-01 的奥氏体与铁素体双相不锈钢 022Cr22Ni5Mo3N 的焊接工艺评定报告进行监督检查时，发现焊接工艺评定报告中存在如下问题：

（1）对壁厚为 14.2mm 的试件采用 ϕ3.2mm 焊条进行手工电弧焊填充盖面焊时，未按要求进行线能量控制，盖面层宽度达 20mm 以上。

（2）焊接工艺评定中的焊接线能量数值为单值，而非范围值，且电弧焊时单值为 390kJ/cm，超过正常值的 20 倍以上。

（3）对焊缝的铁素体含量采用铁素体数量 FN 为单位进行检测，未按标准要求对铁素体的体积比进行检测，无法判定焊缝的铁素体含量是否满足要求。

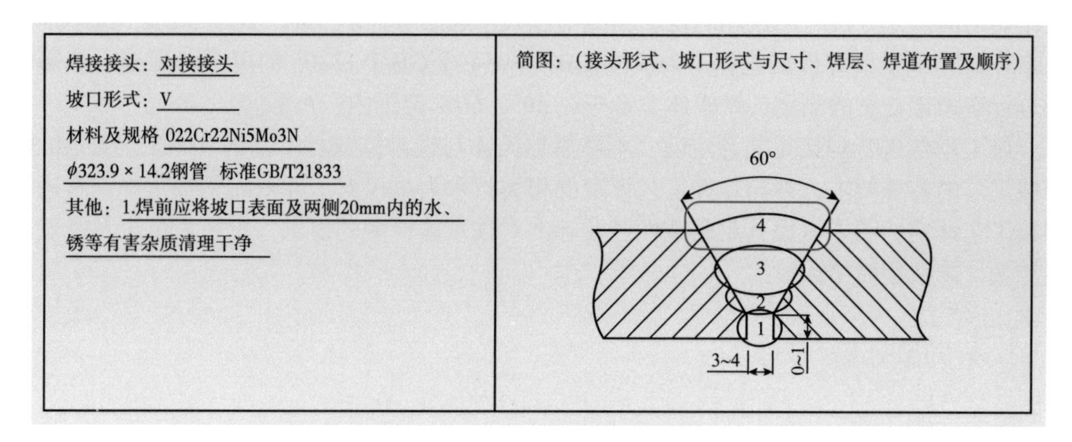

焊接接头：对接接头

坡口形式：V

材料及规格 022Cr22Ni5Mo3N

ϕ323.9 × 14.2钢管 标准GB/T21833

其他：1.焊前应将坡口表面及两侧20mm内的水、锈等有害杂质清理干净

简图：（接头形式、坡口形式与尺寸、焊层、焊道布置及顺序）

经计算盖面焊缝宽度达 20mm 以上

焊道/焊层	焊接方法	填充金属		焊接电流		电弧电压/V	焊接速度/（cm/min）	线能量/（kJ/cm）
		型号	直径	极性	电流/A			
1	GTAW	ER2594	ϕ2.5	DC⁺	120~160	10~12	4~6	242
2	SMAW	E2594-16	ϕ3.2	DC⁺	85~110	22~26	6~9	390
3	SMAW	E2594-16	ϕ3.2	DC⁺	85~110	22~26	5~8	390
4	SMAW	E2594-16	ϕ3.2	DC⁺	85~110	22~26	5~8	390

线能量超正常范围 20 倍以上

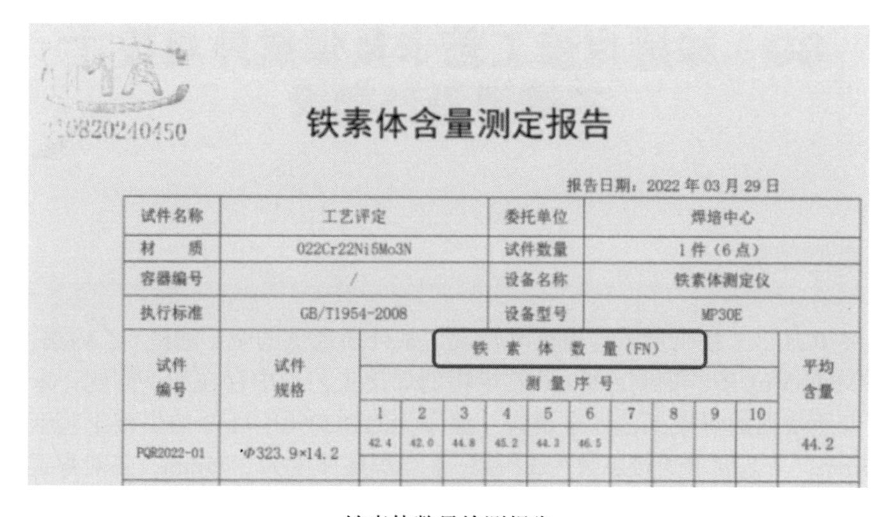

铁素体含量测定报告

报告日期：2022 年 03 月 29 日

试件名称	工艺评定	委托单位	焊培中心
材　质	022Cr22Ni5Mo3N	试件数量	1 件（6 点）
容器编号	/	设备名称	铁素体测定仪
执行标准	GB/T1954-2008	设备型号	MP30E

试件编号	试件规格	铁素体数量（FN）										平均含量
		测量序号										
		1	2	3	4	5	6	7	8	9	10	
PQR2022-01	ϕ323.9×14.2	42.4	42.0	44.8	45.2	44.3	46.5					44.2

铁素体数量检测报告

问题分析

双相钢焊接工艺评定报告不符合 SH/T 3523—2020《石油化工铬镍不锈钢、铁镍合金、镍基合金及不锈钢复合钢焊接规范》第 8.4.8 条“焊接时应采用小线能量、短电弧、不摆动或小摆动的操作方法，小摆动时摆动幅度不宜大于焊芯直径的 3 倍”及第 5.2 条“奥氏体－铁素体双相不锈钢焊接工艺评定尚应按 GB/T 1954 或 GB/T 13305 的要求对焊缝、热影响区进行铁素体含量的测定，铁素体含量应在 30%~60% 范围内”的要求。

施工单位进行焊接工艺评定前，不掌握奥氏体与铁素体双相不锈钢 022Cr22Ni5Mo3N 焊接工艺的特殊要求，参与焊接工艺评定的相关技术人员仅对上述双相钢按常规钢材进行焊接工艺评定，而未考虑其耐腐蚀性能及标准对铁素体检测的要求，审核人员未及时发现线能量计算数值的错误。

问题处置

监督人员发现问题后，立即向施工单位下发《质量问题处理通知书》，要求施工单位按标准要求重新进行焊接工艺评定，并编制焊接工艺规程；上述相关技术文件审查合格前，不得进行现场施焊。

经验总结

施工单位技术人员应加强相关标准的学习，掌握奥氏体与铁素体双相不锈钢 022Cr22Ni5Mo3N 的焊接特殊性，进行焊接工艺评定时应考虑其耐腐蚀性能及标准对铁素体检测的要求，并编制正确的焊接工艺规程指导现场焊接。

80 球罐焊接工艺卡及焊缝外观尺寸不满足设计要求

案例概况

2021 年 9 月，工程质量监督检查时发现，某公司提供的全厂罐区（乙烯罐、乙烷罐）材质为 07MnNiMoDR 的钢制 3000m^3 乙烯罐的焊接工艺卡中存在如下问题：未提供编制焊接工艺卡所依据的焊接工艺评定报告，编号为 Q2020-01~11-3 的焊接工艺卡中，母材壁厚为 45mm，工艺要求焊接层数为 12 层，平均焊层厚度为 3.75mm；未对焊道宽度提出要求，现场实际测量一道余高已磨平的焊道宽度为 31mm 左右。

问题分析

球罐焊接工艺卡及焊缝外观尺寸不符合编号为 22372-00-4120-2541 -20-141-0101 的设计文件“应严格控制焊接线能量不超过 35kJ/cm 。施焊时，应采用窄焊道、薄层多道焊，每一焊道宽度不大于焊芯直径的 4 倍（4×4=16mm），每一层焊道的厚度不超过 3.5mm”的要求。

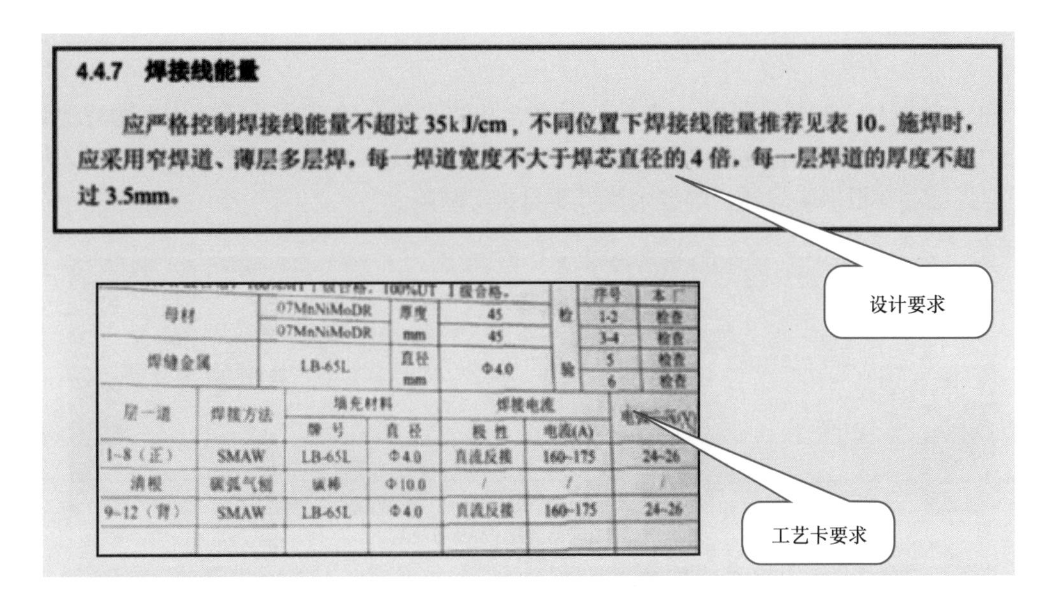

4.4.7 焊接线能量

应严格控制焊接线能量不超过 35k J/cm，不同位置下焊接线能量推荐见表 10。施焊时，应采用窄焊道、薄层多层焊，每一焊道宽度不大于焊芯直径的 4 倍，每一层焊道的厚度不超过 3.5mm。

母材	07MnNiMoDR	厚度 mm	45	检验	序号	本厂
	07MnNiMoDR		45		1-2	检查
焊缝金属	LB-65L	直径 mm	Φ4.0		3-4	检查
					5	检查
					6	检查

层一道	焊接方法	填充材料		焊接电流		电弧电压(V)
		牌号	直径	极性	电流(A)	
1-8（正）	SMAW	LB-65L	Φ4.0	直流反接	160-175	24-26
清根	碳弧气刨	碳棒	Φ10.0	/	/	/
9-12（背）	SMAW	LB-65L	Φ4.0	直流反接	160-175	24-26

现场实测焊道宽度 31mm，远大于设计要求 16mm，现场实际焊接线能量达到设计要求的 2 倍，从而影响焊缝的冲击韧性，给焊缝的安全运行带来了质量隐患。

施工单位编制的焊接工艺卡没有焊接工艺评定做依据，不能确定其所焊焊缝的性能是否能满足设计要求；现场使用的焊接工艺卡未给出焊道宽度要求，对现场焊工焊接无指导性，导致现场焊工未控制焊缝宽度。监理单位对焊接工艺卡的审核不严，对现场焊缝的外观质量未及时进行抽查，没有发现现场焊缝外观不符合设计要求的问题。

问题处置

监督人员下达了《质量问题处理通知书》，要求施工单位按照设计文件及焊接工艺评定要求进行焊接工艺评定或提供满足现场焊接要求的焊接工艺评定，并依据合格的焊接工艺评定重新编制焊接工艺卡，并对已施焊完成的焊缝及试板重新进行检验。

经验总结

焊接技术人员应严格执行设计文件的要求，编制符合要求的焊接工艺卡并对焊工进行详细的交底，强调必须严格执行焊接工艺纪律；监理等相关项目管理单位，应提高对焊接，特别是球罐等压力容器焊接的监管力度。

81 到货管件焊缝不合格

案例概况

2022年5月，监督人员在检查某公司高含盐浓水综合治理项目反硝化生物滤池管道施工中发现，由建设单位物采部门供货的27个材质为316L的反冲洗进气管已通过入场验收，但焊缝存在根部未焊透、焊缝余高低于母材等缺陷。

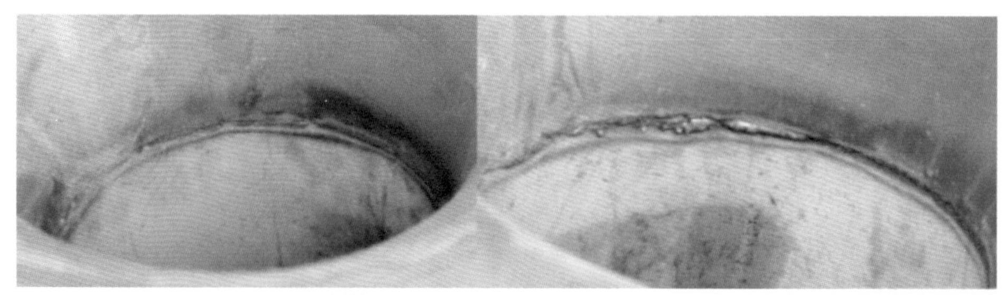

焊缝根部存在未熔合及未焊透等缺陷

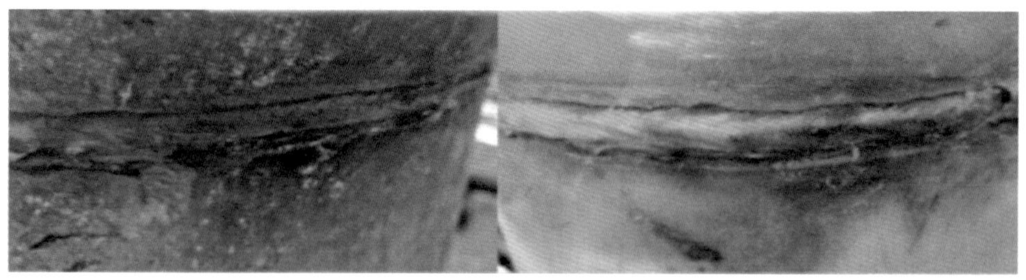

焊缝低于母材

问题分析

到货管件焊缝不符合SH/T 3501—2021《石油化工有毒、可燃介质钢制管道工程施工及验收规范》第8.5.4条a)款“裂缝表面不允许有裂纹、未熔合、未焊透、气孔、夹渣、飞溅存在”以及第8.5.4条c)款中“焊缝表面不得有低于母材的局部凹陷”的要求。

焊接是管道安装的重要环节，不仅要重视现场安装的焊缝质量，也要重视原材料焊接质量。反冲洗进气管已通过物采部门组织的进场验收，但在项目监督部的抽查中却存在如此大量的焊缝质量不合格问题。参加验收的物采部门、监理单位及施工单位均未严格履行各自的职责，致使不合格品进入施工现场。一旦投入运行，会造成管线焊口腐蚀开裂，影响出水水质，给生产运行带来严重的影响。

问题处置

监督人员下发了《质量问题处理通知书》，要求物采部门对全部 27 个反冲洗进气管进行退货处理，并对重新进场的反洗进气管进行严格验收；监督站针对此问题在公司的曝光台上进行了曝光，对相关责任单位进行了通报批评。

经验总结

相关单位应重视对甲供材料的进场验收工作，参加验收的物采部门、监理单位及施工单位均应严格履行各自的职责，防止不合格品进入施工现场。

82　到货转油线上全部小接管根部未焊透

案例概况

2020 年 2 月，监督人员在对某公司连续重整装置整体到货的材质为 ASTM A182 F11、规格为 ϕ1016mm×19.06mm 转油线上的 4 个支管座（小接管）焊缝进行监督检查时发现，4 个小接管焊缝根部均存在整口未焊透缺陷。

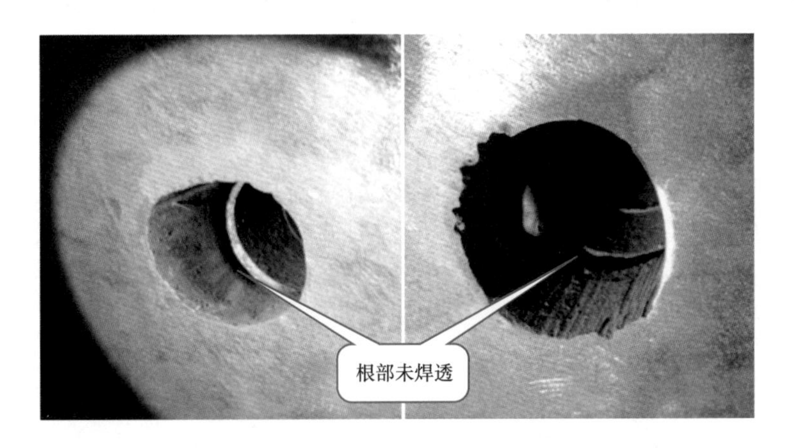

问题分析

到货转油线上全部小接管根部不符合 GB 50235—2010《工业金属管道工程施工规范》第 6.0.8 条“1 安放式焊接支管或插入式焊接支管的接头、整体补强的支管座应全焊透”的要求。转油线上小接管根部未焊透，不仅使小接管焊缝整体强度降低，且支管座与主管之间的较大缝隙，运行中会使油品在此处滞留，加快小接管局部腐蚀，最终可能使管壁减薄而导致油品泄漏，造成质量安全事故。

设备制造厂自身质量保证体系不健全，出厂前未对设备整体进行质量检查。设备监造部门履职不到位，在制造厂进行转油线上小接管焊接时，未能及时发现小接管焊缝存在的质量缺陷。采购部门及施工单位、监理单位等在参与设备进厂验收时，对转油线上的小接管不重视，也未发现小接管焊缝存在的质量缺陷。

问题处置

监督人员针对此问题下发了《质量问题处理通知书》并要求限期整改，割除所有根部未焊透的小接管并重新焊接；要求建设单位组织有关各方对转油线上的所有小接管进行检查。后续共发现转油线上 56 个不同规格的小接管存在根部未焊透缺陷，全部进行了割口、重新焊接及检测。

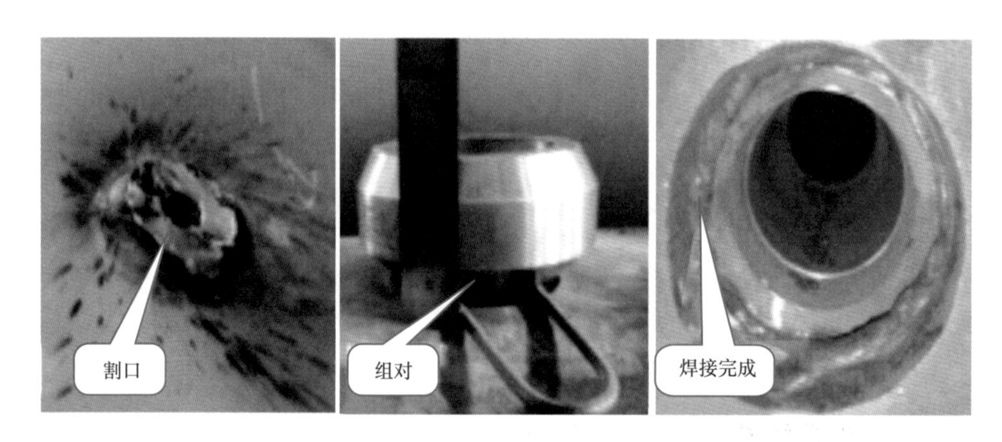

经验总结

设备制造厂应加强质量保证体系建设，严格执行制造工艺和标准，强化出厂前质量检验；参建各方应重视对进场的设备自带焊缝质量检查力度，严把质量验收关；监督人员今后应提高对设备自带焊缝的监督频次，有效减少类似问题发生。

83　常压储罐大角缝焊接不规范并开裂

案例概况

2021 年 5 月，监督人员在对某公司炼油中间原料重油罐组巡监时发现，三名焊工正在对 6232-TK-001C 储罐大角缝施焊，罐内侧大角缝已焊接完成，罐外侧大角缝有一部分已焊接完成，另一部分焊完了第二层，而剩余部分尚未完成初道焊，未施焊处的原定位焊焊缝多处拉裂。

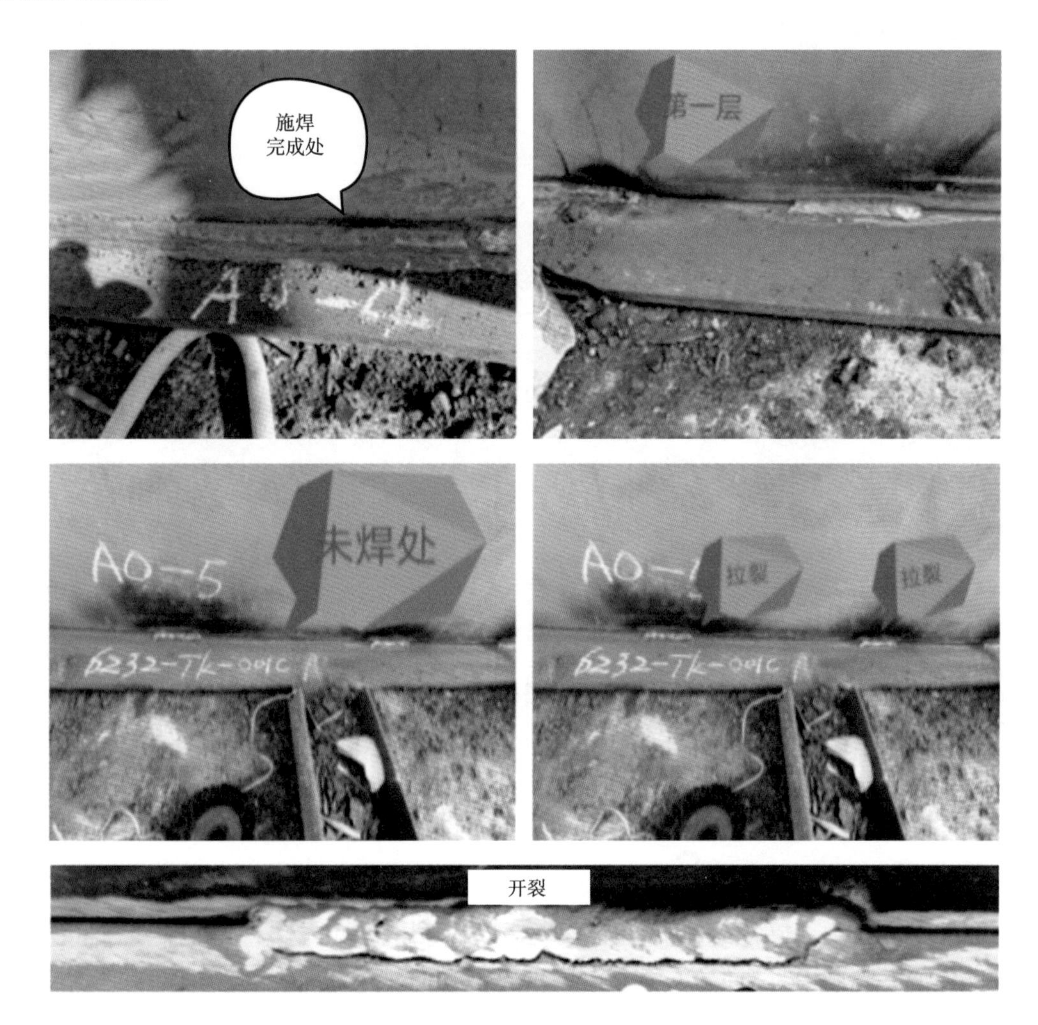

问题分析

常压储罐大角缝焊接不符合 GB 50128—2014《立式圆筒形钢制焊接储罐施工规范》第 6.5.1 条“4 罐底与罐壁连接的角焊缝，宜在底圈壁板纵缝焊接完毕后，由数对焊工均匀分布，分别从罐内、外沿同一方向分段焊接，宜先焊罐内侧角焊缝，后焊罐外侧角焊缝。初层焊道宜采用分段退焊或跳焊法”的要求。

常压储罐中储存介质大多具有易燃、易爆、有毒等特性，而大角缝受力复杂，是常压储罐的重要质量控制点，储罐质量与大角缝质量密切相关，大角缝一旦失效，会造成无法预计的损失和后果。

（1）该案例中储罐大角缝焊接只有三名施焊人员，无法满足焊工均匀分布的要求。

（2）从质量行为的角度分析，产生上述问题的主要原因是：

①技术交底不到位；
②焊接工艺规程执行不到位；
③质检人员检查不到位；
④监理人员旁站不到位；
⑤各相关人员对重要质量控制点的认识不到位。

问题处置

监督人员下发《质量问题处理通知书》，要求清除所有该储罐已施焊的角焊缝，并对焊缝拉裂处母材表面做无损检测，无质量问题后按照工艺要求重新施焊。

经验总结

施工单位及参建各方应重视储罐角焊缝的施工，特别是定位焊应等同于正式焊接，不能因角焊缝无法进行内部缺陷的检测，不能发现定位焊缝中存在的缺陷，从而忽视其焊接质量。施工单位应严格按照标准规范及焊接工艺规程的要求进行焊接，从而避免同类问题发生。

84　储罐保温支撑焊接严重损伤罐壁板

案例概况

2021 年 9 月，监督人员在对某公司原油罐组Ⅱ编号为 TK1203 的 $10\times10^4m^3$ 原油罐保温支撑圈的焊接施工监督检查中发现如下问题：焊接前未对防腐层油漆进行清理；焊接时因电流过大，对材质为 12MnNiVR 的高强钢底圈壁板咬肉较深，最大深度达 2mm，且未进行补焊处理；采用单面焊，焊缝长度仅为 20mm，间隔达 200mm，焊脚尺寸不足 5mm。

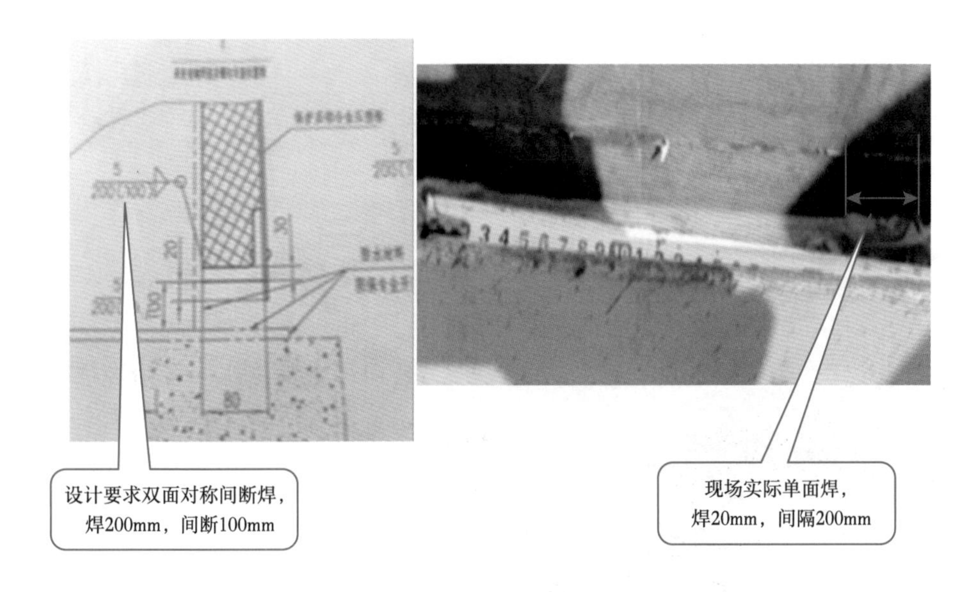
设计要求双面对称间断焊，
焊200mm，间断100mm
现场实际单面焊，
焊20mm，间隔200mm

问题分析

储罐保温支撑焊接不符合 GB 50128—2014《立式圆筒形钢制焊接储罐施工规范》第 6.6.1 条“2 缺陷深度或打磨深度超过 1mm 时，应进行补焊，并打磨平滑”及设计文件“双面对称间断焊，焊缝长度 200mm，间隔 100mm，焊脚尺寸为 5mm”的要求。咬肉深度较大，造成壁板的实际有效壁厚减薄；焊缝间隔大、连续焊接长度短，焊缝的强度达不到设计要求，在运行中易因受外力而开裂甚至导致支撑整体脱落，并对壁板造成损伤，从而出现质量安全事故。

施工单位认为保温支撑只是储罐的附件，不是主体，因而对其焊接质量不重视。焊前未对焊工进行详细的交底，也未编制焊接工艺规程；焊工自身质量意识不高，操作水平低，焊接施工时为省事图快，而加大焊接电流，将双面焊改为单面焊，将焊缝长度缩短，间隔加大。

问题处置

监督人员下达了《质量问题处理通知书》，要求施工单位对上述问题进行整改，并同项目监理组织举一反三，对该项目其他储罐中存在的类似问题进行整改。

经验总结

施工单位应加强自身质量管理力度，焊接施工中不应重主体、轻附件；监理等项目各相关管理部门应加大对储罐附件焊接的管控，从而避免因附件的施工质量问题而给整体储罐埋下质量安全隐患。

85 储罐工艺管线焊接施工出现十字缝

案例概况

2021年8月，监督人员在检查某公司高含盐浓水综合治理项目储罐工艺管线施工中，发现弯头下方多个支撑筋板垂直焊接在管线环焊缝上，形成多道十字缝。

问题分析

储罐工艺管线焊接施工不符合GB 50236—2011《现场设备、工业管道焊接工程施工规范》第7.2.6条“管道对接环焊缝距支、吊架边缘之间的距离不应小于50mm”的要求。十字缝将使环缝和纵缝的应力叠加，导致焊缝多处局部应力集中，会给设备的长周期运行埋下安全隐患。

施工单位储罐保温施工和管线施工分属不同的作业班组，两个作业班组未进行认真的工序交接，在管线支架安装前先进行了储罐外壁的保温施工，致使管道支架安装时，只能位置下移。现场施工的工人技术交底不到位，不掌握标准要求的除定型管件外不允许出现十字缝的要求，直接将筋板焊接在管道环焊缝上。监理人员现场检查不到位，未及时发现上述问题。

问题处置

监督人员下达了《质量问题处理通知书》，要求监理单位组织施工单位按标准要求进行整改。整改情况如下图。

经验总结

施工单位应加强质量控制，学习并掌握焊接相关标准规范，技术交底应严细，施工中应强化工序交接的管理，避免此类问题的重复发生。

86　焊工私自更改管线的焊接方法

案例概况

2022 年 7 月，监督人员在检查某公司净水线更新项目管道预制情况时发现，部分管道焊接方法为 GTAW 打底、GMAW 盖面，与施工方案及焊接工艺规程所规定焊接方法（GTAW+SMAW）不一致。

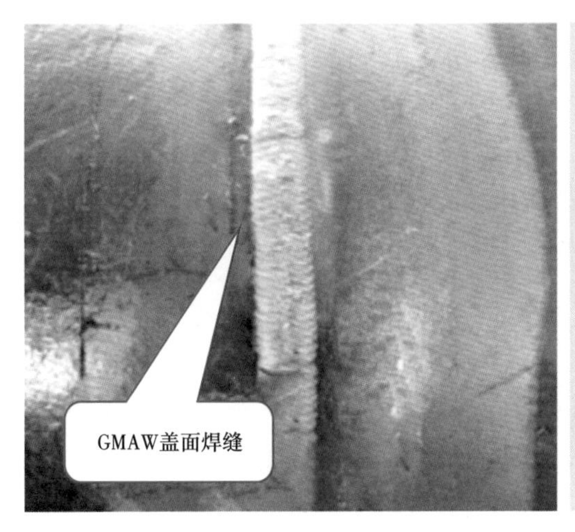

(四)、焊接

1、本次施工焊接工艺如下

表4-3 焊接工艺规程

项　目		1	2
母材材质		20#、Q235B	20#
焊接方法		GTAW+SMAW	GTAW
坡口形式		V	V
焊材牌号及规格	焊条	J427ϕ4.0	—
	焊丝	ER50-6ϕ2.5	ER50-6ϕ2.5
电流特性		GTAW直流正接 SMAW直流反接	GTAW直流正接
焊接电流/A		GTAW 70~120 SMAW 80~130	GTAW 70~120
焊接电压/V		GTAW 9~15 SMAW 22~26	GTAW 9~15
层间温度/℃			≤300

问题分析

部分管道的焊接方法不符合 NB/T 47014—2011《承压设备焊接工艺评定》第 6.1.1 条“改变焊接方法，需要重新进行焊接工艺评定”及 GB 50517—2010《石油化工金属管道工程施工质量验收规范》第 7.1.1 条中“管道焊接应有焊接工艺评定报告，并应符合国家现行有关标准的规定”的要求。现场施工私自使用没有焊接工艺评定报告支持的焊接方法，无法判断所形成焊缝的相关力学性能能否满足设计要求。

经了解，施工单位相关技术人员施工前未对焊工进行详细的技术交底，想当然地认为焊工会按常规的管线焊接方法（GTAW+SMAW）进行现场焊接。现场的焊工质量意识淡薄，不知道改变焊接方法，应依据合格的焊接工艺评定编制焊接工艺规程，且经审批后方可进行现场施焊，仅为“求快”而私自采用 GMAW 焊接。现场焊接技术员和质检员检查不到位，没有及时发现焊工私自变更焊接方法进行现场施焊的问题。

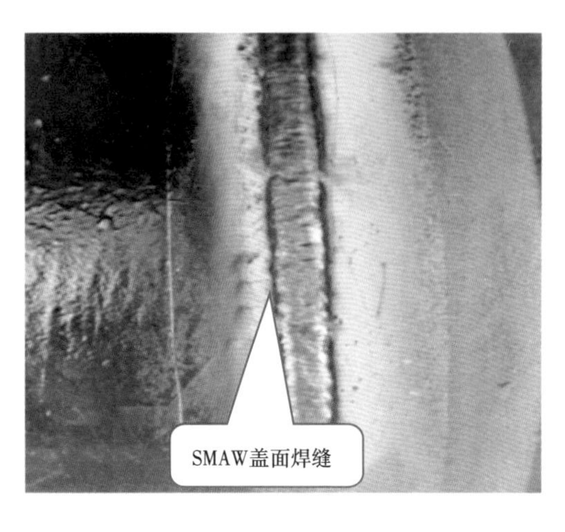

问题处置

监督人员下达了《质量问题处理通知书》，要求施工单位割口并按焊接工艺规程要求的焊接方法重新焊接。整改情况如下图。

经验总结

施工单位应加强质量控制，焊接施工中应强化焊接工艺规程的严肃性，重视技术交底的管理，应使焊工牢记焊接只有规定动作，没有自选动作，从而避免此类问题的重复发生。

87 安放式支管台焊接质量控制不严

案例概况

2021 年 8 月，监督人员在对某公司烷基化扩能改造工程小接管焊接施工的监督检查中发现，主管上开孔尺寸过小，导致支管台与主管之间焊缝根部未焊透；先焊接加强支管台上部的短管、弯头及法兰，后焊接支管台与主管之间的焊缝，导致无法对支管台与主管之间的焊缝是否全焊透进行质量检查确认。

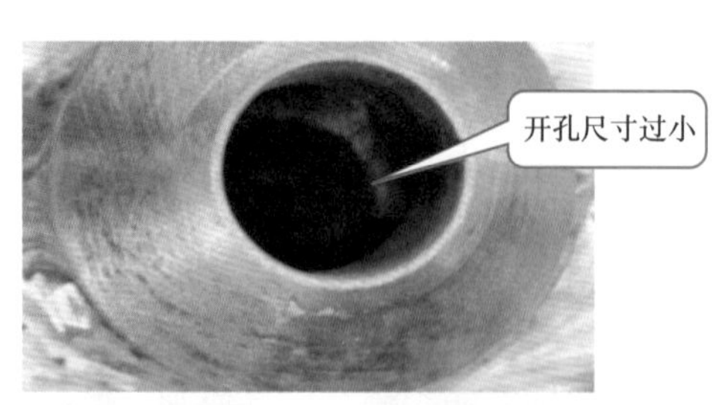

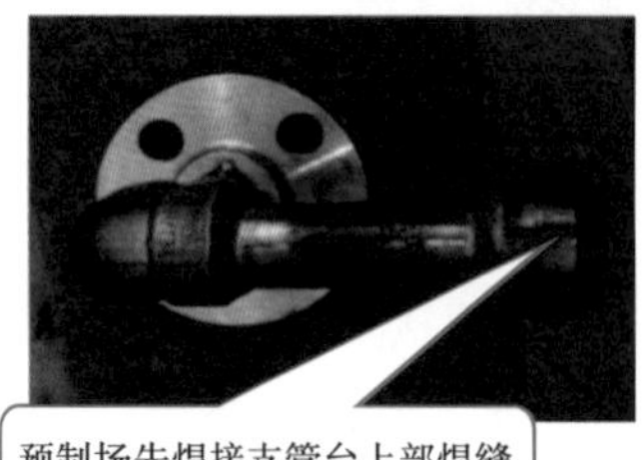

问题分析

安放式支管台焊接质量不符合 GB 50235—2010《工业金属管道工程施工规范》第6.0.8条“1 安放式焊接支管或插入式焊接支管的接头、整体补强的支管座应全焊透”的要求及《炼化装置小接管管理导则》(暂行版)中附录C(规范性附录)小接管焊接工序要求。

施工单位对小接管的焊接重视程度不足，焊接前未对开孔质量及小接管的焊接工序进行技术交底，开孔后施工单位及监理单位均未按要求对开孔质量进行检查确认，焊接后对小接管的根部焊接质量无法检测，且可能因开孔尺寸过小而导致局部介质流速加快，而对管壁造成冲刷磨损，运行中留下质量隐患。

问题处置

监督人员下达《质量问题处理通知书》，要求施工单位将开孔过小的支管座焊缝割口，重新开孔后焊接；将工序不合理的支管座上部与短管之间的角焊缝割口，先焊支管座与主管之间的焊缝，并经对其根部焊缝的质量进行确认后，方可进行后序焊缝的施工。

经验总结

施工单位应强化对无法进行射线检测的小接管焊接质量的重视程度，吸取兄弟单位的经验教训，严格执行标准及集团公司相关规定，加强焊接作业前技术交底，确保小接管焊接质量。

88 小接管焊接违反焊接工艺规程

案例概况

2022年5月，监督人员在对某公司炼油老区“三苯”罐区VOCs治理项目炼油二甲苯工艺管道安装工程巡监时，发现如下质量问题：

(1)LX-1109-150-N2B线主管用支管座与支管连接处，主管上开孔已超过支管座本体外径，主管开孔与支管组对的错边量超过标准要求。

(2)11217-B9-9B泵出口管道，主管用支管座与支管连接处，支管座与主管连接方式是插入式焊接连接。

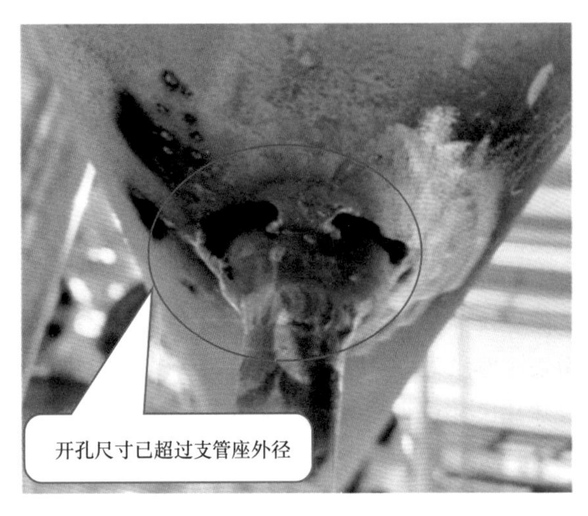

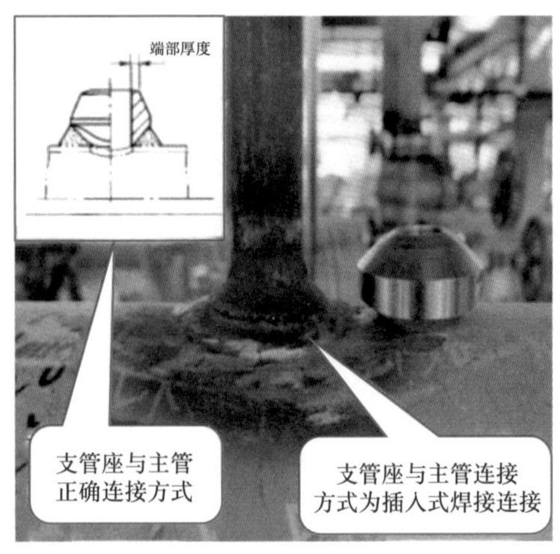

问题分析

小接管焊接不符合 SH/T 3501—2021《石油化工有毒、可燃介质钢制管道工程施工及验收规范》第 8.1.1 条“管道施焊前，应按 NB/T 47014 评定合格的焊接工艺评定报告编制焊接工艺规程。焊工应按焊接工艺规程施焊”、第 8.2.6 条“支管或支管座焊接连接接头的制备和组对应符合下列规定：a）根部间隙 *g* 应符合焊接工艺卡的要求；b）安放式支管的端部制备及组对应符合图 8.2.6-1 的要求；c）插入式支管的主管端部制备及组对应符合图 8.2.6-2 的要求；d）支管座与主管的端部制备及组对应符合图 8.2.6-1 的要求；e）主管开孔与支管组对时的错边量 *m* 应取 0.5 倍的支管名义厚度或 3.2mm 两者中的较小值，必要时可进行堆焊修正”的相关要求。

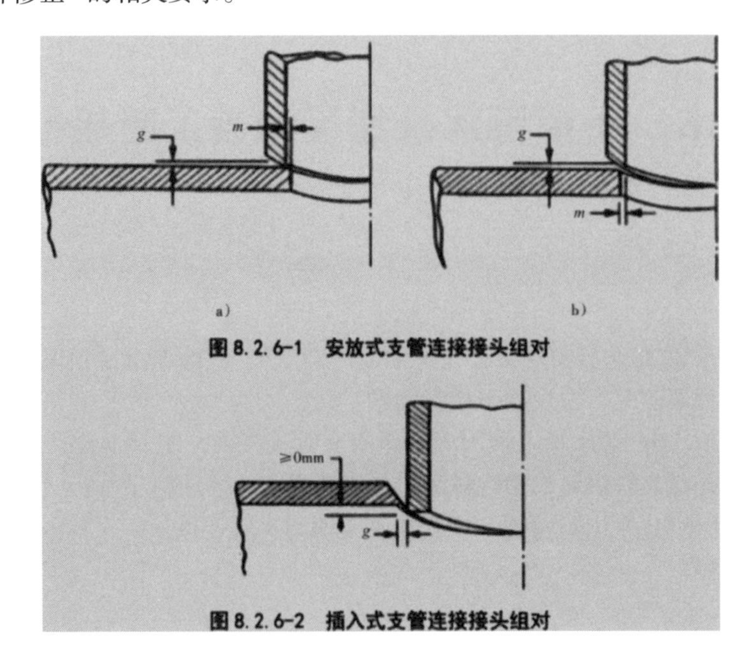

图 8.2.6-1　安放式支管连接接头组对

图 8.2.6-2　插入式支管连接接头组对

管工在主管上使用火焰开孔，开孔孔径难以控制，致使开孔过大；组对时，未按照焊接工艺规程要求控制组对间隙；焊工焊接前未确认支管座组对方式，未考虑因开孔过大支管座插入主管，焊接质量是否满足设计要求。质检人员及焊接责任工程师对焊接质量检查不到位，未对小接管开孔、组对质量进行确认。监理人员对小接管焊接质量重视程度认识不足，只在小接管开孔记录中签字，未对小接管开孔、组对实际情况进行确认。

问题处置

监督人员下发了《质量问题处理通知书》，要求施工单位对存在的问题按照标准和焊接工艺要求进行整改，焊接工程师跟踪检查，专业监理工程师严格按照国家标准规范要求对小接管进行质量验收。

经验总结

施工单位应提高技术管理水平，加强技术交底，严格执行小接管焊接质量控制措施，并落实质量“三检制”；总承包单位及监理单位应加强管理，对小接管开孔、组对质量进行确认，严把质量验收关。

89 支管与主管连接未使用单承口管箍

案例概况

2022 年 4 月，监督人员在对某公司 20×10^4t/a EVA 配套设施空压站改造项目管道安装工程巡监时发现，管线号为 80-N2040002-2A1、50-IA2040002-5A2 和 80-CWR20400-C-0001 的支管与主管连接处未加单承口管箍，不符合设计要求。

问题分析

支管与主管连接不符合设计文件应使用单承口管箍的要求。现场多处管线直接采用支管连接，不能确保支管连接处焊缝的强度满足设计要求。

施工现场技术人员技术交底不细致，现场施工人员不清楚图纸要求。监理工程师未认真履职尽责，导致空压站工艺管线支管与主管连接处未按图纸要求加单承口管箍。

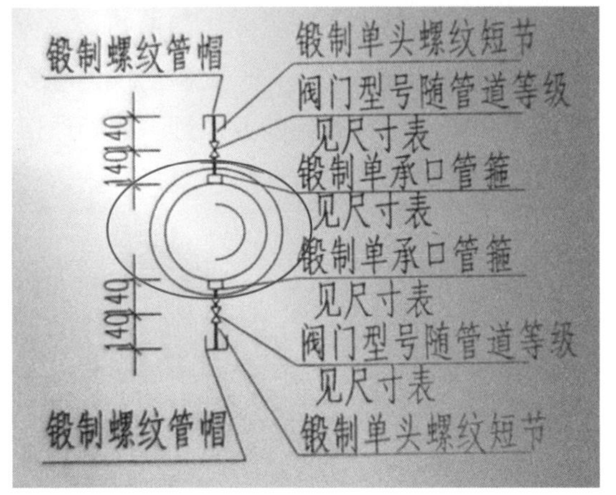

问题处置

监督人员针对此问题下发了《质量问题处理通知书》并限期整改，要求割除所有未按图施工的支管连接接头，重新按图施工，增加单承口管箍。

经验总结

施工单位各级管理人员应熟悉设计文件的相关要求，严格按图施工；监理单位人员应加强对现场施工监管，杜绝此类问题发生。

90　管道单线图焊接信息不完整

案例概况

2022 年 9 月，监督人员在对某公司低温罐区管道安装工程的监督检查中，发现编号为 411005-CP6CC-P-026 的试压包已完成水压试验，但该试压包中管道单线图标识不完整，多条管线的单线图中仅标识了焊缝的流水号，缺少焊工号、检测焊缝位置、焊接日期、无损检测种类等可追溯标识，无法确定该试压包中的管线是否已完成全部安装工作。

问题分析

管道单线图焊接信息不符合 SH/T 3501—2021《石油化工有毒、可燃介质钢制管道工程施工及验收规范》第 8.5.18 条“焊接工作完成后，应在单线图上标明焊缝编号、施焊焊工代号、固定口位置、检测焊缝位置及无损检测种类、返修标识等可追溯性标识”，以及第 9.1.2 条“管道系统试压前，应由建设 / 监理单位、施工单位和有关部门对下列资料进行审查确认：d）符合本标准第 8.5.18 条要求并可追溯管道组成件的单线图”的要求。

施工单位的施工记录与工程进展不同步，为了抢工期，在相关施工记录不全的情况下就试压，易出现无损检测未完成或未按要求比例完成等问题，从而给焊缝埋下质量安全隐患。

问题处置

监督人员下达《质量问题处理通知书》，要求施工单位按照标准要求对上述问题进行整改，并要求监理单位牵头，对所有已完成试压及即将进行试压的管线相关资料进行全面复查。

经验总结

施工记录应是施工过程的真实再现，施工单位、监理单位和建设单位均应强化对施工记录与工程进展同步的管理，不应出现后补记录甚至编造记录的问题。

91 主管焊缝处开孔焊接

案例概况

2022 年 7 月，在对某公司乙烯装置的监督检查时发现，编号为 1142-1140032-33D、材质为双牌号 304/304L 不锈钢的支管台焊接时，在主管纵焊缝上开孔，且未对开孔处焊缝进行射线检测，不能确认开孔焊缝是否存在缺陷。

问题分析

主管焊缝处开孔焊接不符合 SH/T 3501—

2021《石油化工有毒、可燃介质钢制管道工程施工及验收规范》第 8.2.1 条“f)在焊接接头及其边缘上不宜开孔。若开孔，应对开孔中心 1.5 倍开孔直径范围内的焊接接头进行 100% 无损检测”的要求。焊缝处是应力集中之处，在焊缝处开孔易出现裂纹。因此，非必要不宜在焊缝处开孔，如开孔必须对开孔的焊缝进行射线检测。

施工单位预制阶段管线安装时，没有考虑到主管的开孔问题，因此在布管时未将制管焊缝安放在水平管道的两侧，造成开孔开在焊缝处。

问题处置

监督人员下达《质量问题处理通知书》，要求施工单位对开孔焊缝进行射线检测，并举一反三，对现场的所有主管开孔进行检查，以避免同类问题的出现。

经验总结

施工单位在管线预制阶段应充分考虑到主管的开孔问题，提前确定开孔位置，并对现场安装人员进行详细技术交底，从而避免在管线焊接接头及其边缘上开孔问题的发生。

92　P9 材质管道与支架焊缝成型差

案例概况

2022 年 7 月，监督人员对某公司延迟焦化装置 9Cr-1Mo（P9）材质管线焊接进行监督检查时，采取渗透检测（PT）方法抽查 5 区二层平台上已成线的 P9 材质管道焊接质量，发现 P9 材质管支架立柱与 P9 管道的焊缝焊接过程未严格执行焊接工艺，抽查 4 处该部位焊缝，均存在焊缝成型差，表面存在飞溅、夹渣、焊瘤、流坠、未焊满以及对管道母材上的咬边（咬边深度超 2mm，长度达焊缝长度的 50%）等缺陷。其中，编号 400-P-170031 管线上 23# 焊缝一侧立柱与管道的焊缝存在弧坑点状和线状缺陷。

问题分析

P9 材质管道与支架焊缝成型不符合 SH/T 3501—2021《石油化工有毒、可燃介质钢制管道工程施工及验收规范》第 8.5.4 条中“焊接接头表面的质量应逐件进行外观检查，并应符合下列要求：a）焊缝表面不允许有裂纹、未熔合、未焊透、气孔、夹渣、飞溅存在；b）SHA1 和 SHB1 的管道、不锈钢和最小抗拉强度等于或大于 540MPa 的合金钢管道焊缝表面，不得有咬边现象。其他管道焊缝咬边深度不应大于 0.5mm，连续咬边长度不应大于

100mm，且焊缝两侧咬边总长不应大于该焊缝全长的 10%；c）焊缝表面不得有低于母材的局部凹陷”的要求。

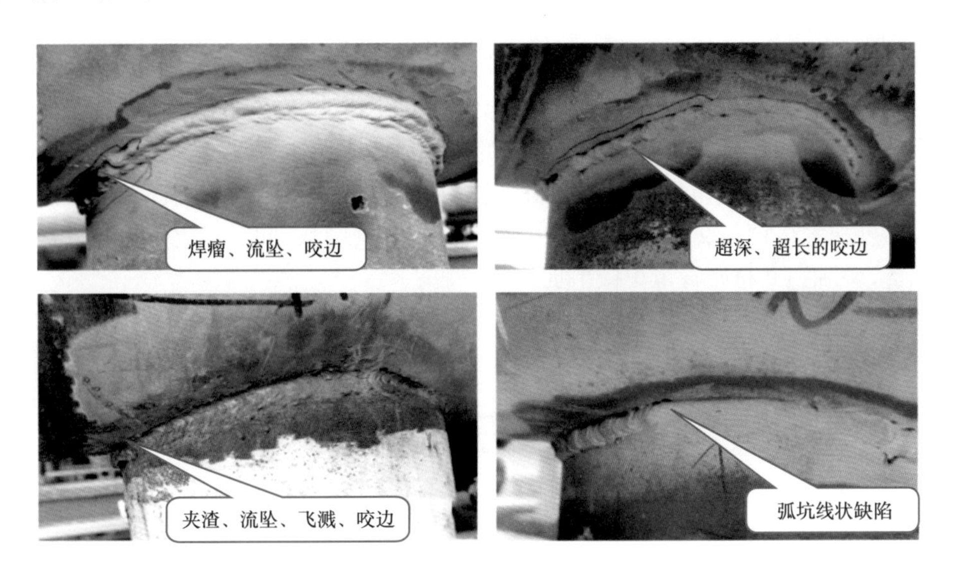

P9 材质合金含量较高，焊缝淬硬倾向大，焊后易形成延迟裂纹，焊缝形状差、弧坑缺陷、咬边严重易导致应力集中，在焊接后以及在生产工况运行条件下极易在该部位焊缝产生裂纹。

施工单位对 P9 材质管道与支架的焊接管理失控，总承包单位和监理单位的管理未尽职履责。

问题处置

监督人员下发了《质量问题处理通知书》并限期整改，要求对上述存在缺陷的焊缝进行返工及返修处理；并举一反三，全面排查，彻底消除质量隐患。

经排查发现同类问题 6 处，施工单位对上述不合格焊缝进行了返修处理，并严格按照焊接工艺进行了热处理。

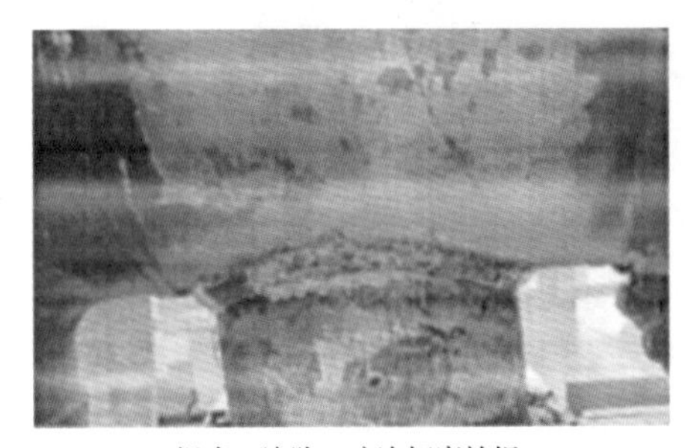

焊瘤、流坠、咬边打磨补焊

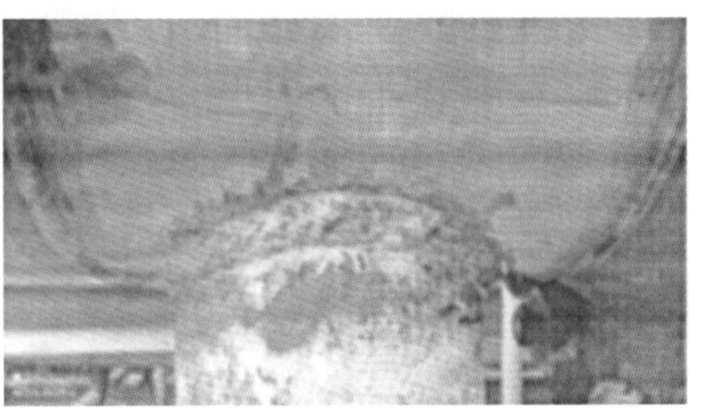

夹渣、流坠、飞溅、咬边打磨补焊

经验总结

P9 钢属于典型的马氏体耐热钢，具有较好的高温抗蠕变性能，常用于高温高压主蒸汽等管道，但由于 Cr-Mo 合金含量较高，焊缝表面缺陷处极易形成焊接接头应力集中区域，成为裂纹根源；因此，该材质焊接接头的成型质量尤为重要。为避免裂纹等缺陷的产生，施工单位不仅要高度重视 P9 材质管道的焊接，也不能忽视同材质管支架焊接质量的管理，应做好技术培训与交底，确保焊接工艺要求严格执行；同时，应强化各方责任人员的管理职责，杜绝 P9 材质管道焊接出现类似问题。

93 高温 TP304H 管线相邻管子的两纵向焊缝间距不符合要求

案例概况

2022 年 7 月，在对某公司烷基化装置扩能改造项目进行监督检查时发现，编号为 400-PGR-71401-5#、材质为 TP304H 的高温过程气管线焊缝，施焊焊工编号为 108489，管线规格为 ϕ273mm×5mm，该焊缝为有缝直管与有缝弯头之间的环向对接接头，实测两侧母材上纵焊缝之间的间距只有 60mm，且环焊缝未进行射线检测。

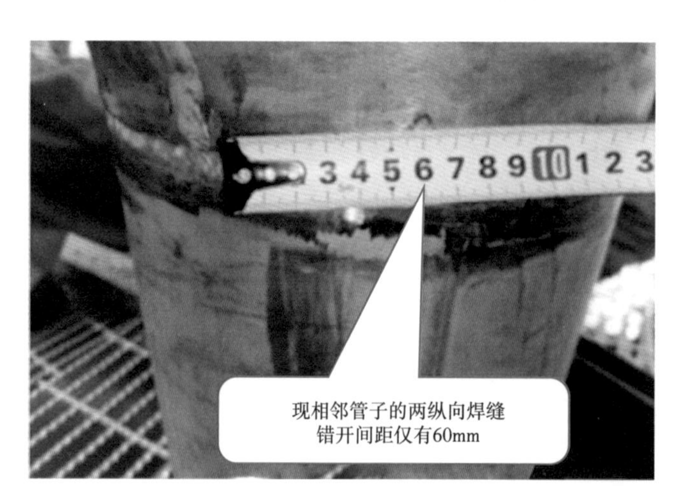
3 4 5 6 7 8 9 10 1 2 3
现相邻管子的两纵向焊缝
错开间距仅有60mm

问题分析

高温 TP304H 管线相邻管子的两纵向焊缝间距不符合 SH/T 3501—2021《石油化工有

毒、可燃介质钢制管道工程施工及验收规范》第 8.2.1 条 d）款“卷管环向焊接接头对口时，相邻管子的两纵向焊缝应错开，错开的间距不应小于 100mm”及 e 款“焊制管件无法避免十字焊缝或焊缝的错开距离小于 100mm 时，该部位焊缝应经射线检测合格，检测长度不应小于 250mm”的要求。

施工单位焊前技术交底不到位，没有明确组对时制管焊缝纵缝之间错开间距的要求，制管焊缝间距过小，导致局部焊缝应力集中，从而埋下质量隐患。监理人员质量责任意识不强，履职监管不到位，不了解相关标准的要求，没有吸取管道质量事件处理的教训，对现场施工单位的组对监管不到位。

问题处置

监督人员下达《质量问题处理通知书》，要求施工单位立即按标准要求进行整改，并在监督周报中作为典型问题进行通报，对施工单位、监理单位提出批评。焊缝已按标准要求进行了整口的检测，检测结果合格。

经验总结

参建各方应认真学习《关于对长输管道环焊缝错评漏评及组对不规范质量事件的问责通报》，施工单位在现场焊缝组对时，应严格执行标准规范的要求，杜绝不规范组对问题，不留下影响装置长周期安全运行的隐患。

94 800HT 外文版设计文件未明确给出焊后热处理工艺参数

案例概况

2022 年 3 月，监督人员在对某公司炼化一体化项目苯乙烯装置工艺管线的监督检查时发现，编号为 S20101002D-3700 的设计文件中，对材质为 800HT、最高设计温度为 927℃的超高温蒸汽管线的焊后热处理要求中仅给出“800HT 管道热处理方案须满足 LUMMUS 工艺包中关于焊后热处理的要求，必须保证焊缝质量及耐高温蠕变性能”要求，未给出明确的焊后热处理工艺要求及耐高温蠕变性能的具体要求；而提供给施工单位的 LUMMUS 工艺包为全英文版，工艺包中对焊后热处理的要求，也仅给出恒温温度不低于 899℃、恒温时间不少于 2h，而未给出具体的升温、降温速度要求，施工单位无法依据上述设计文件所给出的热处理要求编制预焊接工艺规程并进行焊接工艺评定。

IV.C Post Welding Requirements

Welding introduces residual stresses in the material. These residual stresses can be relieved by time dependent inelastic deformation. To minimize the residual stresses in welds, Lummus Technology requires Post Weld Heat Treatment at 1650°F (899°C) minimum for a minimum of 2 hours for all 800HT to 800H I welds and 800H I to SS 304H welds.

LUMMUS给出的800HT外文版热处理要求

问题分析

800HT外文版设计文件不符合GB 50236—2011《现场设备、工业管道焊接工程施工规范》第5.0.3条“焊接工艺评定前，应根据金属材料的焊接性能，按照设计文件和制造安装工艺拟定焊接工艺预规程”及SH/T 3523—2020《石油化工铬镍不锈钢、铁镍合金、镍基合金及不锈钢复合钢焊接规范》第8.7.1条“管道焊接接头的焊后热处理应按设计文件规定执行”的要求。设计未给出明确的热处理工艺，施工单位无法进行正确的焊接工艺评定，将给后序的现场焊接及热处理施工留下质量隐患。

该装置的设计单位引进LUMMUS工艺包后，未对工艺包的随机文件进行中文翻译，就发给施工单位。在施工单位提出质疑后，未给出明确的答复，设计单位履职不到位，只引进不管理。建设单位及监理单位发现设计单位发给施工单位的设计文件为外文原版后，未及时与设计单位沟通。

问题处置

监督人员下达《质量问题处理通知书》，要求设计单位必须给出明确的热处理工艺要求。

The typical rate of heating is 50 ℃ per hour. the cooling rate can be as high as 100 ℃/150 ℃ per hour.Regarding welding procedure qualification,you do not need to do a creep resistance test of the weld as long as the WPS/P qualified as per section IX of ASME code.

专利商后提供的热处理工艺

经验总结

设计单位引进国外工艺包时，应在消化吸收的基础上，及时将设计文件转化为中文版，给出明确的焊后热处理工艺等要求；建设方应加强对设计单位的管理，以避免类似问题重复出现。

95　施工单位自定 800HT 热处理工艺不符合设计要求

案例概况

2022 年 3 月，监督人员在对某公司炼化一体化项目苯乙烯装置工艺管线的监督检查时发现，施工单位所提供的编号为 PQR-21001、最高设计温度为 927℃ 的超高温蒸汽管线 800HT 的焊接工艺评定报告，施工单位在没有可执行标准及设计要求的情况下，自行确定焊后热处理工艺为：升温速度为 150℃/h，冷却方式为空冷。施工单位按上述热处理工艺进行了焊接工艺评定，评定中只进行了常温力学性能试验，未按设计要求进行高温蠕变性能试验。

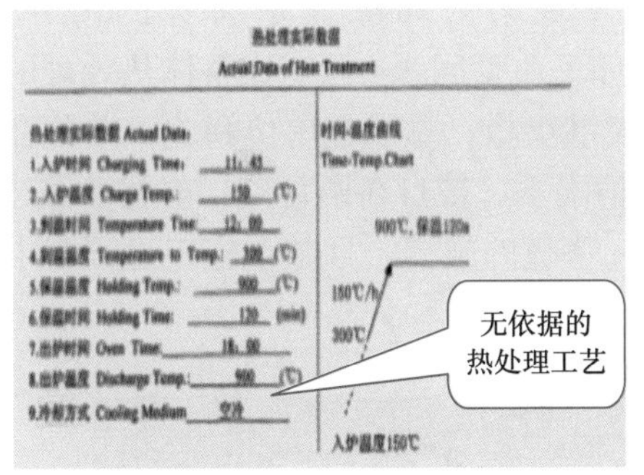

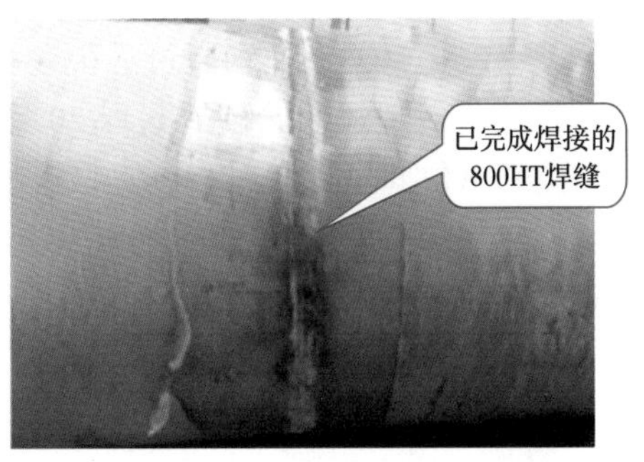

问题分析

施工单位自定 800HT 热处理工艺不符合 SH/T 3523—2020《石油化工铬镍不锈钢、铁镍合金、镍基合金及不锈钢复合钢焊接规范》第 8.7.1 条“管道焊接接头的焊后热处理应按设计文件规定执行”及后续 LUMMUS 给出的“热处理工艺升温速度为 50℃/h，降温速度为 100~150℃/h”的要求。施工单位自定的热处理工艺违反了设计要求。

施工单位在设计单位未给出明确的热处理工艺要求的情况下，应与设计单位沟通，不应自行确定热处理工艺。设计单位引进 LUMMUS 工艺包后，未对工艺包的随机文件进行中文翻译，就发给施工单位。在施工单位提出质疑后，未给出明确的答复，设计单位履职不到位，只引进不管理。建设单位及监理单位发现设计单位发给施工单位的设计文件为外文原版后，未及时与设计单位沟通。

问题处置

监督人员下达《质量问题处理通知书》，要求施工单位按设计要求重新进行焊接工艺评定，在合格的焊接工艺评定报告完成前，不得进行超高温蒸汽管线 800HT 的焊接施工。

施工单位在制定热处理工艺时，应按设计文件的规定执行；在设计未给出明确的热处理工艺要求的情况下，应与设计单位沟通，不应自行确定热处理工艺；否则，按自定的不符合设计要求的热处理工艺进行现场施工，将给工程质量埋下重大质量和安全隐患。

96 设备整体热处理后擅自施焊

案例概况

2021 年 3 月，监督人员在监督巡查中发现某公司除盐水装置的两台液氨罐 41-V-3031A、41-V-3031B 在安装过程中存在如下质量问题：已完成整体热处理的设备到达现场后，经验收发现每台储罐上漏焊 20 片喷淋垫板；总承包单位和施工单位在未征得建设单位和监理单位同意、未履行方案报审的情况下，擅自在两台出厂前就已做过整体热处理的液氨罐本体上进行 40 块 200mm×200mm 垫板的施焊，且整个施工过程中未对垫板与储罐焊缝进行局部热处理和无损检测。

问题分析

设备整体热处理后擅自施焊，不符合 GB/T 150.4—2011《压力容器　第 4 部位：制造、检验和验收》第 7.4.3 条“下列容器在焊后热处理后，如进行任何焊接返修，应对返修部位重新进行热处理。a）盛装毒性为极度或高度危害介质的容器；b）Cr-Mo 钢制容器；c）低温容器；d）图样注明有应力腐蚀的容器的条款”、第 7.4.4 条“热处理后的焊接返修应征得用户同意，除 7.4.3 外要求焊后热处理的容器如在热处理后进行返修，当返修深度小于钢材厚度的 1/3 且不大于 13mm 时，可不再进行焊后热处理，返修焊接时应先预热并控制每一层焊层厚度不得大于 3mm，且应采用回火焊道。在同一截面两面返修时，返修深度为两面返修的深度之和”的要求。

由于此罐储存介质为液氨，且为三类压力容器，擅自进行垫板焊接，存在较大的质量和安全隐患。

施工单位技术人员不掌握相关标准对于压力容器的要求，认为垫板为压力容器附件，其焊接不会对压力容器整体造成影响。监理单位对进场压力容器的验收把关不严，在发现垫板未焊接后，未对施工单位提出不得擅自焊接的要求。压力容器制造厂质量保证体系运转不畅，未安装垫板的储罐即送到现场。

问题处置

监督人员下达《质量问题处理通知书》，并由总监督工程师召集建设单位、监理单位、工程总承包单位、制造厂商及施工单位的相关负责人召开现场会，要求委托具有资质的鉴定检测机构重新评估该压力容器的使用性能。若其能满足生产工况的要求，按照鉴定结论让步接收使用，相关的设计变更、施工文件及检测资料进入设备档案；若不能满足使用要求，则退货并重新采购合格产品。

经验总结

施工单位技术人员应准确掌握规范标准要求，压力容器整体热处理后，在未履行相应报批手续的情况下，不允许擅自在储罐本体上进行任何焊接作业；监督人员在监督检查中发现此类问题应立即制止，坚决纠正。

97　焊后热处理恒温时间不符合设计要求

案例概况

2022 年 7 月，监督人员在对某公司新建原料罐区项目工艺管道安装工程进行监督检查时发现，20 钢、规格为 ϕ88.9mm×5.49mm 的液氨管线 AML3002（C-YA）热处理工艺规程所依据的焊接工艺评定报告（编号 HP2022-04）中热处理时间为 30min，低于设计给定标准要求的最少 60min 的规定。

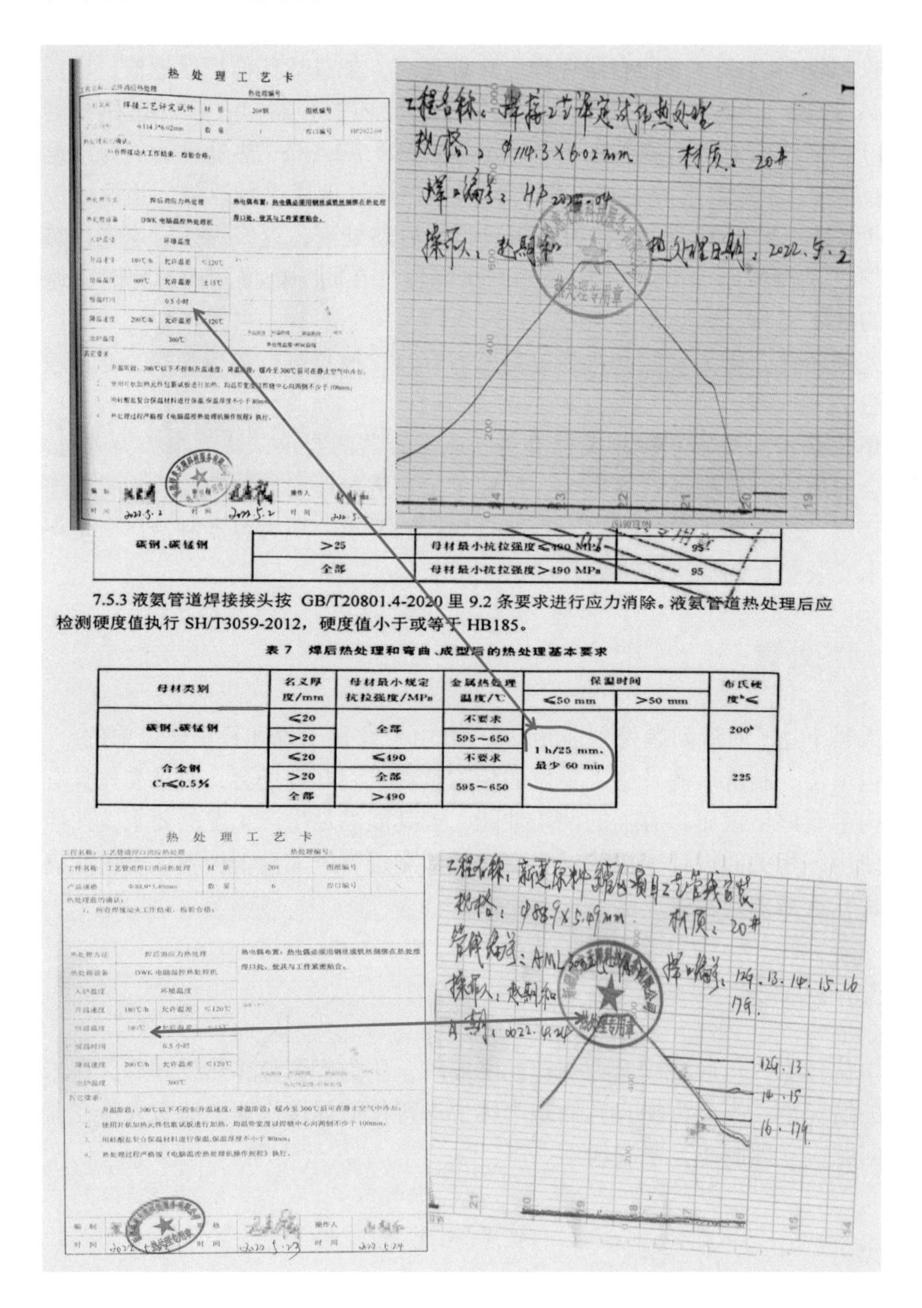

热处理工艺卡

碳钢、碳锰钢	>25	母材最小抗拉强度≤490 MPa	95
	全部	母材最小抗拉强度>490 MPa	95

7.5.3 液氨管道焊接接头按 GB/T20801.4-2020 里 9.2 条要求进行应力消除。液氨管道热处理后应检测硬度值执行 SH/T3059-2012，硬度值小于或等于 HB185。

表 7　焊后热处理和弯曲、成型后的热处理基本要求

母材类别	名义厚度/mm	母材最小规定抗拉强度/MPa	金属热处理温度/℃	保温时间		布氏硬度[b]≤
				≤50 mm	>50 mm	
碳钢、碳锰钢	≤20	全部	不要求	1 h/25 mm，最少 60 min		200[b]
	>20		595～650			
合金钢 Cr≤0.5%	≤20	≤490	不要求			225
	>20	全部	595～650			
	全部	>490				

热处理工艺卡

问题分析

焊后热处理恒温时间不符合 GB/T 20801.4—2020《压力管道规范　工业管道　第 4 部分：制作与安装》第 9.2 条表 7 中碳钢热处理最少保温时间最少 60min 的要求。热处理保

温时间不足，将使焊缝的应力消除不彻底，甚至可能使焊缝出现延迟裂纹。

施工单位在进行焊接工艺评定时，采标不准确，未按设计指定的标准来确定焊后热处理的保温时间。现场的施工单位焊接技术人员在选用焊接工艺评定时，未发现所选用的焊接工艺评定中热处理的保温时间不满足设计文件的要求，依据此焊接工艺评定编制的热处理工艺规程不符合设计要求。

问题处置

监督人员下发了《质量问题处理通知书》，要求施工单位重新进行焊接工艺评定，并依据评定编制热处理工艺规程；对已完成热处理的保温时间不足的焊缝重新进行焊后热处理。

经验总结

施工单位焊接工程师应按照设计文件的要求选用焊接工艺评定，保证热处理的保温时间满足设计要求；专业监理工程师应加强相关标准规范学习，及时发现施工选用的焊接工艺评定及热处理施工中存在的问题。

98 工艺管线热处理违反规范要求

案例概况

2022 年 6 月，监督人员在对某公司新建（3+3）$\times10^4$t/a 硫磺回收装置管线热处理检查过程中，发现施工单位热处理工序存在如下问题：

（1）在加热带与被加热工件之间填充大面积保温棉，影响热处理效果；

（2）部分位置热处理后，焊口标识未进行移植，导致焊口信息缺失。

问题分析

工艺管线热处理不符合 SH/T 3554—2013《石油化工钢制管道焊接热处理规范》第8.4.2 条“安装加热器时，应将管道接头表面的焊瘤、焊渣、飞溅清理干净，使加热器与焊件表面贴紧，并采用钢带、铁丝或专用夹具等固定”、第 4.4 条“焊接热处理应在上道工序检查合格后进行，焊接热处理完成后应有清晰的可追溯标识”的要求。

施工单位质检员对现场热处理质量过程管控不到位，热处理技术交底流于形式，现场作业人员为了方便缠绕绳式加热器，忽视焊缝的热处理质量，私自在加热器与焊件之间填充保温棉，使工件不能充分加热，热电偶测量的也仅是加热器的温度，而非被加热焊缝的温度。现场标识移植未与热处理工作同步进行，事后补移，易造成错移或漏移。

问题处置

监督人员下发了《质量问题处理通知书》并限期整改，要求施工单位立即对相同操作方式的焊口重新进行热处理，对热处理后的焊口及时进行标识移植。

经验总结

热处理质量是焊接质量的重要控制点，热处理出现质量问题，将直接影响焊缝的质量。施工单位在热处理前必须进行详细的技术交底。在热处理工序中，施工单位质检人员及专业监理应履行相应的职责；监督人员在工作中应强化对热处理施工过程的巡监。

99　P22 材质焊缝焊后热处理热电偶放置、保温绑扎不合规

案例概况

2022 年 3 月，监督人员在对某公司加氢裂化装置监督检查时发现，编号为700-P-112001-4G、材质为 P22、规格为 ϕ711mm×69mm 的管道正准备进行焊后热处理的焊缝存在如下问题：热电偶与加热履带未进行隔离；加热带宽度为 335mm，不满足标准要求的 345mm；拼接的加热带长度不足，不能包裹管道全周长，两片加热带间最大的间隔处达 50mm；外层保温棉捆扎不紧，内外层保温棉宽度不一致，外层为 600mm，内层仅为 470mm。

问题分析

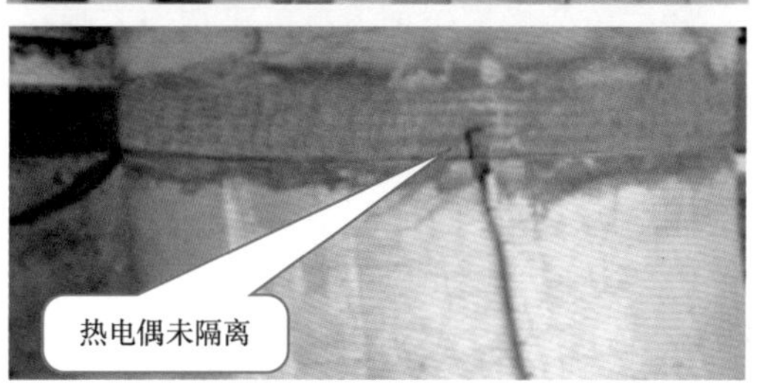

P22材质焊缝焊后热处理热电偶放置、保温绑扎不符合SH/T 3554—2013《石油化工钢制管道焊接热处理规范》第8.3.2条“热电偶与加热器之间应采用绝热类材料隔离，加热器不得直接加热电偶热端”、第7.4.7条“加热带宽度宜为均温带宽度加50mm，且不少于5*t*❶”及第7.4.8条“保温宽度宜不小于加热带宽度加200mm”的要求。

热电偶与加热履带未进行隔离，热电偶实测温度为加热带的温度，而不是焊缝的温度，影响热处理效果；加热带宽度、长度不足不能包裹管道全周长，不能确保焊缝内外壁均匀热透，从而不能保证焊缝整体达到消应力的目的。

施工单位对热处理工的交底流于形式，热处理工质量意识不强，未严格执行热处理工艺规程，热处理过程中使用的加热带及保温棉等未及时更换，不满足现场需要。施工单位技术人员、监理工程师未对热处理操作进行管理。

问题处置

监督人员下达《质量问题处理通知书》，要求对上述焊缝重新进行焊后热处理，并对热处理工重新进行交底及培训。

经验总结

施工单位应重视热处理过程质量控制，严格执行热处理工艺规范，热处理曲线应真实反映热处理过程，保证管道的整体热处理效果，不给管线的安全运行埋下质量隐患。

100 铬钼钢管线组对工卡具焊接未预热

案例概况

2021年9月，监督人员在巡监某公司100×10^4t/a连续重整项目时发现，施工单位在

❶ *t*为管道壁厚，mm。

P5 管线焊接前，为方便组对，焊接了工卡具挡块，但未对工卡具挡块进行预热便焊接在母材管线上。

问题分析

铬钼钢管线组对工卡具焊接未进行预热，不符合 SH/T 3520—2015《石油化工铬钼钢焊接规范》第 6.2.9 条“b）母材焊接要求预热时，工卡具焊接也应预热”的要求。

施工单位质量管理人员质量意识不强、责任意识不强，未能对预热不规范所造成的质量隐患足够重视，施工单位质量管理体系流于形式；现场监理人员没有认真履行职责，未对施工单位的现场焊接进行有效管理。

问题处置

监督人员下达《质量问题处理通知书》，要求施工单位立即整改，对工卡具挡块进行预热，工卡具去除后进行表面无损检测。

经验总结

焊接无小事，特别是铬钼钢因其淬硬倾向较大，焊接时易出现冷裂纹，应严格按照焊接工艺规程焊接。通常工卡具因只是焊接中的一个辅助手段，其焊接质量不受重视，而不按规程要求预热，一旦卡具焊缝出现裂纹，易扩展至母材。因此，施工单位应加强铬钼钢全过程焊接控制，不应忽视任何环节，避免焊接出现质量问题。

101　已试压焊缝未进行热处理

案例概况

2022 年 5 月，监督人员在对某公司 330×10^4t/a 柴油加氢装置 Ⅰ 工艺管道试压监督检查中，发现试压包 2402-H2-010 内工艺管线 2402-350-H2-129002-E35AB3-H（02 区）上 1G、2G、3G、4G、5G 等 5 道焊缝未进行焊后热处理，现场已充水进行试压。

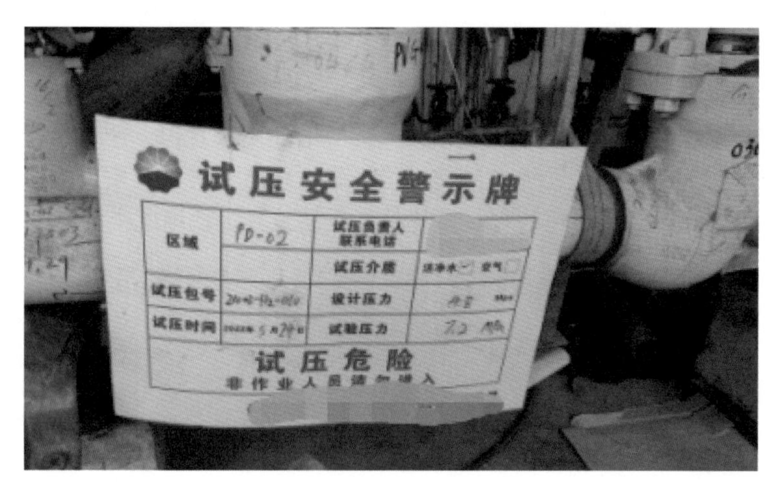

现场试压标识牌

问题分析

已试压焊缝未进行热处理，不符合 SH/T 3501—2021《石油化工有毒、可燃介质钢制管道工程施工及验收规范》第 9.1.3 条“管道系统试压前，应由施工单位、建设 / 监理单位和有关部门联合检查确认下列条件：d）焊接、无损检测及热处理工作已全部完成”的要求。充水试压后再进行焊缝的焊后热处理，可能由于管道中有存水，在热处理状态下流动至焊缝处，而对焊缝处进行“淬火”，对焊缝的力学性能造成不利的影响，从而埋下质量与安全隐患。上述问题出现的原因主要有：

（1）施工单位、总承包单位和监理单位对工艺管道试压前的检查确认工作不认真，对试压包中焊缝热处理资料的核查不仔细，在不具备试压条件的情况下进行工艺管道试压。

（2）施工单位工序管理混乱，对管道焊接及热处理的管理存在疏漏，造成焊缝未进行热处理。

（3）工程总承包单位管理不到位，对焊接及热处理的管理存在漏洞，造成资料缺失、实体漏做热处理的问题发生。

（4）监理单位工序验收存在薄弱环节，对焊接及热处理监管不力，以致存在问题未能及时发现。

问题处置

监督人员对此问题下发了《质量问题处理通知书》，责令监理单位、总承包单位和施工单位严格按照设计及标准规范要求进行整改：泄放管线中试压用水；对未进行热处理的焊缝补做热处理；热处理合格后重新进行无损检测；在检测结果合格的基础上，对该部分管线重新进行压力试验。

经验总结

施工单位、总承包单位和监理单位相关人员应增强质量意识，严格执行工艺管道焊接及热处理的技术要求，对工艺管道试压前的检查确认要落到实处；质量监督人员在以后的监督检查中，要重视对工艺管道的焊接及热处理质量监督，杜绝此类问题发生。

Ⅳ 无损检测

102　磁粉检测标准试片锈蚀

案例概况

2020年4月，监督人员在对某公司原油罐组Ⅰ/Ⅲ/Ⅳ项目检查时发现，某检测公司使用的磁粉检测标准试片保存不当，锈蚀严重，影响正常使用。

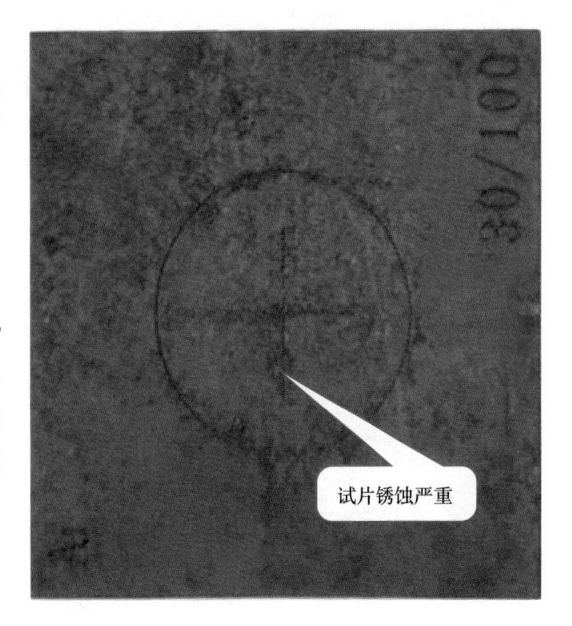

问题分析

磁粉检测标准试片不符合NB/T 47013.4—2015《承压设备无损检测　第4部分：磁粉检测》第4.7.1.3条a）款“标准试片表面有锈蚀、褶皱或磁特性发生改变时不得继续使用”及d）款“试片使用后，可用溶剂清洗并擦干，干燥后涂上防锈油，放回原装片袋保存”的要求。

上述问题的主要原因如下：

（1）检测单位质量意识薄弱，对磁粉检测质量不重视，对标准试片的管理流于形式。

（2）检测单位磁粉检测人员责任心不强，无损检测标准规范和检测单位磁粉检测工艺文件未有效执行，检测过程缺乏有效监督，用不合格的试片进行现场检测，留下质量隐患。

问题处置

监督人员下发《质量问题处理通知书》，要求检测单位立即更换标准试片，并按标准要求保存；举一反三，对无损检测仪器设备和标准试片进行检查，确保符合使用要求；对使用该试片进行检测的部位进行复检。

经验总结

检验检测仪器设备和标准试片的完好性决定着检验检测结果的准确性和有效性，对检验检测仪器设备和标准试片的现场管理和使用过程管控是无损检测单位质量保证体系运行管理的重要内容，是无损检测质量的重要控制环节。监督人员在工作中应注意强化对此类问题的监控，避免留下质量隐患。

103　小径管环向焊接接头射线检测工艺错误

案例概况

2022 年 6 月，监督人员在对某公司乙烯项目公用工程全厂地上管网系统 D 管廊 BFW-0200003 超高压锅炉给水管道试压监督检查时发现，35 个规格为 ϕ48mm×7.14mm（T/D_o 为 0.148，T 为壁厚，D_o 为管外径）的小径管环向焊接接头实际透照 2 次，透照次数不够。

100%	源种类	X 射线
V	设备编号	1019802
GTAW+SMAW	管电压、电流	210kV/5mA
打磨至不影响评定	焦点尺寸	2×2
焊后	焦[illegible]	[illegible]
A106-B	曝光[illegible]	[illegible]
Φ48×7.14mm	像质[illegible]	[illegible]3
0200003-D-RT-001-JL	像质[illegible]	[illegible]20）

检[illegible]况

焊缝编号	焊工号	底片号	缺陷类型及数量
36	H4028	1	未见可记录缺陷
36	H4028	2	未见可记录缺陷
[illegible]	[illegible]	[illegible]	未见可记录缺陷
38	H4028	2	未见可记录缺陷
39A	H4028	1	未见可记录缺陷
39A	H4028	2	未见可记录缺陷

规格为 ϕ48mm × 7.14mm的小管径环向焊接接头，标准规定每个接头透照3次，实际透照2次

问题分析

小径管环向焊接接头射线检测工艺不符合 NB/T 47013.2—2015《承压设备无损检测　第 2 部分：射线检测》第 5.5.6.2 条“当 $T/D_o > 0.12$ 时，相隔 120° 或 60° 透照 3 次”的要求。

（1）无损检测单位技术负责人专业技术水平较低，对现场质量管理不够重视，无损检测人员质量意识淡薄，工作责任心不强，没有严格按照标准规范的要求对无损检测工艺卡进行控制。

（2）无损检测监理工程师责任心不强、对无损检测资料审核不认真，未及时检查出透照次数不足，在管道试压节点才暴露此问题。

问题处置

监督人员下发《质量问题处理通知书》，要求无损检测单位对存在的问题按照标准要求进行整改，监理单位严格按照国家标准规范验收。

经验总结

检测单位应认真查看委托内容，编写无损检测工艺卡的编制人、审核人、技术负责人履职应到位；现场无损检测监理工程师应增强责任心，增强质量意识，严格履职，防止此类问题再次发生。

104　渗透检测弄虚作假

案例概况

2021 年 8 月，监督人员在对某公司 40×10^4t/a 酮苯装置适应性改造工程工艺管线焊接无损检测过程监督检查时发现，设计要求蒸汽线 LS-02-0503/4A 上的 1S、2S 焊口应进行渗透检测，检测单位出具了 1S、2S 焊口无损检测结果临时通知单，通知单中这两个焊口渗透检测合格，但现场检查发现上述两个焊口实际尚未进行无损检测。

检测结果临时通知单

（第 4 页/共 4 页）

Q/SY 1564—2013

单位工程名称	管道安装工程
检测方法	PT
检测日期	2021. 3. 24

共检测 63 道，其中合格 63 道，不合格 0 道

检件编号	检测部位编号	焊工代号	检测数量	检测结论
P-02-0226A	37	0234	1	合格
P-02-0226B	19	0234	1	合格
P-02-0226B	20	0234	1	合格
P-02-0226B	21	0234	1	合格
P-02-0226B	22	0234	1	合格
P-02-0226B	23	0234	1	合格
P-02-0226B	24	0234	1	合格
P-02-0226B	25	0234	1	合格
P-02-0226B	26	0234	1	合格
P-02-0226B	27	0234	1	合格
LS-02-0503/4A	1S	0234	1	合格
LS-02-0503/4A	2S	0234	1	

检测单位（专用章）　检测责任师：

1S焊口近照

问题分析

检测单位检测管理失控，检测人员工作不认真，未核对现场实际检测数量，造成未检测就发合格报告的情况发生。监理单位未认真核对检测报告，未能及时发现此问题。

问题处置

监督人员下发《质量问题处理通知书》，要求检测单位停工整改，重新核对所有检测报告是否准确，对漏检的部分进行补检。

经验总结

参建单位应重视质量管理；检测单位应加强检测管理，要求检测人员认真开展检测工作，出具真实检测报告；监理单位应履职尽责，及时发现检测质量问题；监督人员在监督检查中发现此类问题应立即制止，并严肃追查相关方责任。

105　射线检测底片Ⅳ级严重缺陷漏评

案例概况

2020 年 10 月，监督人员在审查某公司废水 VOC 项目管线（规格为 ϕ377mm×12mm）的无损检测底片时，发现一张底片存在内凹缺陷（内凹缺陷最大深度超过 2mm，且长度为 90mm），检测单位评定为 I 级、合格，缺陷漏评。

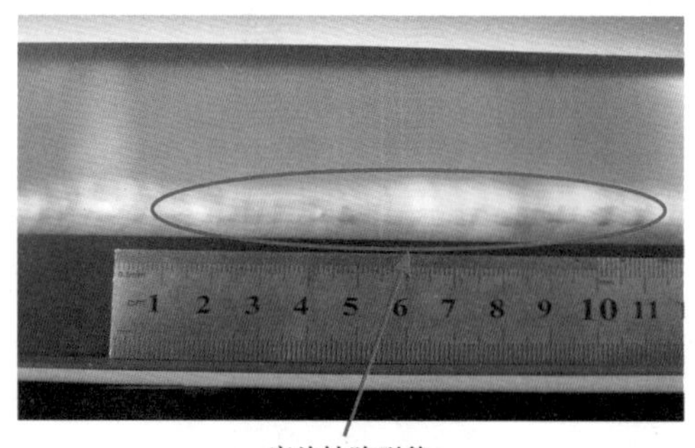

底片缺陷形貌

根部打底焊时形成内凹

问题分析

射线检测底片存在内凹缺陷，不符合 NB/T 47013.2—2015《承压设备无损检测　第 2 部分：射线检测》第 7.1.8 条中“管外径 $D>100$mm 时，不加垫板单面焊的根部内凹和根部咬边缺陷按表 26 的规定进行质量分级评定”的要求。

表 26　铜、镍、铜制承压设备管子及压力管道外径 $D_o>100$mm 时根部内凹和根部咬边的分级

级　别	根部内凹和根部咬边最大深度/mm		根部内凹和根部咬边累计长度/mm
	与壁厚的比	最大值	
Ⅰ	不允许		
Ⅱ	≤15%	≤1.5	在任意 3T 长度区内不大于 T；总长度不大于 100
Ⅲ	≤20%	≤2.0	
Ⅳ	大于Ⅲ级		

注：对断续根部内凹和根部咬边，以根部内凹和根部咬边本身的长度累加计算总长度。

无损检测底片评定人员没有仔细观察缺陷形貌，底片中内凹缺陷最大深度超过 2mm，应评定为Ⅳ级、不合格。底片评定人员粗心大意，导致缺陷漏评。

从质量行为的角度分析，主要原因是：（1）射线底片评定人员责任心不强，业务水平不高；（2）无损检测底片复评人员没有起到复评检查作用；（3）检测单位质量保证体系运行不规范，流于形式。

问题处置

监督人员下发《质量问题处理通知书》，要求对该焊缝进行返修；同时，要求无损检测单位对该项目全部无损检测底片进行复评，监理人员对复评后的底片进行抽查。

经验总结

射线底片评定不能疏忽大意，内凹缺陷往往不会引起检测单位评片人员足够重视，但从此案例可以看出，焊缝内部的内凹缺陷是相当严重的。以往也出现过内凹缺陷导致的质量安全事故。因此，如果在内凹缺陷评定方面疏忽大意，则会给装置留下重大隐患，危及生产及人民群众财产安全，必须给予高度重视。因此，在今后的监督工作中应重点加强此方面的管理，增加监督频次，严格要求检测单位履职到位，不给工程留下质量隐患。

106　射线检测底片Ⅳ级缺陷漏评

案例概况

2020 年 12 月，监督人员在对某公司 300×10^4t/a 延迟焦化装置Ⅱ无损检测底片进行抽查时发现，规格为 ϕ168.3mm×10.97mm 的工艺管道 2202-150-HS-314051/1-D03CH1-H 上 15# 焊缝 3-4 部位底片上存在 10mm 的条形缺陷，应该评定为Ⅳ级，实际评为Ⅰ级。

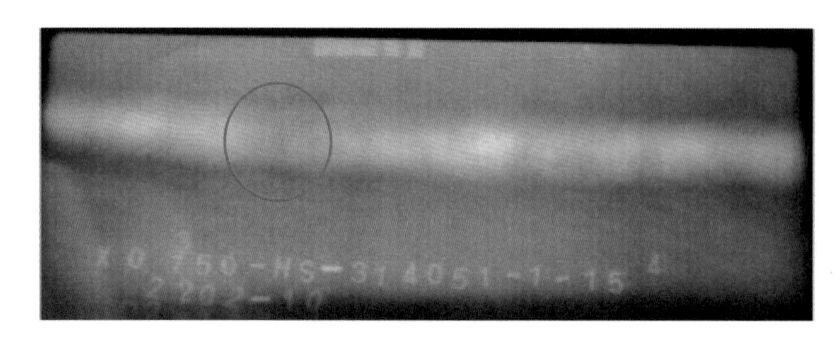

缺陷部位底片

问题分析

射线检测底片存在条形缺陷，不符合 NB/T 47013.2—2015《承压设备无损检测　第 2 部分：射线检测》第 6.1.6 条“条形缺陷按表 15 的规定进行分级评定”的要求。壁厚为 10.97mm 的焊口，条形缺陷 10mm 应该评定为Ⅳ级，该焊口存在质量安全隐患。

该案例中出现的质量问题，一方面是由于无损检测评片人员对标准规范不熟悉，未按照标准要求评片；另一方面是由于无损检测评片量大，进度方面面临的压力也很大，导致无损检测人员未严格执行初评、复评的程序。

问题处置

针对此问题，项目监督部下发了《质量问题处理通知书》，要求检测单位组织相关人员认真学习检测专业相关标准规范，对底片缺陷重新进行评定，并对该焊口的缺陷进行返修处理后复检。施工单位按照检测单位下发的《返修通知单》，对问题焊口进行了返修处理，检测单位对返修后的焊口进行复拍，结果合格，并将整改情况书面上报项目监督部。

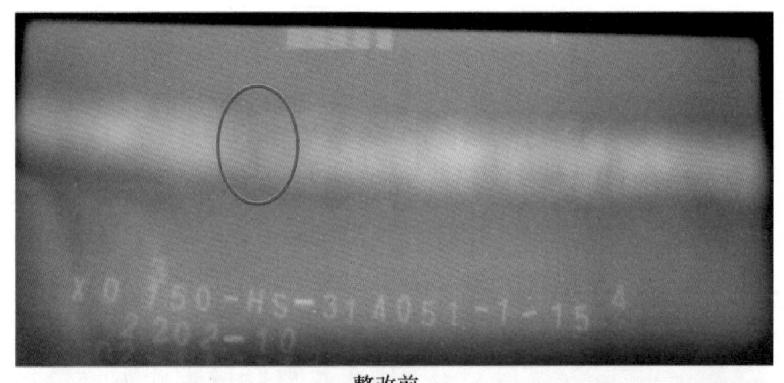

整改前

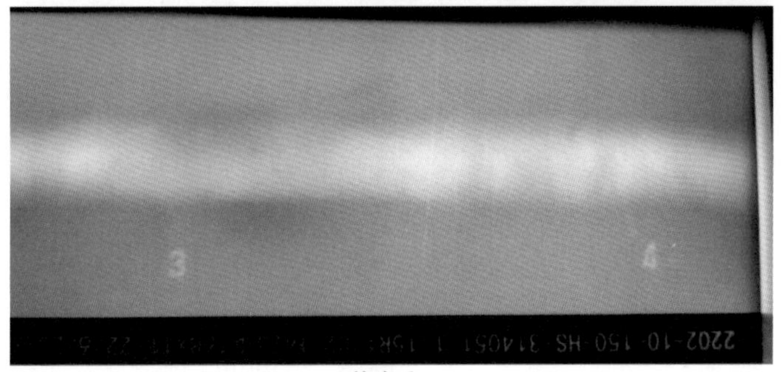

整改后

经验总结

检测单位应加强对检测人员相关标准规范的培训；监督人员在监督检查中发现此类问题应立即制止，坚决纠正，并且要通过一个问题整改提升一类管理，避免同类问题重复发生。

107 不合格焊缝未扩探及支管连接接头漏检

案例概况

2022 年 5 月，监督人员在对某公司 20×10^4t/a EVA 项目 101-3″ -HS-13121-1FC4-IA5/020 管道试压监督检查时发现：

（1）该管线无损检测比例为 10%，第 16、17 号焊缝射线检测评定为Ⅳ级，不合格，经一次返修后检测合格，但未见扩探检测报告。

（2）支管连接接头未进行表面无损检测。

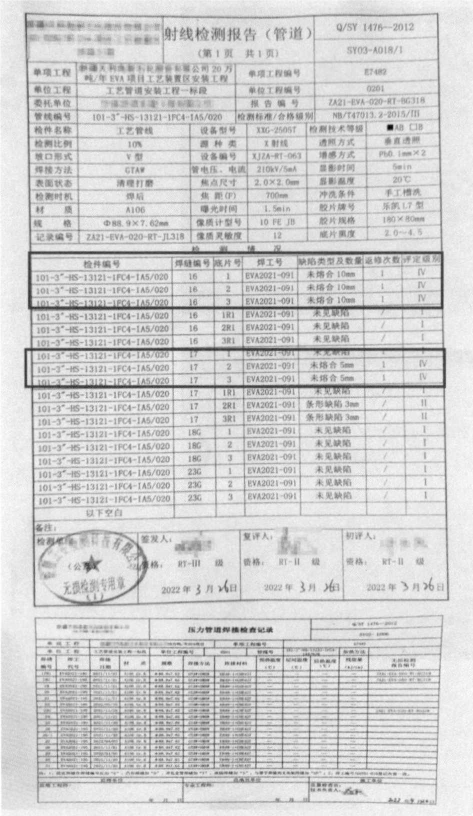

[illegible]	射线检测报告（管道） （第 1 页 共 1 页）		Q/SY 1476—2012 SY03-A018/1	
单项工程	[illegible]公司 20 万吨/年 EVA 项目工艺装置区安装工程	单项工程编号	E7482	
单位工程	工艺管道安装工程一标段	单位工程编号	0201	
委托单位	[illegible]	报告编号	ZA21-EVA-020-RT-BG318	
管线编号	101-3"-HS-13121-1FC4-1A5/020	检测标准/合格级别	NB/T47013.2-2015/Ⅲ	

检件名称	工艺管线	设备型号	XXG-2505T	检测技术等级	■AB □B
检测比例	10%	源种类	X 射线	透照方式	垂直透照
坡口形式	V 型	设备编号	XJZA-RT-063	增感方式	Pb0.1mm×2
焊接方法	GTAW	管电压、电流	210kV/5mA	显影时间	5min
表面状态	清理打磨	焦点尺寸	2.0×2.0mm	显影温度	20℃
检测时机	焊后	焦距(F)	700mm	冲洗条件	手工槽洗
材质	A106	曝光时间	1.5min	胶片牌号	乐凯 L7 型
规格	Φ88.9×7.62mm	像质计型号	10 FE JB	胶片规格	180×80mm
记录编号	ZA21-EVA-020-RT-JL318	像质灵敏度	12	底片黑度	2.0~4.5

检测情况

检件编号	焊缝编号	底片号	焊工号	缺陷类型及数量	返修次数	评定级别
101-3"-HS-13121-1FC4-1A5/020	16	1	EVA2021-091	未熔合 10mm	1	Ⅳ
101-3"-HS-13121-1FC4-1A5/020	16	2	EVA2021-091	未熔合 10mm	1	Ⅳ
101-3"-HS-13121-1FC4-1A5/020	16	3	EVA2021-091	未熔合 10mm	1	Ⅳ
101-3"-HS-13121-1FC4-1A5/020	16	1R1	EVA2021-091	未见缺陷	/	Ⅰ
101-3"-HS-13121-1FC4-1A5/020	16	2R1	EVA2021-091	未见缺陷	/	Ⅰ
101-3"-HS-13121-1FC4-1A5/020	16	3R1	EVA2021-091	未见缺陷	/	Ⅰ
101-3"-HS-13121-1FC4-1A5/020	17	1	EVA2021-091	未见缺陷	[illegible]	Ⅰ
101-3"-HS-13121-1FC4-1A5/020	17	2	EVA2021-091	未熔合 5mm	1	Ⅳ
101-3"-HS-13121-1FC4-1A5/020	17	3	EVA2021-091	未熔合 5mm	1	Ⅳ
101-3"-HS-13121-1FC4-1A5/020	17	1R1	EVA2021-091	未见缺陷	/	Ⅰ
101-3"-HS-13121-1FC4-1A5/020	17	2R1	EVA2021-091	条形缺陷 3mm	/	Ⅱ
101-3"-HS-13121-1FC4-1A5/020	17	3R1	EVA2021-091	条形缺陷 3mm	/	Ⅱ
101-3"-HS-13121-1FC4-1A5/020	18G	1	EVA2021-091	未见缺陷	/	Ⅰ
101-3"-HS-13121-1FC4-1A5/020	18G	2	EVA2021-091	未见缺陷	/	Ⅰ
101-3"-HS-13121-1FC4-1A5/020	18G	3	EVA2021-091	未见缺陷	/	Ⅰ
101-3"-HS-13121-1FC4-1A5/020	23G	1	EVA2021-091	未见缺陷	/	Ⅰ
101-3"-HS-13121-1FC4-1A5/020	23G	2	EVA2021-091	未见缺陷	/	Ⅰ
101-3"-HS-13121-1FC4-1A5/020	23G	3	EVA2021-091	未见缺陷	/	Ⅰ
以下空白						

备注：

检测单位（公章） 无损检测专用章	签发人：[illegible] 资格：RT-Ⅲ 级 2022 年 3 月 26 日	复评人：[illegible] 资格：RT-Ⅱ 级 2022 年 3 月 26 日	初评人：[illegible] 资格：RT-Ⅱ 级 2022 年 3 月 26 日

压力管道焊接检查记录

[illegible]

问题分析

不合格焊缝未扩探，不符合 GB 50517—2010《石油化工金属管道工程施工质量验收规范》第 9.3.6 条“2 在一个检验批中检测出不合格焊接接头，应在该批中对该焊工按不合格焊接接头数量加倍进行检测，加倍检测接头及返修接头评定合格，则应对该批焊接接头予以验收”的要求。

支管连接接头未进行表面无损检测，不符合 SH/T 3501—2021《石油化工有毒、可燃介质钢制管道工程施工及验收规范》第 8.5.7 条“管道焊接接头无损检测除设计文件另有规定外，厚度小于或等于 30mm 的焊缝应采用射线检测（RT）或相控超声检测（PA）；厚度大于 30mm 的碳钢、铬钼合金钢焊缝可采用超声检测（UT）或衍射时差法超声检测（TOFD），检测比例与验收标准应符合本标准表 8.5.7 的规定”“渗透检测应执行 NB/T 47013.5 的规定”的要求。

该案例中施工单位对累进检查存在误解，认为整道焊缝割口后重新焊接不需要扩探检测；对支管连接接头表面无损检测相关规范不了解，造成无损检测漏检。监理人员没有认真履行监理职责，未对不合格焊缝的返修、扩探情况及支管连接接头表面无损检测进行确认。

表 8.5.7 管道焊接接头无损检测比例及验收标准

<table>
<tr><th rowspan="2">管道级别</th><th rowspan="2">检测比例</th><th colspan="5">验收标准</th></tr>
<tr><th colspan="2">对接接头</th><th>角接接头[a]</th><th colspan="2">支管连接接头</th></tr>
<tr><td>SHA1
SHB1</td><td>100%</td><td rowspan="2">RT Ⅱ级、
PA Ⅱ级、
TOFD Ⅱ级或
UT Ⅰ级</td><td rowspan="2">MT Ⅰ级[b,c]或
PT Ⅰ级[b,c]</td><td rowspan="2">MT Ⅰ级或
PT Ⅰ级</td><td rowspan="2">RT Ⅱ级[d]、
PA Ⅱ级[d]、
TOFD Ⅱ级[d]或
UT Ⅰ级[d]</td><td rowspan="2">MT Ⅰ级或
PT Ⅰ级</td></tr>
<tr><td>SHA2
SHB2</td><td>20%</td></tr>
<tr><td>SHA3
SHB3</td><td>10%</td><td colspan="2" rowspan="2">RT Ⅲ级、
PA Ⅱ级、
TOFD Ⅱ级
或
UT Ⅱ级</td><td>—</td><td colspan="2">MT Ⅰ级
或
PT Ⅰ级</td></tr>
<tr><td>SHA4
SHB4</td><td>5%</td><td>—</td><td colspan="2">—</td></tr>
</table>

a 角接接头包括平焊法兰、承插焊、密封焊、半管箍与主管、补强圈与管子连接的焊接接头，以及垫板、支（吊）架与承压件连接的焊接接头等。

b 对碳钢和不锈钢可不进行 MT 或 PT 的检测。

c 铁磁性材料宜采用 MT。

d 适用于图 8.4.3 中支管等于或大于 *DN* 100 的承压焊缝。

e 嵌入式支管连接接头按 GB 50517 的规定执行。

问题处置

监督人员下发《质量问题处理通知书》并限期整改，要求施工单位按照规范要求对不合格焊缝进行加倍检测，按照设计及规范要求对支管连接接头进行表面无损检测。如果检测出不合格接头，则按照规范要求进行处理直至合格，并重新进行管道试压。

经验总结

施工单位管理人员应加强对标准规范的理解；监理单位应加强过程检查。

108 铬钼钢无损检测比例不符合规范要求

案例概况

2022 年 2 月，监督人员在对某公司乙烯装置施工的铬钼合金钢 A335 P11 管线巡监时发现，管道数据表中 A335 P11 管道的检查等级存在 3、4 级现象。按照规范要求，检查等级 3、4 级对应的无损检测比例为 10%、5%，射线检测合格等级为Ⅲ级。抽查 YXZZ-0201-GYGX-RT1349 无损检测委托单，委托单显示：材质为 P11，委托检测比例为 10%，合格等级为Ⅲ级。YXZZ-0201-GYGX-RT1424 无损检测委托单，委托单显示：材质为 P11，委托检测比例为 5%，合格等级为Ⅲ级。

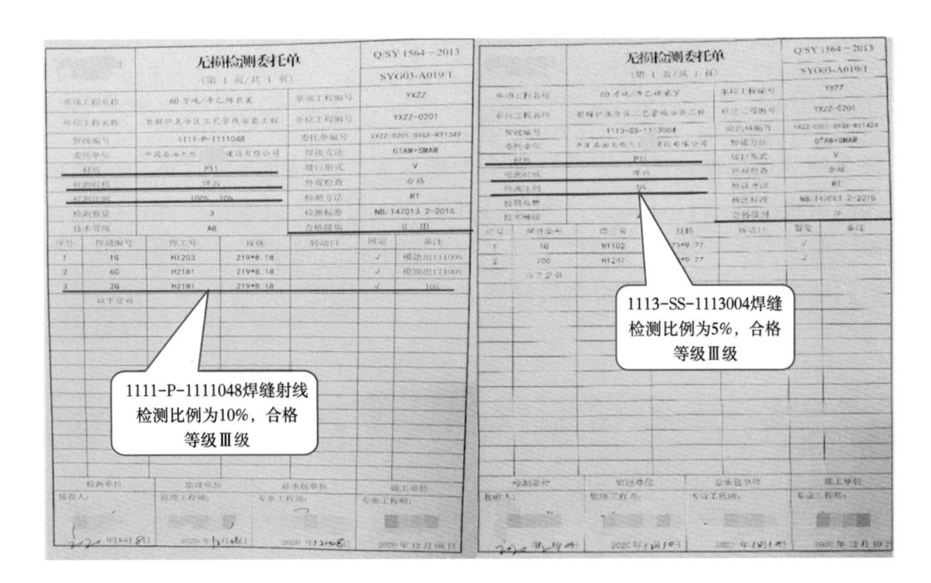

问题分析

铬钼钢无损检测比例不符合 GB 50517—2010《石油化工金属管道工程施工质量验收规范》第 4.0.3 条“2 铬钼合金钢、双相不锈钢、铝及铝合金管道的检查等级不得低于 2 级”、第 9.3.1 条表 9.3.1 中相关规定（检查等级 2 级管道，射线检测比例不低于 20%，合格等级为Ⅱ级）、第 9.3.3 条“铬钼合金钢和标准抗拉强度下限值大于或等于 540MPa 等易产生延迟裂纹、再热裂纹倾向材料，应在焊接完成 24h 后进行无损检测”的要求。

该案例中设计单位设计的管道数据表管道检查等级存在低于标准的现象，说明设计人员在设计过程未考虑到特殊材质对管道检查等级的影响，其实在 GB/T 20801.5—2020《压力管道规范　工业管道　第 5 部分：检验与试验》、GB 50517—2010《石油化工金属管道工程施工质量验收规范》等规范中对特殊材质、特殊工况等管道均已限定了最低检查等级。施工单位相关人员对规范不熟悉，机械地执行设计文件。该案例中管道材质为铬钼合金钢，由于铬钼合金钢可焊性较差，易产生延迟裂纹，为了保证焊接质量，标准中规定铬钼合金钢的检查等级不得低于 2 级，即无损检测比例不低于 20%；无损检测应在焊接完成 24h 后进行。

从质量行为的角度分析，主要是设计人员、施工单位管理人员对施工质量验收标准不熟悉，对铬钼合金钢焊接质量未引起足够重视；现场监理人员没有认真履行职责，未认真核对检测比例和合格等级的情况就签认了检测委托单。最终造成铬钼合金钢的检测比例和合格等级均不满足规范要求。

问题处置

监督人员下达了《质量问题处理通知书》，要求工程总承包单位与设计人员沟通，按照规范要求重新确定管道检查等级，施工单位按规范要求的检测时机重新委托，检测单位重新检测，确保检测比例及合格等级满足规范要求。

经验总结

铬钼合金钢的可焊性较差，焊后容易产生延迟裂纹。因此，设计单位应加强标准规范的学习及内部审核，减少设计错误；各项目部管理人员应予以重视，加强铬钼合金钢焊接质量的过程控制，并应严格按照设计文件及规范要求进行检测；监督人员在工作中应注意强化对此类问题的监控，避免遗留质量隐患。

109　工艺管道无损检测漏项进行试压

案例概况

2021 年 6 月，监督人员在对某公司 40×10^4t/a 全密度聚乙烯装置管线试压进行监督检查时发现：管线号为 H-1211A03/20 的管道，工作介质为氢气、工艺流体、回收液体，管道级别为 SHB2，无损检测比例为 20%；该管道系统中的角焊缝未按照要求进行渗透检测或磁粉检测，无损检测漏项。

问题分析

工艺管道无损检测漏项，不符合设计文件及 SH 3501—2011《石油化工有毒、可燃介质钢制管道工程施工及验收规范》第 7.5.7 条“焊接接头无损检测的比例和验收标准应按检查等级确定，并不应低于表 12 的规定”的要求。表 12 中规定，SHA2/SHB2 角焊接头，需进行检测比例为 20% 的 MT 或 PT 检测，合格级别为Ⅰ级。

由于该管线中含有氢气等危险性较大介质，设计压力为 4.49MPa，试验压力达到 6.68MPa，无损检测漏检会使管道存在较大质量风险。

表12 管道焊接接头无损检验数量及验收标准

检查等级[a]	管道级别	对焊接头		角焊接头		支管连接接头	
		比例	验收标准	比例	验收标准	比例	验收标准
1	SHA1 SHB1	100%	RTⅡ级或UTⅠ级、MTⅠ级或PTⅠ级[c]	100%	MTⅠ级或PTⅠ级	100%	RTⅡ级或UTⅠ级[b]、MTⅠ级或PTⅠ级
2	SHA2 SHB2	20%		20%	MTⅠ级或PTⅠ级	20%	RTⅡ级或UTⅠ级[b]、MTⅠ级或PTⅠ级
3	SHA3 SHB3	10%	RT Ⅲ级或UT Ⅱ级	—		10%	MTⅠ级或PTⅠ级
4	SHA4 SHB4	5%		—		—	

a 确定管道检查等级时尚应符合本规范第4.7条规定。
b 适用于等于或大于DN100的支管连接的受压焊缝。
c 对碳钢和不锈钢不进行MT或PT的检测。

问题处置

监督人员下发《质量问题处理通知书》，要求施工单位对存在的问题按照标准要求重新进行无损检测，待无损检测合格后再进行试压；同时，约谈了施工单位和监理单位项目负责人，要求相关单位要高度重视，认真整改，按照标准要求进行无损检测，确认检测结果合格后再组织试压；监理单位做好问题整改的检查确认。

经验总结

施工单位技术人员应加强相关标准规范的学习，按照标准要求先进行无损检测，待无损检测合格后再进行管线试压；监督人员在监督检查中发现此类问题应立即制止，坚决纠正，并且要通过一个问题整改提升一类管理，坚决避免同类问题的重复出现。

110　焊口割口后未进行无损检测

案例概况

2021 年 10 月，监督人员在对某公司 20×10^4t/a EVA 项目 101-3″ -HS-13122-1FC4-IA5/020 管道试压监督检查时发现：第 3、4、7 号焊缝焊接记录标记为射线检测焊缝，但现场实际焊缝上无射线检测片位标记，随后对底片进行复评，发现底片与实际焊缝特征不符，第 3、4、7 号焊缝实际为压道焊，但底片上无压道焊相关影像。

焊缝上无射线检测片位标记，且该焊缝为压道焊
16 FE 10
101-3HS13122-3
1

问题分析

经检测人员与施工作业人员现场确认，现场焊缝非当时委托检测焊缝，施工单位解释预制时由于选用管道壁厚错误，安装时对原管段进行割除，更换管段焊接后未重新进行委托检测。原管段割除后此前检测的焊缝已不存在，原检测报告也应随之作废，原检测结果不能代表重新焊接后检验批的焊接质量，但施工方却把原报告作为新焊接接头的检测结果进行验收，造成漏检，给工程留下质量隐患。该案例中施工单位管理和作业人员质量意识淡薄，存在侥幸心理。监理人员没有认真履行监理职责，管道试压前未认真对资料和实物进行核实确认。

问题处置

监督人员下发《质量问题处理通知书》，要求施工单位按照规范要求重新检测。如果检测出不合格接头，则按照规范要求进行处理直至合格，并重新进行管道试压。

经验总结

焊接工程是管道安装的重中之重，无损检测是保证焊接质量的必要手段，通过及时检测，及时发现问题并及时纠正焊工操作问题、修正焊接工艺等来保证焊接工程质量，抽样检测结果只代表所在检验批的质量。施工单位管理和作业人员应增强质量意识，监理人员在焊接及无损检测质量控制中应加强管理；监督人员在监督检查中发现此类问题应立即制止，坚决纠正，避免留下质量隐患。

111　加氢裂化装置高压管道根部焊道无损检测缺失

案例概况

2022 年 5 月，监督人员在对某公司加氢裂化装置工艺管道无损检测情况进行监督检查时发现，材质 P22、规格 ϕ457mm×50mm、编号 2401-450-P-112002-3G 的高压管道焊口打底焊后未进行射线检测和磁粉检测，即进行了后续焊接工作，盖面焊工作完成后也未进行射线中心透照检测，对根部未焊透和根部未熔合等缺陷漏检。

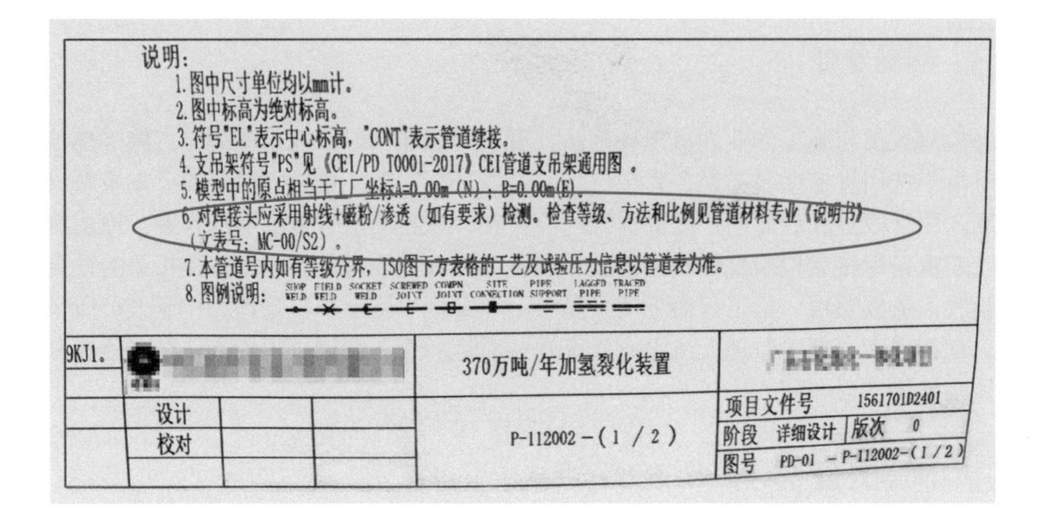

说明：
1.图中尺寸单位均以mm计。
2.图中标高为绝对标高。
3.符号"EL"表示中心标高，"CONT"表示管道续接。
4.支吊架符号"PS"见《CEI/PD T0001-2017》CEI管道支吊架通用图。
5.模型中的原点相当于工厂坐标A=0.00m（N），B=0.00m(E)。
6.对焊接头应采用射线+磁粉/渗透（如有要求）检测。检查等级、方法和比例见管道材料专业《说明书》（文表号：MC-00/S2）。
7.本管道号内如有等级分界，ISO图下方表格的工艺及试验压力信息以管道表为准。
8.图例说明：SHOP WELD　FIELD WELD　SOCKET WELD　SCREWED JOINT　COMPN JOINT　SITE CONNECTION　PIPE SUPPORT　LAGGED PIPE　TRACED PIPE

9KJ1.　370万吨/年加氢裂化装置
设计　校对　P-112002-（1/2）
项目文件号　1561701D2401
阶段　详细设计　版次　0
图号　PD-01 - P-112002-（1/2）

问题分析

加氢裂化装置高压管道根部焊道无损检测缺失，不符合建设单位项目经理部2021年6月12日下发的《四联合高压和特殊材质管道焊接和无损检测研讨会会议纪要》[编号：PPGRP-CPECC（区域三部）-ZTHJY-002]第3条“焊缝无损检测”的要求，也不符合设计文件[图号：PD-01-P-112002-（1/2）]中“关于对接接头应采用射线检测+磁粉检测”的要求。

（1）厚壁管道焊接后焊缝中有残余应力，根部如果有缺陷，在腐蚀介质的作用下形成应力集中点。采用射线中心透照，更利于发现焊缝的根部未熔合或根部未焊透等缺陷。

2）各装置单管图中规定了管道焊接接头的检查等级，具体详见各装置单管图。

3）所有高压管道的焊接接头应进行射线检测，检查等级为Ⅰ级的焊接接头RT检测比例为100%，检查等级为Ⅱ级的焊接接头RT检测比例为20%，检查等级为Ⅲ级的焊接接头RT检测比例为10%，检查等级为Ⅳ级的焊接接头RT检测比例为5%，检查等级为Ⅴ级的焊接接头无需进行RT检测。

4）单管图中承插连接管道的角焊缝采用磁粉或渗透检测，其检测比例根据单管图中的检查等级及管道材料专业《说明书》的规定。

5）对于壁厚较大（>30mm）的高压厚壁管道对接焊缝无损检测，应采用射线中心透照为主的原则，确实因为结构或现场实际情况等无法采用中心透照的，经项目业主及监理现场确认后，采用以下方法组合检测：

（1）公称厚度大于30mm碳钢高压管道，对根部打底完成填充15~20mm厚采用一次射线检测，检测合格后继续焊接，最后附加UT+TOFD+MT检测相结合方法进行检测。

（2）公称厚度大于30mm低合金钢高压管道，打底焊至15~20mm时停止焊接进行一次射线检测+MT检测，停止焊接时需要后热的焊缝，后热处理必须及时和正确进行，必须专人监控。检测合格后，继续焊接至盖面完成，焊接完成后采用UT+TOFD+MT检测，UT检测需要两个检测人员对同一焊缝分别进行检测（应在UT-III级资质人员指导下检测），或者一个UT-III级资质检测人员进行检测。如果发生焊接中断，中断焊接后按规范SH/T3520-2015要求进行200～350℃后热30min缓冷，焊后24h后进行RT+MT检测，检测合格后再进行预热、填充至盖面完成。

（3）公称厚度大于30mm奥氏体不锈钢高压管道对接焊缝检测：

a）预制焊口应采用射线中心透照检测；

b）固定焊口对根部打底完成填充15~20mm厚，采用一次射线检测+PT检测，检测合格后继续焊接，焊接完成后采用UT+PT检测相结合方法进行检测，UT检测需要两个检测人员对同一焊缝分别进行检测（应在UT-III级资质人员指导下检测），或者一个UT-III级资质检测人员进行检测。

（4）焊接接头的UT+TOFD+PT/MT或UT+PT检测的合格等级应为Ⅰ级，RT检测合格等级应为Ⅱ级。

6）在相控阵检测规范实施后，CPECC广东石化项目经理部将组织各单位专家讨论相控阵检测在本项目的应用。

4、中油一建应配备满足需要的焊接质量检查人员，做好焊接工艺过程管控，编制详细的焊接工艺卡，做好技术交底，严控焊接线能量，配备满足需要的测温设备，控制道间温度，并由专人监控测温。

（2）如果确因结构等原因无法采用射线中心透照时，对于厚度大于 30mm 的管道在焊接到 15mm 左右时应采用双臂单影射线检测，消除根部超标缺陷。根焊合格后再进行后续焊接工作，盖面焊接工作完成后采用 TOFD 检测 + 超声波检测 + 磁粉检测。

（3）从质量行为的角度分析，相关责任单位管理人员质量意识不强，对实体质量把控不严，没有严格按照设计图纸进行施工。检测单位和施工单位配合不到位，现场总承包单位、监理单位相关专业未认真履行职责。

问题处置

监督人员下发《质量问题处理通知书》，要求相关责任单位排查该项目类似问题，严格按照设计规定要求逐项进行整改。要求施工单位在高压管道焊口打底焊后由监理单位委托无损检测机构进行射线检测和磁粉检测；在盖面焊工作完成后委托无损检测机构进行 TOFD 检测 + 超声波检测 + 磁粉检测。

经验总结

无损检测工作是对焊缝焊接质量检查的重要手段。监理人员对于特殊材质的焊接以及厚壁的焊接工作要早介入，在现场发现类似问题后，应责令相关单位高度重视，积极反思，认真整改，严格按照设计及施工规范要求施工；监督人员在工作中应注意强化对此类问题的监督检查，避免造成重大质量隐患。

112　已回填消防水管道未进行无损检测

案例概况

2020 年 6 月，监督人员在对某公司污水处理场搬迁及 VOCs 治理项目消防水管道（DN80 PN16）监督检查时发现，消防水管线部分已回填，但未按设计和标准规范要求进行无损检测，无损检测缺失。

问题分析

已回填消防水管道未进行无损检测，不符合 SH/T 3533—2013《石油化工给水排水管道工程施工及验收规范》第 6.2.10 条“设计压力大于 1.0MPa 且小于或等于 1.6MPa 的管道焊接接头无损检测比例不得低于 5%，且不少于一个接头”、第 6.2.11 条“管道焊接接头抽样检查时，检验批应按下列规定执行：a）每批执行周期宜控制在 2 周内；b）焊接接头固定口检测不应少于检测数量的 40%；c）应覆盖施焊的每名焊工（焊工组）”，以及第 8.2.8 条“当同时满足下列条件时，经设计单位或建设单位同意，可先行回填，再进行压力试验。b）所有焊缝按照标准或设计要求无损检测合格”的要求。

依据标准规范要求，无损检测应在焊接后进行，以验证焊接工艺及焊工对焊接工艺的执行情况。该项目焊接接头无损检测缺失，部分管线回填，将导致管道焊接接头检验批抽样检查时，未覆盖施焊的每名焊工、固定口检测比例不足等不确定因素，无法保证施工质量。

问题处置

监督人员下发《质量问题处理通知书》，建设单位、工程总承包单位、监理单位组织相关人员认真核对焊工数量（确认焊工是否进行更换）、焊接记录，按设计要求的检测比例、固定口比例及覆盖焊工等信息，立即进行无损检测委托，并由检测单位完成检测，在发现不合格焊接接头时进行扩检，直至检测合格。

经验总结

无损检测是检查和发现焊接缺陷的一种重要手段，相关责任主体要高度重视，严格按照施工程序及标准规范、设计文件的要求进行施工和检测，避免留下隐患。

Ⅴ 防 腐 绝 热

113　保冷用阻燃玛蹄脂不合格

案例概况

2022年8月，监督人员在某公司化工中间罐区巡监时，发现罐组六区域苯乙烯管道绝热工程施工存在以下问题：

（1）现场使用的阻燃玛蹄脂缺少产品合格证，未履行入场报审报验程序，现场已使用。

（2）阻燃玛蹄脂露天存放，无任何防护措施，包装桶上无生产日期、生产批号、质保期、厂家地址、电话及相应联系方式。

（3）保冷层聚氨酯管壳用阻燃玛蹄脂作密封剂，所有接缝处已涂抹的阻燃玛蹄脂均产生裂缝。

问题分析

保冷用阻燃玛蹄脂不符合 GB 50126—2008《工业设备及管道绝热工程施工规范》第 3.2.1 条“绝热材料及其制品，必须具有产品质量检验报告和出厂合格证，其规格、性能等技术指标应符合相关技术标准及设计文件的规定”、3.2.2 条“绝热材料及其制品到达现场后应对产品的外观、几何尺寸进行抽样检查；当对产品的内在质量有疑义时，应抽样送具有国家认证的检测机构检验”的要求。

施工单位、总承包单位和监理单位对材料的进场检验存在漏洞。阻燃马蹄脂是管道及设备保冷防潮层重要的原材料，按照标准规范要求，原材料入场均应进行报验，并复查相应的合格证、质量证明文件，检查产品标识，但建设单位、监理单位、总承包单位和施工单位未按规定进行检查，导致不合格的产品在施工现场使用，并且产品存在明显的质量问题，给工程质量造成隐患。

问题处置

监督人员下发《质量问题处理通知书》，责令监理单位、总承包单位和施工单位彻底整改。暂停工艺管道保冷防潮层施工，监理组织总承包单位、施工单位对所有使用该产品区域全面排查，做好检查记录，落实检查责任，杜绝此类问题发生。要求施工单位明确整改措施，彻底消除隐患。

施工单位、总承包单位和监理单位高度重视此问题，收到《质量问题处理通知书》后立即组织全面排查；同时，总承包单位组织施工单位制定了整改措施，对不合格的阻燃玛蹄脂做退场处理，并购买质量符合设计要求的阻燃玛蹄脂。

经验总结

施工单位和监理单位人员应提高质量管理意识，对进场原材料严格检查验收，对施工工序重点管控，避免类似问题重复发生。

114 防腐材料产品质量文件引用过期标准

案例概况

2020 年 7 月，监督人员在对某公司柴油罐区隐患改造项目新建柴油储罐防腐监督检查时发现以下问题：

（1）罐内防腐材料环氧富锌耐油导静电底漆、环氧耐油导静电漆合格证，产品质量检验执行标准 GB 50393—2008《钢质石油储罐防腐蚀工程技术规范》，不符合要求，且为废止标准，合格证中无附着力性能指标。

（2）罐外防腐材料环氧富锌耐水耐候性底漆合格证，产品质量检验执行标准 HG/T 3668—2000《富锌底漆》，为废止标准，合格证中无附着力性能指标。

保温材料有限责任公司

产品质量检验合格证

产品名称	环氧富锌耐油导静电底漆		型　号	H07-7	
生产日期	2020 年 04 月 10 日		检验依据	GB50393-2008	
检验日期	2020 年 04 月 10 日		检验类别	出厂检验	
序号	检验项目名称	标准要求	实测结果	试验方法	检验结论
1	在容器中状态	液料，搅拌混合后无块，呈均匀状态；粉料，应呈微小均匀粉末状态。	液料，搅拌混合后无硬块，呈均匀状态；粉料，应呈微小均匀粉末状态。	HG/T3668	合　格
2	施工性	对施工无障碍	对施工无障碍	HG/T3668	合　格
3	干燥时间，h　表干	≤4	4	GB/T1728	合　格
	实干	≤24	24	GB/T1728	合　格
4	涂膜外观	涂膜外观正常	涂膜外观正常	HG/T3668	合　格
5	耐冲击性，cm	≥50	50	GB/T1732	合　格
6	不挥发分，%	≥70	90	GB/T6751	合　格
7	干膜锌含量，%	≥80	80	HG/T3668	合　格
8	耐湿热性，h	1000	1000	GB/T1740	合　格
9	耐盐雾性，h	720	720	GB/T1771	合　格
10	表面电阻，Ω	10[illegible]~10[illegible]	10[illegible]	HG/T16906	合　格
结论	经按《钢质石油储罐防腐蚀工程技术规范》GB50393-2008 标准检验，性能 合格 。（以下空白） 04 月 10 日				

审核：　　检验员：检02

环氧富锌耐油导静电底漆合格证

防腐保温材料有限责任公司

产品质量检验合格证

产品名称	环氧富锌耐水耐候性底漆		型　号	H06-7A
生产日期	2020 年 04 月 10 日		检验依据	HG/T3668-2000
检验日期	2020 年 04 月 10 日		检验类别	出厂检验
序号	检验项目名称	标准要求	实测结果	本项结论
1	在容器中状态	液料，搅拌混合后无硬块，呈均匀状态；粉料，应呈微小均匀粉末状态。	液料，搅拌混合后无硬块，呈均匀状态；粉料，应呈微小均匀粉末状态。	合　格
2	施工性	对施涂无障碍	施涂无障碍	合　格
3	干燥时间 h　表干	≤1	1	合　格
	实干	≤24	24	合　格
4	涂膜外观	涂膜外观正常	涂膜外观正常	合　格
5	耐冲击性，cm	≥50	50	合　格
6	不挥发分，%	≥70	70	合　格
结论	经按 HG/T 3668-2000《富锌底漆》标准检验，理化性能 合格 。（以下空白） 2020 年 04 月 11 日			

审核：　　检验员：检02

环氧富锌耐水耐候性底漆合格证

问题分析

防腐材料产品质量文件不符合 GB/T 50393—2017《钢质石油储罐防腐蚀工程技术标准》及 HG/T 3668—2020《富锌底漆》的要求。

相关人员质量意识差，防腐材料未严格执行验收制度，质量管理人员管理不到位，监理单位监管不到位，材料验收把关不严。

问题处置

监督人员下发《质量问题处理通知书》，要求施工单位更换防腐材料，按设计及规范要求进行检验整改，建设单位、监理单位跟踪整改情况。

经验总结

油品储罐防腐材料事关防腐工程使用寿命及使用安全，防腐材料必须满足产品标准及设计要求，该案例中：

（1）储罐内防腐导静电材料环氧富锌耐油导静电底漆应按 HG/T 3668—2020《富锌底漆》及 HG/T 4569—2013《石油及石油产品储运设备用导静电涂料》标准检验，理化性能应满足产品质量标准并符合 GB/T 50393—2017《钢质石油储罐防腐蚀工程技术标准》及设计要求。

（2）储罐外防腐材料环氧富锌耐水耐候性底漆应按 HG/T 3668—2020《富锌底漆》标准检验，理化性能应满足产品质量标准并符合 GB/T 50393—2017《钢质石油储罐防腐蚀工程技术标准》及设计要求。

115 防腐材料进场验收不到位

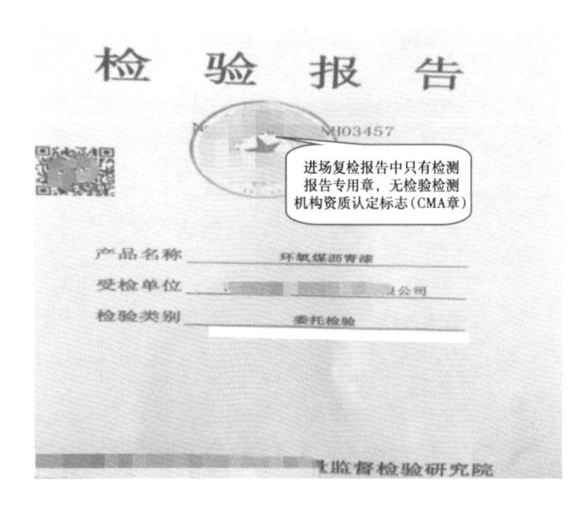

案例概况

2022 年 9 月，监督人员在对某公司给排水安装工程进场材料报验情况监督检查时发现，用于该工程的环氧煤沥青冷缠带、环氧煤沥青涂料进场报审资料中存在以下问题：

（1）环氧煤沥青涂料缺少出厂质量合格证。

（2）供应商提供的第三方检验机构出具的检测报告中没有检验检测机构资质认定标志（CMA 章）。

（3）环氧煤沥青涂料的进场检验项目不齐全，且检验报告没有检验检测机构资质认定标志（CMA 章）。

（4）纤维增强材料进场未抽样检验。

问题分析

防腐材料进场验收不到位，不符合 SY/T 0447—2014《埋地钢质管道环氧煤沥青防腐层技术标准》第 3.4.2 条“涂料供应商应提供安全数据单、产品使用说明书、通过计量认证的第三方检验机构出具的检测报告及质量合格证，否则应拒收”、第 3.4.4 条“抽样检查应在具有计量认证的第三方实验室进行”等相关要求。

工程总承包单位和分包单位对环氧煤沥青涂料的到货验收相关要求不熟悉，对相关质量证明文件未认真核对，对标准不掌握，未按标准要求项目委托第三方实验室检测；监理人员对进场材料的验收标准不熟悉，导致质量证明文件不齐全的原材料进入施工现场。

问题处置

监督人员下发了《质量问题处理通知书》，要求工程总承包单位按照规范要求对环氧煤沥青涂料重新取样，并按标准要求的检验项目委托具备计量认证资质的第三方检验机构检验，并对此类质量问题举一反三；监理单位严格把关，杜绝类似问题发生。

经验总结

原材料质量是保证工程质量的关键环节，是确保工程顺利投用并“安、稳、长、满、优”运行的重要环节。因此，工程总承包单位和施工单位应从采购、进场检验、储存和使用四个环节加强原材料的把控，通过进场验收把不合格材料和证件不齐全材料拒之门外；监理单位对进场材料的使用情况应严格把关，将未经验收或验收不合格的材料清出施工现场。工程总承包单位和施工单位应强化全面质量管理，增强质量意识。监督人员应随机抽查进场材料的验收情况。

116　绝热材料生产、检验标准错用设计标准

案例概况

2022 年 7 月，监督人员对某公司气体火炬线和瓦斯线增上伴热保温项目中使用的保温棉进行到货现场检查。绝热材料供应商提供的憎水复合硅酸盐板，外观质量和尺寸检查均符合要求，但在核查其质检报告及合格证时，发现合格证显示该产品制造和检验标准均为设计标准，而非产品制造标准。

问题分析

绝热材料生产、检验标准不符合 SH/T 3010—2013《石油化工设备和管道绝热工程设计规范》第 1 条“本规范适用于石油化工设备和管道绝热工程的设计”的要求。

生产企业应按照产品制造标准生产产品，而不能把设计标准作为生产、检验产品的依据。该案例保温材料供应商将 SH/T 3010—2013 作为生产标准；同时，委托第三方检验机构为其出具的质检报告，报告显示该产品也是按照 SH/T 3010—2013 标准检验合格的。而 SH/T 3010—2013 标准为《石油化工设备和管道绝热工程设计规范》，该标准仅适用于工程设计，不能作为产品制造标准，更不能作为质量检验依据，应选用 JC/T 990—2006《复合硅酸盐绝热制品》作为产品制造标准。

问题处置

监督人员下发《质量问题处理通知书》，针对此问题，监督站召开了有建设单位、物资采购管理部门、供应商及设计单位参加的专题会议，指出了存在问题的原因，要求设计单位在其设计文件中明确绝热工程施工执行 SH/T 3522—2017《石油化工绝热工程施工技术规程》，绝热工程验收执行 GB 50645—2011《石油化工绝热工程施工质量验收规范》，复合硅酸盐卷毡、管壳质量指标按照 JC/T 990—2006《复合硅酸盐绝热制品》，物资采购管理部也应按相应绝热材料标准进行采购和验收。

经验总结

相关单位应严把原材料进场验收质量关，对原材料质量证明文件仔细审核，强化进场材料的检验验收工作，确保用于工程的原材料质量合格；建设单位物资采购管理部门应加强对供应商考核，加强准入管理。

117 憎水性绝热制品缺少憎水率等主要性能指标

案例概况

2022 年 8 月，监督人员在对某公司气体火炬线和瓦斯线增上伴热保温项目使用的憎水复合硅酸盐管壳进行到货现场检查时发现，绝热材料供应商提供的憎水复合硅酸盐管壳，外观质量和尺寸检查均符合要求，但在核查其质检报告及合格证时，均缺少憎水率等性能指标。

问题分析

憎水性绝热制品的质检报告及合格证不符合 GB 50645—2011《石油化工绝热工程施工质量验收规范》第 4.1.5 条“绝热层材料质量证明文件应提供具有允许使用温度和不燃性、难燃性、可燃性性能检测值。对于保冷材料，还应提供吸水性、吸湿性、憎水性检测值”的要求。

憎水性广义上指制品抵抗环境中水分对其主要性能产生不良影响的能力。憎水性是反映材料耐水渗透的一个性能指标，是以试样经一定流量的水流以规定的方式喷淋后，未透水部分的体积百分率来表示；是利用有机硅化合物与无机硅酸盐材料之间较强的化学亲和力，来有效地改变硅酸盐材料的表面特性，使之达到憎水效果；试验方法采用 GB/T

10299—2011《绝热材料憎水性试验方法》。本次检查出的材料生产供应商对于憎水复合硅酸盐材料质检报告只显示检验项目为尺寸偏差、密度、导热系数、质量含湿率、加热永久线变化、压缩回弹率和最高使用温度 7 个指标，而缺少憎水率、燃烧性、pH 值等指标，型式检验未按要求覆盖该产品的全部性能指标，缺乏权威性，尤其对于憎水性管壳更不应缺少憎水率指标。

问题处置

监督人员下发了《质量问题处理通知书》，召开了有建设单位、物资采购管理部门、供应商参加的专题会，分析了存在问题的原因，要求生产商严格按《公司保温材料框架招标要求》和本次会议纪要对该批材料进行更换。建设单位物采部门更换了符合规范要求的绝热材料。

经验总结

建设单位物资采购部门应加强质量管理，学习绝热材料相关专业知识，在合同中明确质量要求，严格进货物资质量验收；监督人员在绝热材料入场验收中，应重点关注材料主要技术指标，确保入场材料质量合格。

118　奥氏体不锈钢设备保温未分层和复验

案例概况

2020 年 10 月，在某公司项目检查中，施工单位已完成碱洗液储罐 SR-301 设备保温施工工作，监督人员监督检查中发现如下问题：

（1）设备设计保温层厚度 100mm，施工单位采用厚 100mm 岩棉板单层施工。

（2）保温层拼缝宽度大于 5mm。

（3）设备材质为奥氏体不锈钢，未提供绝热材料中可溶出氯离子、氟离子、硅酸盐离子及钠离子含量的检测报告。

问题分析

设备保温层层数、拼缝宽度不符合 GB/T 50185—2019《工业设备及管道绝热工程施工质量验收标准》第 6.1.2 条“当采用一种绝热制品，绝热层厚度大于 80mm 时，绝热层施工应分层错缝进行，各层的厚度应接近”、第 6.1.5 条“保温层拼缝宽度不得大于 5mm”及 GB 50645—2011《石油化工绝热工程施工质量验收规范》第 4.1.6 条“绝热材料及其制品的化学性能应稳定，对金属不得有腐蚀作用。当用在奥氏体不锈钢设备、管道上时，绝热材料中可溶出氯离子、氟离子、硅酸盐离子及钠离子的含量应符合现行国家标准 GB/T 17393《覆盖奥氏体不锈钢用绝热材料规范》的有关规定”的要求。

绝热层分层施工，由于施工中错缝、压缝，使通过缝隙向外散失的热量或外部水汽通过绝热材料缝隙向内渗透的路线受到阻碍，从而达到节能效果。拼缝宽度的规定，主要是为了减少通过拼缝的散热损失，规范将其列为主控项目。

问题处置

监督人员下发《质量问题处理通知书》，要求对进场绝热材料进行复验，检测氯离子、氟离子、硅酸盐离子及钠离子的含量并出具检测报告；要求施工单位选用 δ=50mm 保温材料（δ 为保温材料的厚度），分两层按照规范要求重新施工，建设单位跟踪整改情况，并复查验收关闭。

经验总结

施工单位技术人员应加强相关标准的学习，严格执行标准规范；监理人员应加强监管，履职要到位；监督人员在对不锈钢材质的设备、管道保温施工监督检查时，应予以重视。

119 设备绝热层施工不规范

案例概况

2022 年 8 月，监督人员在对某公司 20×10^4t/a EVA 项目冲洗溶剂罐 101-D-1350 的保冷工程安装施工质量进行监督检查时发现如下问题：

（1）保冷材料泡沫玻璃靠近设备表面层未涂抹耐磨剂。

（2）施工时，保冷层未留伸缩缝，且同层未错缝，上下层压缝宽度未超过 100mm。

（3）保冷层接缝处未做严缝处理。

问题分析

设备绝热层施工不符合 GB 50126—2008《工业设备及管道绝热工程施工规范》第 5.3.13 条中当采用泡沫玻璃制品进行绝热施工时，应先在制品靠金属面侧涂抹耐磨剂，或将耐磨剂直接涂在金属面上，待耐磨剂固化后再进行安装的要求，以及第 5.1.5 条“绝热层施工时，同层应错缝，上下层应压缝，其搭接的长度不宜小于 100mm”、第 5.1.8 条“绝热层各层表面均应做严缝处理”的要求。

设备保冷层不按规范施工，降低了设备的保冷效率，导致生产能耗增加；如封闭不严，会使空气产生对流，环境中含有水蒸气的空气在绝热层遇冷析出凝结，绝热层长期含水，加速绝热材料的腐烂。

问题处置

监督人员下发了《质量问题处理通知书》，要求施工单位对存在的问题按照规范要求进行整改，消除质量隐患；并以书面形式上报整改结果，经监督人员复核后方可投入使用。

经验总结

施工管理人员应重视质量管理，认真学习相关标准规范，做好技术交底，严格落实过程管控和质量“三检制”；监理人员应加强监管，认真履行相应职责；监督人员在现场检查中要重视此类问题，发现此类问题应立即制止，督促监理单位和施工单位学习规范认真整改。

120　地管防腐厂质量管理混乱

案例概况

2021 年 3 月，监督人员在对某公司地管防腐厂监督检查时发现防腐厂质量管理混乱，无法保证地管防腐质量。

（1）除锈质量标准低。检查发现准备喷涂作业的管子待喷涂表面均存在成片明显锈迹，达不到设计规定的 Sa2.5 除锈等级要求。

（2）成品保护管理差。防腐管相互之间普遍未垫隔离物，部分防腐管直接放置在砂石地面，无支垫；抓管机无保护措施，直接使用抓斗移动防腐管。

（3）防腐管产品标志管理不规范，追溯信息不全。产品标志中厂家、生产日期信息缺失，未移植钢管标志信息；部分防腐管无产品标志。

破损的防腐管已装车出场

除锈质量不合格

抓斗无防护移动防腐管

成品随意放置，无保护措施

（4）成品出厂质量检查缺失，不合格品直接出厂。检查发现一批已装车准备出厂成品防腐管，防腐层多处严重破损，甚至撕裂；同时，产品标志缺失。

（5）3PE 防腐工艺指标错误。DN500mm 以上防腐管工艺规程和工艺卡中环氧粉末层厚度为 120μm，标准应为 150μm。

（6）喷涂前检验项目不全，未检验表面灰尘度及盐分含量。

（7）不能提供正在使用的胶黏剂、聚乙烯专用料、环氧涂料等防腐材料的复检报告。

问题分析

地管防腐厂质量管理不符合 GB/T 23257—2017《埋地钢质管道聚乙烯防腐层》第 5.2.1.3 条“每种牌（型）号的环氧粉末涂料、胶粘剂以及聚乙烯专用料，在使用前均应由通过国家计量认证的检验机构，按 5.2 规定的相应性能项目进行检测。性能检测结果达到本标准规定要求的材料方可使用”、第 6.1 条 a）款中“除锈质量应达到 GB/T 8923.1 中规定的 Sa2.5 级要求，锚纹深度达到 50~90μm”、第 6.1 条 b）款中“钢管表面的灰尘度应不低于 GB/T 18570.3 规定的 2 级”、第 6.1 条 c）款“抛（喷）射除锈后的钢管应按 GB/T 18570.9 规定的方法或其他适宜的方法检测钢管表面的盐分含量，钢管表面的盐分不应超过 20mg/m^2。如果钢管表面盐分含量超过 20mg/m^2，应采用适宜的方法处理至合格”、第 6.1 条 d）款“钢管表面处理后应防止钢管表面受潮、生锈或二次污染。表面处理后的钢管最迟应在 4h 内进行涂敷，超过 4h 或当出现返锈或表面污染时，应重新进行表面处理”、第 8.1 条“检验合格的防腐管应在距管端约 400mm 处标有产品标志。产品标志应包括：防腐层结构、防腐层类型、防腐等级、执行标准、制造厂名（代号）、生产日期等，并将钢管标志信息移置到防腐层表面”、第 8.2 条“挤压聚乙烯防腐管的吊装，应采用尼龙吊带或其他不损坏防腐层的吊具”及第 8.3 条“堆放时，防腐管底部应采用两道（或以上）支垫垫起，支垫间距为 4~8m，支垫最小宽度为 100mm，防腐管离地面不应少于 100mm，支垫与防腐管之间以及防腐管相互之间应垫上柔性隔离物。运输时，宜使用尼龙带等捆绑固定，装车过程中应避免硬物混入管垛”的要求。

防腐厂质量管理意识淡薄，对标准规范执行不严格，质量管控缺失，工序验收流于形式，只抓进度忽视质量；工程总承包单位以包代管，缺乏对防腐厂的监督管理；监理单位履职不到位，对问题视而不见，没有有效监管措施。

问题处置

监督人员下发了《质量问题处理通知书》，在检查总结会上进行了通报，对监理单位、总承包单位和防腐厂存在的问题进行了剖析，对质量管理失控进行了批评并要求停工整改，要求建设单位组织各方进行整改，确保管道防腐质量受控。建设单位组织监理单位、总承包单位和防腐厂进行了整改。

经验总结

管道工厂化防腐是一项提高管道防腐质量和进度的有效手段，各方应强化管道工厂化防腐的验收管理，明确管理职责，强化验收流程，加强试生产验收和过程监督检查，定期对管道工厂化防腐质量管控情况进行抽查，杜绝不合格产品出厂，为高质量的管道安装工程打好基础。

121　锅炉绝热层施工未错层未复验

案例概况

2021 年 7 月，监督人员在对某公司 15×10^4t/a 乙烯装置 F108 废热锅炉隐患治理项目绝热施工质量监督检查中发现以下问题：

（1）急冷锅炉 E-0801D 罐绝热层厚度 150mm，采用厚 50mm 岩棉板三层施工，第二、第三层上下层未压缝，重叠在一起施工。

（2）保温层部分拼缝宽度大于 5mm。

（3）三层施工，第二、第三层未分别捆绑。

（4）未提供绝热材料质量证明文件及现场抽样的性能检测报告。

绝热接缝间隙超标、未分层施工

问题分析

锅炉绝热层施工不符合 GB/T 50185—2019《工业设备及管道绝热工程施工质量验收标准》第 6.1.5 条“1 保温层拼缝宽度不得大于 5mm，保冷层拼缝宽度不得大于 2mm；2 同层应错缝，上、下层应压缝，搭接长度应大于 100mm”的要求。

绝热材料未提供质量证明文件及现场抽样的性能检测报告，不符合 GB 50645—2011《石油化工绝热工程施工质量验收规范》第 4.1.1 条“绝热材料及其制品必须具有质量证明文件，并应符合产品标准和设计文件规定”和第 4.1.2 条“绝热材料及其制品的导热系数、密度、温度适用范围应符合现行国家标准规定或行业标准规定，并应满足设计文件要求”的要求。

问题处置

监督人员下发《质量问题处理通知书》，责令相关单位整改，要求施工单位按照规范要求进行整改，建设单位跟踪整改情况，并复查验收关闭。

经验总结

工程建设各方责任主体应对类似问题引起足够的重视，增强质量意识，严格执行标准规范；施工单位应加强技术交底，认真落实“三检制”；监理人员监管应到位，避免此类问题重复发生。

122　保冷管托随意施工，安装质量失控

案例概况

2022 年 6 月，监督人员对某公司乙烯装置冷分离区正在施工的工艺管道绝热质量进行巡监，发现存在以下问题：

（1）现场已安装的保冷管线管托（型号 S060、S063）聚氨酯管壳防潮层仅在管口外露处进行防潮处理，保护层隐蔽覆盖部位均未进行防潮处理，未按设计要求施工。

（2）一处 S063 型号的保冷管托限位挡环尺寸错误，挡环外缘与聚氨酯管壳外缘平齐，远大于管架图册尺寸要求，挡环处无法有效绝热，形成冷桥。

（3）部分管托金属保护层接缝未顺水搭接，存在逆水搭接现象。

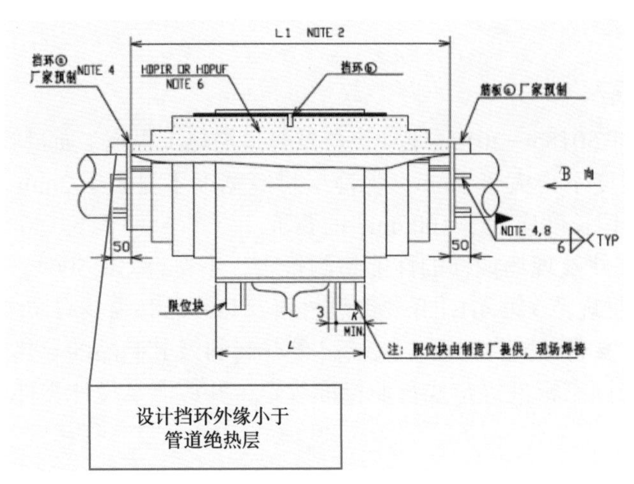

防潮层缺失，金属保护层下搭上，不能防水

6. 防潮层需要包覆在 HDPIR 或 HDPUF 外侧，需现场密封，如使用铝箔密封，铝箔重叠处用自黏合胶带黏合，且上层与下层至少重合50mm，防潮层与保冷层环向/轴向错缝至少25mm。

设计要求保冷层外侧需包覆防潮层

问题分析

保冷管托随意施工，不符合设计采用的标准图集 HQTS-PS-0009-01-2016-059、HQTS-PS-0009-01-2016-063 所列的 S060、S063 管托结构形式和相关技术要求。

监理单位、总承包单位对保冷管托材料进场验收不到位，保冷管托的防潮层、端面结构及止推挡环尺寸不符合设计要求。施工人员对保冷管托设计结构不熟悉，未掌握此类管托安装技术要求，施工过程随意，无法保证管道保冷质量。

问题处置

监督人员下发《质量问题处理通知书》，要求施工单位强化质量意识，规范绝热施工过程管控，监理单位、总承包单位加强现场监管，监理单位组织对同类问题进行排查，确保保冷施工质量满足设计和标准规范要求。监理单位组织总承包单位、施工单位对不合格的保冷管托进行更换，完善防潮层，对质量问题进行整改。

经验总结

监理单位、工程总承包单位应强化施工人员的技术培训，强化相关人员识图能力，严肃工艺纪律考核，确保现场按图施工；施工单位应重视技术交底，严格按照标准图集要求做好管道保冷施工。

123 S60 保冷管道用管托随意施工

案例概况

2022 年 9 月，监督人员在某公司苯乙烯装置冷冻机厂房区域巡监时，发现保冷管道用管托（型号：S060 系列）安装存在如下问题：

（1）现场安装的管托结构顺序错误，标准图集中结构为：保冷层外侧依次为防潮层、金属保护层和最外层的 3mm 橡胶垫，现场结构最外层是金属保护层，3mm 橡胶垫安装在金属保护层内侧。

（2）安装过程对防潮层保护不到位，铝箔防潮层损坏严重；保冷层拼缝处防潮层未按标准图集要求处理。

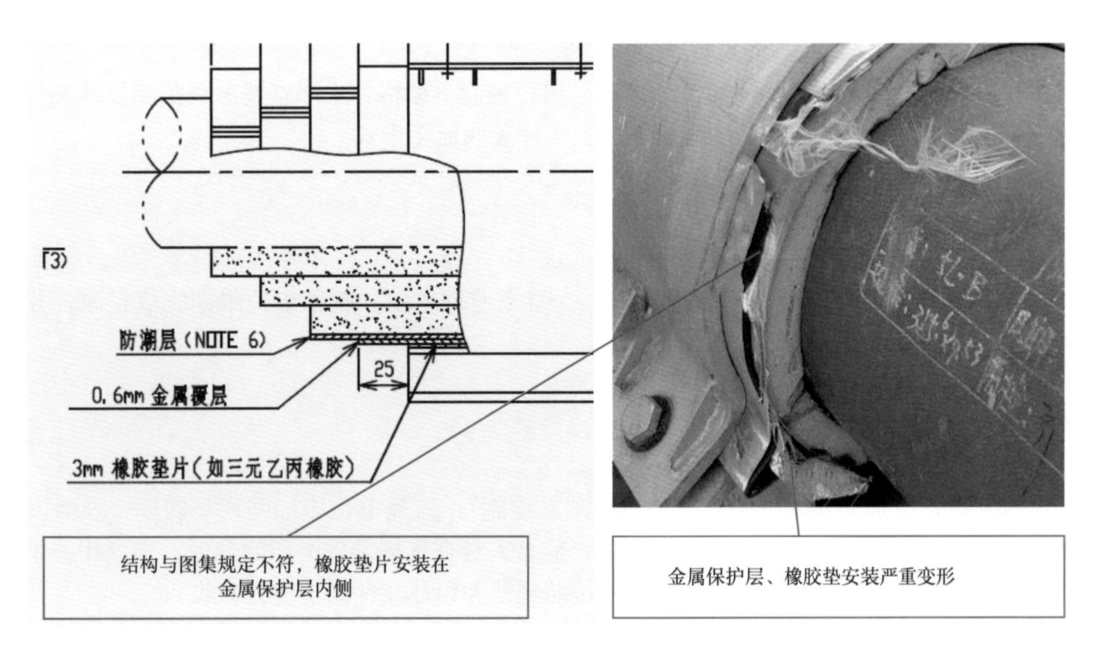

(3)部分管托拼装结构松散，管道和保冷层之间间隙较大，低温弹性黏合剂失效；保冷层间拼缝间隙较大，缝隙之间未使用弹性玻璃纤维填充；保护层和橡胶垫在管托螺栓连接处严重变形。

(4)一处管托保冷层端面损坏严重，未进行修复，已安装并进行保护层隐蔽。

保冷层破损严重，拼缝处防潮层未处理

结构松散，保冷层拼缝未处理；防潮层损坏

问题分析

S60 保冷管道用管托施工不符合图号为 HQTS-PS-0009-01-2016-060 的 S060 滑动管托（用于保冷管线）设计图纸的具体要求。

相关责任单位管理人员质量意识淡薄，过程控制不严格，未严格按照规范和设计文件要求组织施工。现场监理人员未履行职责，工序验收流于形式。

问题处置

监督人员下发《质量问题处理通知书》，责令监理单位、施工单位限期完成整改，并将整改情况书面上报项目监督部。

经验总结

施工单位应加强技术交底，认真落实“三检制”；监理单位应加强现场履职，及时发现不符合设计文件和规范要求的质量问题；监督人员在现场发现类似问题后，责令相关单位认真检查、认真反思，高度重视，严格按照规范和设计文件要求进行验收。

124　管道内防腐层大面积脱落

案例概况

2022 年 8 月，某公司 60×10^{4}t/a ABS 及其配套项目 DN400mm 污染雨水管线内防腐层施工，监督人员发现已完成的防腐层出现大面积脱落现象，防腐层与管材内壁完全剥离。

管线内防腐层脱落

问题分析

管道内防腐层大面积脱落，不符合 SY/T 0457—2019《钢质管道液体环氧涂料内防腐技术规范》第 5.1.2 条 1 款“逐根检测钢管内表面处理后的除锈等级”、第 5.1.5 条“每班次宜用同等条件下喷涂的钢试片涂层进行附着力和固化实验”、第 5.2.2 条“应目测或采用内窥镜逐根检查防腐层外观，防腐层应平整、色泽均匀，无气泡、无流挂、无漏涂、无划痕等缺陷”的要求。

设计文件要求内防腐前按照 GB/T 8923.1—2011《涂覆涂料前钢材表面处理　表面清洁度的目视评定　第 1 部分：未涂覆过的钢材表面和全面清除原有涂层后的钢材表面的锈蚀等级和处理等级》做喷砂除锈，标准等级达到 Sa2.5 级。通过现场防腐层脱落情况及管材内壁情况观察，漆膜与基底间已出现返锈现象，是除锈不彻底所致。因此，在除锈过程中，施工单位工序间确认不到位，未达到要求的除锈标准即进入下道工序。

问题处置

监督人员下发了《质量问题处理通知书》，要求现场彻底排查带有内防腐层的管材，确认防腐层情况，将存在问题的管材返工重做。

经验总结

施工单位应加强质量保证体系建设，认真开展施工作业前技术交底，严格落实过程质量控制“三检制”，强化工序间检查确认，上道工序未经检查不得进行下道工序；监理单位应加强现场履职，及时发现施工过程中的质量问题；监督人员在监督检查中发现此类问题应立即制止，坚决纠正。

125 管沟内管道未设置防潮层

案例概况

2022 年 9 月，监督人员对某公司电脱盐反洗水除油治理项目进行巡查，发现三条穿越道路管沟的管线（100-OW-1007、80-OW-1001/4.80-OW-1001）保温间距不符合标准要求；实际施工时安装完保温层，直接缠绕玻璃丝布后恢复管沟盖板完成施工。

设计文件 PD02-DW-5 技术说明中没有明确管沟内管道保温应设计防潮层，施工方案中也未对管沟内管道保温施工提出要求，建设单位、监理单位、施工单位在审核施工方案时未发现该问题，均确认签字，未认真审核。

问题分析

管沟内管道未设置防潮层，不符合 SH/T 3010—2013《石油化工设备和管道绝热工程设计规范》第 8.1.1 条“保温结构可由保温层和保护层组成。对于埋地设备和管道的保温结构应增设防潮层。对于管沟内管道的保温结构宜增设防潮层”、GB 50126—2008《工业设备及管道绝热工程施工规范》第 6.1.1 条“设备或管道的保冷层和敷设在地沟内管道的保温层，其外表面均应设置防潮层。防潮层应采用粘贴、包缠、涂抹或涂膜等结构”的要求。施工单位技术管理人员不负责任，未能掌握管沟内保温管的规范要求，在审核方案中没有认真审核。监理对管沟内保温管未采取巡视、旁站的监理手段，未及时发现管沟内保温管施工不符合标准规范要求。

问题处置

监督人员下发了《质量问题处理通知书》，责令对以上问题进行整改，联系设计单位进行设计变更，增加防潮层设计，调整管线保温间距。防潮层施工完成后隐蔽前履行报验手续，经检查确认合格后方可隐蔽。

经验总结

设计单位应加强规范学习，减少设计缺漏；参建方应加强管道绝热工程相关标准规范学习，提高质量意识，重视施工方案编审，认真履职，杜绝此类质量隐患；监督人员在监督检查中发现此类问题立即制止，避免遗留质量隐患。

126　埋地管道防腐层未验收擅自隐蔽

案例概况

2020 年 10 月，监督人员在对某公司外排废水减排及回收利用项目监督检查时发现，臭氧制备间、生物滤池设备间北侧的消防水管线 200-QBA-WFF 的 33 道焊口，臭氧制备间北侧的新水线 150-IW-050102-QBA-N 的 11 道焊口，焊口防腐层补口、管体防腐层补伤未经监理检查验收，施工单位就已擅自回填。

问题分析

埋地管道防腐层未验收擅自隐蔽，违反了《中国石油天然气集团公司工程建设项目质量管理规定》（中油质〔2012〕331号）第35条“隐蔽工程等关键工序质量未经监理工程师签字认可，施工单位不得进行下一道工序的施工”的规定。

（1）施工单位现场负责人对质量管理不够重视，施工人员质量意识淡薄，工作责任心不强，未严格按照验收程序要求对补口、补伤活动进行控制。

（2）现场监理人员责任心不强、监管力度不够，未对埋地管道擅自回填质量行为做出处理，致使此问题未能解决，给工程质量留下隐患。

问题处置

监督人员下发《质量问题处理通知书》，责令施工单位严格执行标准规范，清理回填层重新报监理单位验收。

经验总结

施工单位应建立健全质量保证体系，加强质量自身管控能力，严格执行隐蔽工程验收制度，未经监理工程师签字认可，不得进行下一道工序的施工；现场监理人员应增强责任心，增强质量意识，严格执行监理规范，防止此类问题再次发生。

127　埋地管线防腐破损未处理直接回填

案例概况

2020年6月，某公司船燃生产设施改造项目施工，监督人员在现场检查时发现，新安装埋地管线防腐层完好，但是原有埋地消防水管线防腐层在新管线开沟及安装过程中造成的破损没有采取修补措施就直接回填，为消防水管线的长周期运行埋下了质量隐患。

问题分析

埋地管线防腐破损未处理直接回填，不符合 SH/T 3533—2013《石油化工给水排水管道工程施工及验收规范》第 6.3.6.4 条“防腐管道的堆放、吊装、运输、安装、回填土作业不得损坏防腐层”、第 6.3.7.2 条“外观质量用目测方法检查，逐根进行。表面应平整，搭接均匀，无气泡、皱褶、流坠、破损等缺陷”的要求。

该案例中新安装管道防腐层无破损现象，但是原有管道在回填前破损严重，施工单位未对破损部位进行修补就直接回填，对在用管线留下质量隐患。

问题处置

监督人员下发《质量问题处理通知书》，要求其协调土建、安装两家施工单位对存在的问题按照标准进行整改，整改完成并验收合格前不得恢复管沟回填作业；同时，对已经回填的管道要重新开挖找到破损部位一并进行防腐修补处理。

经验总结

建设单位、监理单位和工程总承包单位管理人员在现场发现该类质量问题时应提前界定好责任，要求责任单位提前整改，避免类似问题发生。

128 钢结构防火施工工序验收缺失

案例概况

2022 年 7 月，监督人员在对某公司产品油气回收设施产品码头现场进行监督检查时，发现存在以下问题：

（1）钢结构除锈设计说明要求除锈等级为 St3 级，底漆两道，每道厚度 35μm，中间漆一道，厚度 100μm，但施工检查资料中未能显示除锈等级、防腐涂层施工内容及检查确认的记录。

（2）结构设计说明第九条要求耐火极限不小于 2h，涂刷微膨胀型防火涂料。现场提供的室外膨胀型钢结构防火涂料检验报告（编号为 FG0202629-2020）中的防火涂料生产日期为 2020-04-18；现场使用的防火涂料生产日期为 2022-03-02，该检验报告不能反映现场使用的防火材料是否为合格产品；施工单位送检的第三方出具的检验报告（编号为 ZDH2022-00006）中的“检验项目”未做耐火极限 2h 试验，不能反映材

料的耐火性能。

（3）参考室外膨胀型钢结构防火涂料检验报告（编号为 FG0202629-2020）中耐火性能（实测涂层厚度为 3.1mm，耐火性能试验时间 2.00h，结论为合格）的数据结论，现场对钢结构防火涂层进行实测，2.5m 及以下抽查 12 点，40% 点数达不到 3.1mm，实测最小值为 1.262mm；2.5m 以上抽查 6 点，涂层厚度均低于 1.5mm，实测最小值为 1.08mm。

问题分析

钢结构防火施工工序验收缺失，不符合 SH 3137—2013《石油化工钢结构防火保护技术规范》中第 6.1.2 条“钢结构防火保护材料应有产品质量证明文件和使用说明书，并应选择经国家检测机构检测合格的不腐蚀钢材的钢结构防火涂料或其他不燃烧性隔热材料”、第 6.3.1 条“钢结构用防火涂料保护时，其厚度可按照对钢结构不同构件耐火极限的要求，根据耐火试验数据选定相应的保护层厚度”的要求。

（1）监理、总承包、施工等单位质量意识淡薄，质量管理松懈，对钢结构防火施工的管理不到位，工序验收流于形式，施工过程未按设计、产品检验报告中的相关要求组织自检。

（2）施工单位的材料管理不受控，导致防火材料进场未按钢结构防火标准规范中相关条文及建设单位施工管理规定进行有效管控。

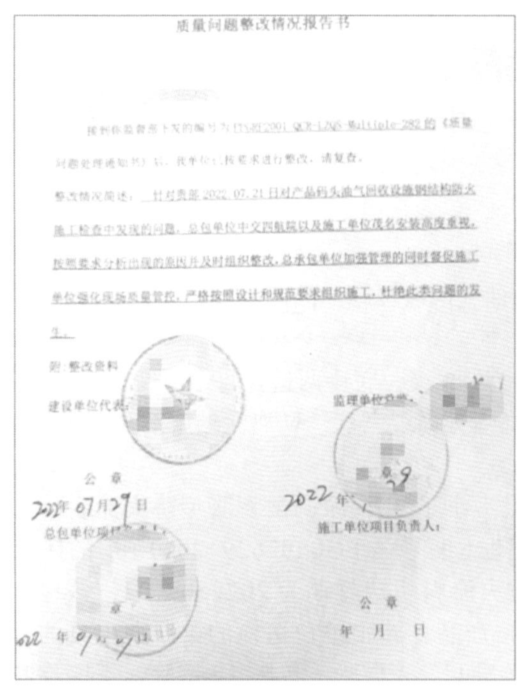

质量问题整改情况报告书

接到[illegible]下发的编号为[illegible]的《质量问题处理通知书》后，我单位已按要求进行整改，请复查。

整改情况简述：针对贵部 2022.07.21 日对产品码头油气回收设施钢结构防火施工检查中发现的问题，总包单位中交四航院以及施工单位茂名安装高度重视，按照要求分析出现的原因并及时组织整改，总承包单位加强管理的同时督促施工单位强化现场质量管控，严格按照设计和规范要求组织施工，杜绝此类问题的发生。

附：整改资料

建设单位代表：　　　　监理单位总监：

公章　2022年07月29日

总包单位项目[illegible]　　　　施工单位项目负责人：

公章　年　月　日

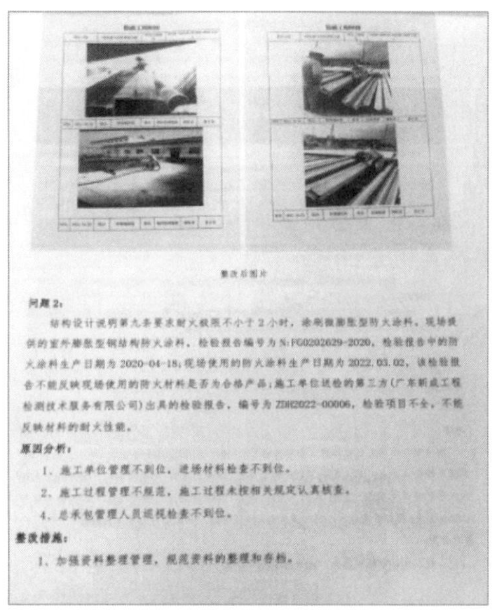

整改后图片

问题2：

结构设计说明第九条要求耐火极限不小于2小时，涂刷膨胀型防火涂料，现场提供的室外膨胀型钢结构防火涂料，检验报告编号为N:FG0202629-2020，检验报告中的防火涂料生产日期为2020-04-18；现场使用的防火涂料生产日期为2022.03.02，该检验报告不能反映现场使用的防火材料是否为合格产品；施工单位送检的第三方（广东新成工程检测技术服务有限公司）出具的检验报告，编号为ZDH2022-00006，检验项目不全，不能反映材料的耐火性能。

原因分析：

1. 施工单位管理不到位，进场材料检查不到位。
2. 施工过程管理不规范，施工过程未按相关规定认真核查。
4. 总承包管理人员巡视检查不到位。

整改措施：

1. 加强资料整理管理，规范资料的整理和存档。

（3）使用不合格产品，施工中又未按设计给定的钢结构防火施工厚度相关要求控制，无法保证防火材料的质量，会造成达不到钢结构耐火极限 2h 要求，导致钢结构防火质量存在安全隐患。

问题处置

监督人员下发《质量问题处理通知书》，要求组织整改，并要求监理单位和施工单位制定整改方案，提出整改措施，并认真组织整改，在整改过程的每个环节进行检查确认。施工单位整改完毕后提交整改报告书。

经验总结

各责任主体单位应建立健全质量保证体系，做好材料的管控工作；施工单位应加强技术交底，严格执行“三检制”，确保施工过程质量控制符合标准规范及设计图中的技术相关要求；监理单位应加强日常检查及平行检验力度，发现质量问题及时组织整改，确保施工质量受控。

129　防火涂料施工前未进行隐蔽工程验收

案例概况

2021 年 6 月，监督人员在对某公司 100×10^4t/a 连续重整装置构架报监检查时发现，构架未经报监检查合格即开始防火涂料施工，并且有未焊接完成的焊道已经被防火涂料覆盖。

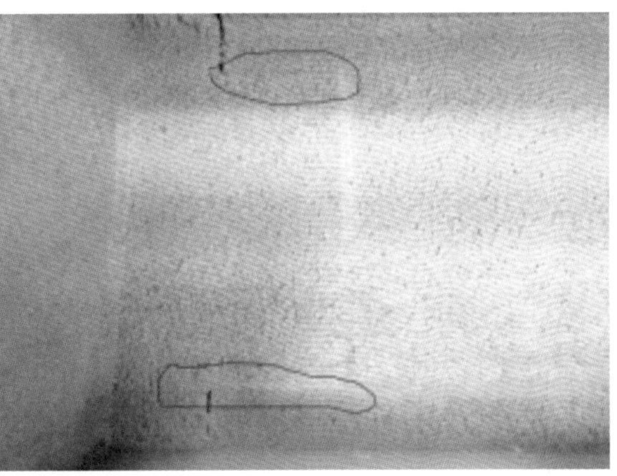

问题分析

防火涂料施工前未进行隐蔽工程验收，不符合 GB 50205—2020《钢结构工程施工质量验收标准》第 13.1.3 条“钢结构防火涂料涂装工程应在钢结构安装分项工程检验批和钢结构防腐涂装检验批的施工质量验收合格后进行”的要求。

（1）该案例中分包单位未经报验检查合格就开始防火施工，导致漏焊处被防火涂料覆盖造成漏检，严重影响结构安全。

（2）从施工管理的角度分析，产生上述问题的主要原因是施工人员为抢工期及避免窝工，急于施工。

（3）从质量行为的角度分析，主要是施工单位管理人员质量意识不强，过程控制不严格，未制定有效的质量问题预防和纠正措施并贯彻落实。

（4）现场监理人员未认真履行职责，监理巡监流于形式。

问题处置

监督人员下达《质量问题处理通知书》，要求施工单位立即停止防火涂料施工，重新自检，自检合格并按程序报监理验收，验收合格进行下道工序施工。

经验总结

钢结构焊接工程是钢结构工程的重点监控质检点，如有漏焊直接影响结构安全。因此，施工单位应加强技术交底，严禁牺牲质量抢工期，认真落实“三检制”；监理单位应加强现场履职，严格进行质量验收，及时发现不符合设计文件及规范要求的质量问题；监督人员在现场发现类似问题后，首先要求施工单位停止施工，然后要求相关责任主体按照规定进行自检，自检合格后报验，通过后方可进行下道工序施工，在工作中应注重工序交接的监督，避免遗留质量隐患。

130　钢梯防腐施工中间漆漏涂

案例概况

2022 年 7 月，监督人员检查某公司库区防火堤楼梯标准化项目钢梯防腐情况，发现梯梁、扶手等各处漆膜厚度仅为 120μm 左右，且施工现场油漆仅有底漆和面漆，无中间漆。

问题分析

钢梯防腐施工中间漆漏涂，不符合设计文件“钢构件表面刷环氧富锌底漆二道，最小漆膜厚度 70μm，环氧云铁中间漆一道，最小漆膜厚度 70μm，丙烯酸聚氨酯面漆三道，最小漆膜厚度 100μm，总漆膜厚度 240μm”的要求。施工单位技术质量人员对相关标准规范和施工图纸掌握不细致，理所当然地认为本次施工无中间漆，即未购买中间漆，导致先施工部分钢结构未使用中间漆。

问题处置

监督人员下发《质量问题处理通知书》，要求施工单位按施工图纸规范要求立即整改。

经验总结

选择适当的防腐涂料种类和厚度，对保护的底材是至关重要的。只有按照施工规范要求涂刷，达到设计要求的涂层厚度，才能起到相应的防腐作用。施工单位应加强设计图纸研读，开展技术交底；监理单位应加强过程管控。

Ⅵ 电气仪表安装

131　接地装置热熔焊严重质量缺陷

案例概况

2021 年 3 月，监督人员对某公司 1# 低温甲醇洗装置接地装置安装进行监督检查时发现，经施工单位自检合格、监理验收的两条接地网主干线热熔焊接 29 处接头，其中 9 处存在接头处断裂、导体未完全熔合、焊接损伤母材等问题，抽查合格率仅为 69%。

问题分析

接地装置热熔焊存在严重质量缺陷，不符合 GB 50169—2016《电气装置安装工程　接地装置施工及验收规范》第 4.3.5 条“接地极（线）的连接工艺采用放热焊接时，其焊接接头应符合下列规定：1 被连接的导体截面应完全包裹在接头内；2 接头的表面应平滑；3 被连接的导体接头表面应完全熔合；4 接头应无贯穿性的气孔”的要求。接地装置施工多数属于隐蔽工程，焊接部位连接不可靠，无法满足接地网长时间运行时热稳定和机械强度的要求，很多安全事故均由接地不可靠导致。因此，接地装置的焊接质量一定要引起高度重视。分析质量问题产生的主要原因是：

（1）施工前模具内部未清洁，药粉配制不合理。此外，模具和接地体之间如果有缝隙，会导致熔焊过程中的金属液体外流，进而造成焊点不够饱满。

（2）施工作业人员质量意识淡薄，施工单位对接地装置施工过程质量管理与控制措施缺失。

（3）监理单位对施工过程重要工序监管不到位。

问题处置

监督人员下发《质量问题处理通知书》，要求施工单位对装置区所有已安装的接地装置进行全面检查，对不符合规范要求的焊接接头进行返工处理。施工单位对所有接地焊接接头全部检查确认，不合格的焊接接头切割后重新热熔焊接，确保了接地的可靠性。

经验总结

施工单位应加强岗前培训和技术交底，严格落实“三检制”；监理单位应加强现场履职，关键部位及隐蔽工程应加强旁站监理；监督机构应加强关键部位监督检查，及时发现隐蔽工程质量问题。

132　接地装置引下线圆钢搭接焊接不合规

案例概况

2020 年 4 月，监督人员对某项目 110kV 变电所监督检查时发现，该项目 110kV 室外及 10kV 电缆支架敷设的接地网存在部分圆钢搭接长度不够、焊接采用点焊和单面施焊的问题。

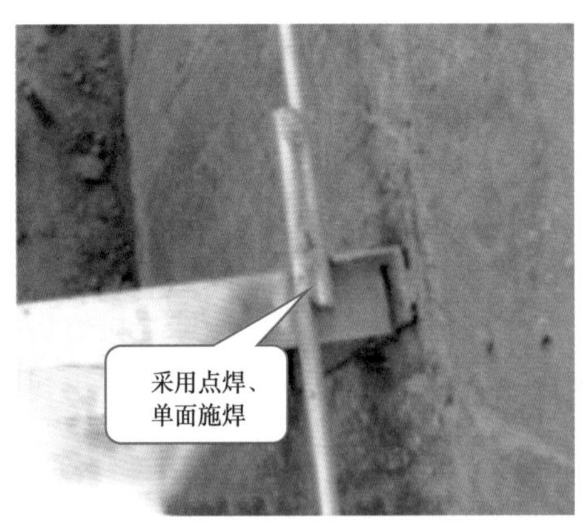

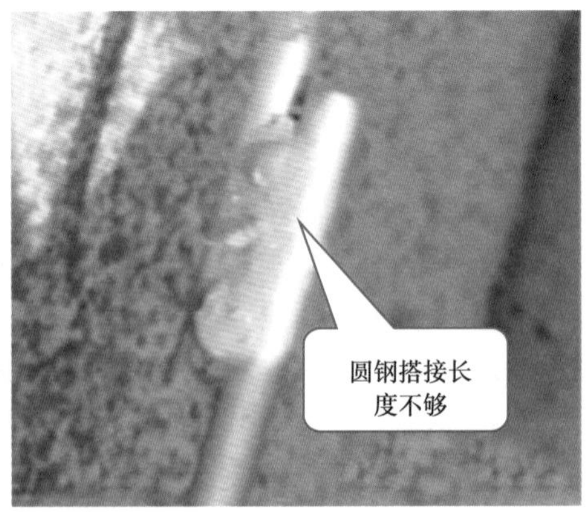

问题分析

圆钢搭接长度不够，不符合 GB 50169—2016《电气装置安装工程　接地装置施工及验收规范》第 4.3.4 条中接地线、接地极采用电弧焊连接时应采用搭接焊缝，圆钢的搭接长度应为其直径的 6 倍的要求。

焊接采用点焊和单面施焊，不符合 SY/T 4206—2007《石油天然气建设工程施工质量验收规范　电气工程》第 24.3.2.3 条中“圆钢搭接应双面施焊，扁钢搭接应至少三面施焊”的要求。

正确的接地连接方式是保证接地网有效性的关键环节，焊接不良不仅会带来安全隐患，而且会加速接地网接头部位的腐蚀，从而影响设备的安全平稳运行，给工程质量留下隐患。产生问题的主要原因是：

（1）施工单位质量管理人员责任心不强，接地网施工技术交底不彻底，导致接地网存在部分圆钢搭接长度不够、焊接采用点焊和单面施焊的问题，并且“三检制”执行不到位，对于存在的问题未及时发现整改。

（2）监理单位未按照规范要求进行施工质量的验收，专业监理工程师质量意识淡薄，现场监管不严，没有及时发现问题并提出整改意见。

问题处置

监督人员对该质量问题及时下发《质量问题处理通知书》，要求施工单位对接地网不合格施焊部位重新施焊，对搭接长度不足部位割除重新施焊，对整个接地网的接地电阻进行测试，接地电阻值应符合设计文件规定，整改完成经监理单位确认合格后，将整改情况以《质量问题整改情况报告书》形式书面上报项目监督机构。

经验总结

施工单位应加强技术交底，严格按照设计文件和规范要求施工，认真落实“三检制”；监理单位应加强现场履职，按规范要求进行施工质量验收审查；监督人员应加强对电缆桥架接地质量现场监督检查。

133　接地隐蔽工程未报监　接地模块损坏

案例概况

2021 年 4 月，监督人员在对某公司聚苯乙烯 GPPS 单元扩能改造项目监督检查时发现：

（1）接地裸铜线以及 10 个接地模块已埋设隐蔽，监理人员未及时报监。

（2）库房查验接地模块 18 个，其中 8 个模块已经横向开裂，监理人员在进场材料报验时未发现接地模块破损。

问题分析

接地隐蔽工程未及时报监，接地模块损坏，不符合 Q/SY 25002—2019《石油天然气建设工程质量监督管理规范》附录 D 工程质量监督计划书“监理单位应提前 1 天向项目监督部报监”、Q/SY 06522—2020《炼油化工建设工程监理规范》第 7.2.9 条“专业监理工程师应审查、确认承包单位报送的拟用于工程的材料、构配件和设备的质量证明文件，并按相关规定、建设工程监理合同约定，对进场的实物进行见证取样、平行检验，并应及时记录”的要求。

电气专业监理工程师配备不足，对工程进度把控不严，已经隐蔽的接地工程未及时报监。监理人员已经对材料进场报审签字，但并未对进场接地材料进行检查，监理单位未认真履行监理职责，使不合格材料进场并使用。

问题处置

监督人员下发《质量问题处理通知书》，要求监理单位监督施工单位对已损坏的接地模块进行更换；要求监理单位严格按照监督计划对质监点进行报监，加强对专业监理工程师的管理。

经验总结

施工单位应加强进场材料检验；监理单位应配备满足项目实际需要的电气专业监理工程师，并认真履行施工材料进场验收职责；监督人员应加强巡监频次和力度，加强对监理行为的监督，保证工程质量。

134　变压器本体接地安装不符合要求

案例概况

2022 年 1 月，监督人员在对某公司合成洗涤厂重包装膜生产设施项目变压器安装质监点监督检查时发现，两台 S11-M-2000/10 变压器本体分别只有一点接地，且与其他电气装置串联接地。

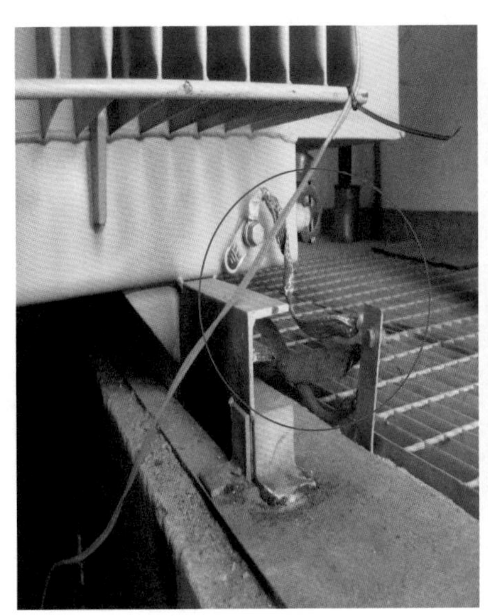

问题分析

电力变压器本体接地安装不符合 GB 50148—2010《电气装置安装工程　电力变压器、油浸电抗器、互感器施工及验收规范》第 4.12.1 条“5 变压器本体应两点接地”、GB 50169—2016《电气装置安装工程　接地装置施工及验收规范》第 4.2.9 条“电气装置的接地必须单独与接地母线或接地网相连接，严禁在一条接地线中串接两个及两个以上需要接地的电气装置”的要求。

施工单位技术交底不到位，施工作业人员未能按照施工验收规范要求施工。监理单位、工程总承包单位、施工单位质量保证体系未有效运行，各级质量管理人员履职不到位，对施工工序检查不认真。

问题处置

监督人员下发《质量问题处理通知书》，责令施工单位对上述问题进行整改，并对质量行为进行追溯；要求监理单位、工程总承包单位相关人员加强现场检查，对整改情况进行检查确认，整改完成后报监督机构复查。

经验总结

电力变压器作为重要的电气设备，是电气安装工程施工的关键点，变压器安装质量的好坏直接影响到后期设备的受电运行。接地安装是变压器安装的一部分，在检查中应重点核对设计图纸，确保其安装符合设计和标准规范要求。施工单位应加强技术交底，严格执行“三检制”；监理单位应加强现场履职，认真按规范验收。

135 电气配管及接地安装不符合规范

案例概况

2022 年 3 月，监督人员在某公司石化项目总变电所工程监督检查时发现：

（1）二楼现场施工的照明保护管（镀锌钢管）存在对口熔焊连接现象。

（2）接地扁钢穿入二楼楼板未加保护管，一楼接地母排及室外防雷接地连接的接地扁钢搭接面积不够。

（3）高压配电室已就位的高压柜基础型钢未做两点接地处理。

问题分析

电气配管及接地安装不符合 GB 50303—2015《建筑电气工程施工质量验收规范》第 12.1.2 条“钢导管不得采用对口熔焊连接”、GB 50169—2016《电气装置安装工程　接地装置施工及验收规范》第 4.2.3 条“接地线穿过已有建（构）筑物处，应加装钢管或其他坚固的保护套”及第 4.2.10 条“6　成列安装盘、柜的基础型钢和成列开关柜的接地母线，应有明显且不少于两点的可靠接地”的要求。

各质量责任主体单位质量管理水平下降，监理单位、工程总承包单位专业人员履职不到位，现场检查不认真，施工单位技术交底不细致，作业人员未掌握标准规范相关要求。

问题处置

监督人员下发《质量问题处理通知书》，责令监理单位督促施工单位进行整改；将对口熔焊的保护管进行割除，采用螺纹连接；接地搭接面积不足的增加连接螺栓；高压柜基础型钢增加接地线，与接地主干线连接。

经验总结

施工单位应按照电气相关标准规范要求施工，加强技术交底，落实施工过程“三检制”；监理单位应加强现场履职，严格按照规范验收；监督人员应加大对施工单位的巡监次数，加强对监理单位人员质量行为的监督，督促监理人员履职到位。

136　电气装置接地串联不符合规范

案例概况

2020 年 5 月，监督人员对某公司重整催化剂生产线技术升级改造工程接地装置监督检查时发现，位号为 P-2102A 的浆化液输送泵电动机设备接地串联；电动机与操作柱的两条接地线为 -25mm×4mm 镀锌扁钢，出地坪用钢管分别保护，预留两个接引设备的断接卡；两条接地线汇入同一条 -40mm×4mm 的镀锌扁钢，最后与接地网连接。

问题分析

电气装置接地串联，不符合 GB 50169—2016《电气装置安装工程　接地装置施工及验收规范》第 4.2.9 条“电气装置的接地必须单独与接地母线或接地网相连接，严禁在一条接地线中串接两个及两个以上需要接地的电气装置”的要求。

接地装置的主要作用是为确保电气设备正常运行，防止人身遭受电击、设备和线路遭到损坏，预防火灾和防止雷击等危害。产生问题的主要原因是：

施工作业人员对施工规范理解和掌握不准确，施工单位内部“三检制”执行不到位，起不到专业把关作用。电气专业监理工程师、工程总承包单位专业工程师质量验收流于形式，未及时发现存在的质量问题。

问题处置

监督人员下发《质量问题处理通知书》，责令相关单位进行整改，并对质量行为进行追溯，施工单位按照整改要求重新敷设接地线，同时举一反三，对存在的相同问题进行排查整改。

经验总结

施工单位应加强技术交底，严格执行“三检制”；施工中应避免接地线串接的情况出现；各方质量责任主体应认真履职，对电气安装的各个基础环节做好管控，杜绝走形式、走过场式验收检查。

137　钢制电缆支架未敷设接地线

案例概况

2020 年 8 月，监督人员对某公司催化剂项目污水处理设施蒸汽机械再压缩（MVR）单元电缆敷设进行监督检查时发现，低压配电室电缆沟内已敷设电缆，电缆沟内钢制电缆支架上未敷设保护接地线。

问题分析

钢制电缆支架未接地，不符合 GB 50169—2016《电气装置安装工程　接地装置施工及验收规范》第 3.0.4 条中电气装置的金属电缆桥架、支架和井架均必须接地的要求，以及 GB 50168—2018《电气装置安装工程　电缆线路施工及验收标准》第 5.2.10 条“金属电缆支架、桥架及竖井全长均必须有可靠的接地”的要求。

施工人员未严格按照施工规范施工，施工单位对现场施工质量管理严重失控，事前不交底、过程不控制、结果不验收，施工质量“三检制”执行流于形式。监理单位现场没有派驻电气专业监理工程师，由其他专业监理人员代替，对电气安装施工过程及重要工序和重点部位的施工质量管控不到位。

问题处置

监督人员下发《质量问题处理通知书》，要求监理单位督促施工单位严格按照电气施工及验收规范进行整改，经监理单位确认验收后再进行下道工序施工，并将整改情况书面报项目监督机构。

经验总结

施工单位应加强技术交底、过程控制，严格执行“三检制”；监理单位作为质量监管和验收单位，应配备齐全专业监理工程师，履行监理职责。电缆沟安装完成电缆支架后，应先完成接地线敷设，再进行电缆敷设，避免发生接地线漏装的情况；否则，将会对电气运行埋下安全隐患。

138　电缆敷设违反标准规范要求

案例概况

2022 年 3 月，监督人员对某公司渣油罐区改造项目进行现场监督检查时发现，现场泵房仪表箱安装在采暖散热器上方，电缆敷设不符合设计图纸和标准规范要求。

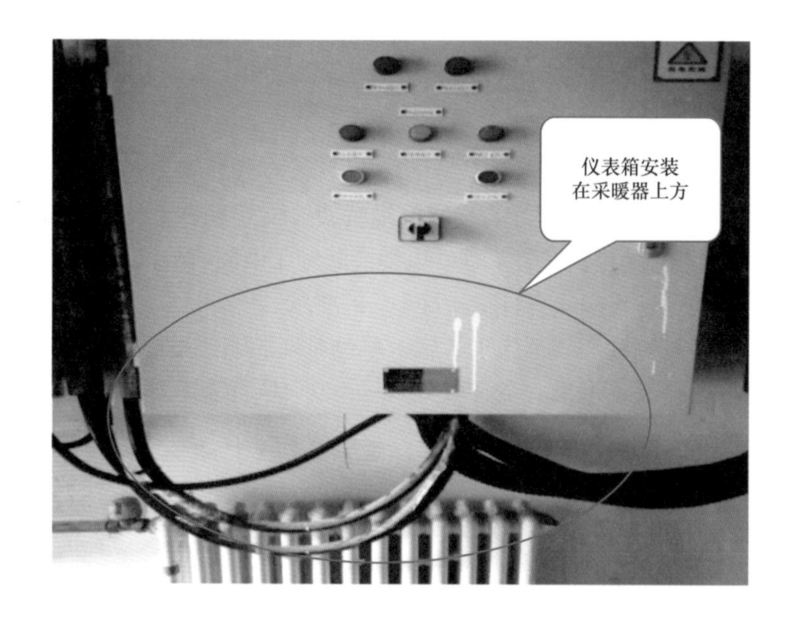

问题分析

电缆敷设不符合 GB 50168—2018《电气装置安装工程　电缆线路施工及验收规范》第 6.4.4 条“电缆与热力管道、热力设备之间的净距，平行时不应小于 1m，交叉时不应小于 0.5m，当受条件限制时，应采取隔热保护措施”及“电缆不得平行敷设于热力设备和热力管道的上部”的要求。该问题主要是由于施工前技术交底不细，作业人员工作经验不足，质量检查人员检查不及时造成。

问题处置

监督人员下发《质量问题处理通知书》，要求施工单位按设计图纸及规范要求进行整改。施工单位已按要求距离位置重新安装，检查合格。

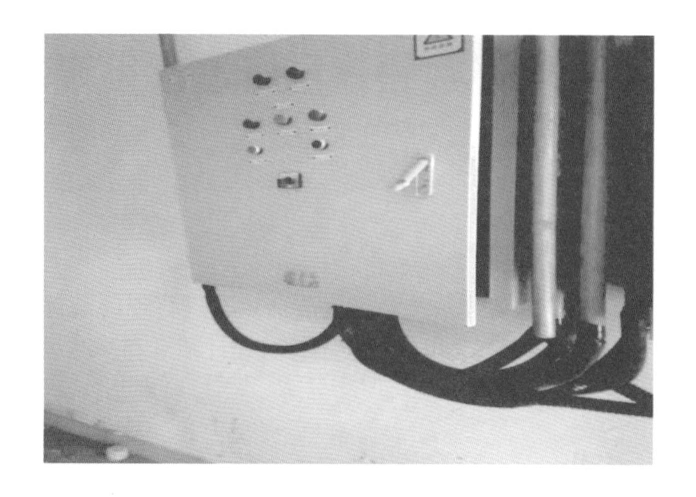

经验总结

施工单位操作人员上岗前要做好培训工作和技术交底，专职质量检查人员工作要负责到位，应重视查看图纸，避免遗留质量隐患。

139　电缆桥架镀锌层质量不合格

案例概况

2021 年 4 月，监督人员在对某公司乙烷制乙烯工程电缆桥架安装监督检查时发现，进场的电缆桥架热浸锌锌层分布不均匀，部分锌层脱落生锈，局部未镀锌直径达 2mm 以上，桥架侧板存在毛刺等缺陷。

3.6.3　热浸镀锌防腐层的技术指标，应符合表 3.6.3 的规定。

表 3.6.3　热浸镀锌防腐层技术指标

镀锌厚度（附着量）平均值	托盘、梯架（单面）	≥65μm（460g/m²）
	螺栓及杆件	≥54μm（382g/m²）
锌层附着力	划线、划格法或锤击法试验，锌层不应剥离、不凸起	
锌层均匀性	硫酸铜试验 4 次不应露铁	
外观	锌层表面应均匀，无毛刺、过烧、挂灰、伤痕、局部未镀锌（直径 2mm 以上）等缺陷，不应有影响安装的锌瘤，螺纹的镀层应光滑，螺栓连接件应能拧入	

注：1　螺栓及弹性部件采用渗锌工艺；

2　采用工厂化热镀锌板时，镀层厚度应符合现行国家标准《连续热镀锌钢板及钢带》GB/T 2518 中 Z600 的规定。

问题分析

电缆桥架镀锌层质量不符合 T/CECS 31—2017《钢制电缆桥架工程技术规程》第 3.6.3 条“热浸镀锌防腐层的技术指标，应符合表 3.6.3 的规定”的要求。

工程总承包单位对采购的电缆桥架质量把关不到位，材料进场未按程序组织验收。施工单位在施工前对用于工程的材料未进行自检验收。监理单位未认真履行监理职责，电缆桥架进场验收无平行检验记录。

问题处置

监督人员下发《质量问题处理通知书》，要求施工单位对已安装的桥架进行检查，对存在相同质量问题的桥架进行拆除；要求工程总承包单位对桥架的质量问题进行追查，如整批质量有问题进行退货处理；约谈监理单位及施工单位质量经理，要求加强对专业监理工程师及施工专业人员的管理，认真开展平行检验，并做好检验记录。

经验总结

施工单位质量管理体系应有效运转，重视现场电缆桥架施工质量管理，严格执行设计文件及施工验收规范；监理单位专业监理工程师应认真履行职责，对进场物资开展平行检验，严把质量验收关。

140　电气埋地保护管直接熔焊连接质量隐患

案例概况

2022 年 5 月，监督人员在对某公司酸性水汽提装置、硫磺回收装置电缆保护管敷设监督检查时发现，压缩机组、油站电气埋地保护管敷设采用对焊连接的方式，未使用合适规格的套管焊接连接，破坏保护管镀锌层，焊接密封不严等问题。

问题分析

电气埋地保护管直接熔焊连接，不符合 GB 50168—2018《电气装置安装工程　电缆线路施工及验收标准》第 5.1.7 条“2 金属电缆管不应直接对焊，应采用螺纹接头连接或套管密封焊接方式；连接时应两管口对准、连接牢固、密封良好；螺纹接头或套管的长度不应小于电缆管外径的 2.2 倍”的要求。

（1）现场采用同径保护管割口焊接的方式连接，既加大了连接焊接难度、破坏镀锌层，又不能保证保护管连接部位的密封性。

（2）从质量行为的角度分析，主要是施工单位施工人员对标准规范不熟悉，质量意识不强，未按照标准规范施工。埋地保护管设计选用镀锌材料，理由是抗锈蚀性好、使用寿命长。施工中不应破坏镀锌保护层，保护层不仅是外表面，还包括内壁表面，如果焊接用熔焊法，则必然会破坏内、外表面的镀锌保护层。

（3）从技术角度分析，镀锌保护管熔焊不仅会产生烧穿、内部结瘤。穿线缆时损坏绝缘层，还会使埋入混凝土中的保护管渗入浆水导致堵塞。

问题处置

监督人员下发《质量问题处理通知书》，要求施工单位将熔焊连接的电气保护管全部切除，严格按照电气相关标准规范和设计要求进行整改，使用合适规格的套管进行焊接连接，做到密封良好；监理单位加强对隐蔽工程的监管，将不符合标准规范和设计要求的问题作为后期施工的检查重点严格把关。

施工单位对保护管熔焊对焊连接处进行切除，切割处补上防锈漆，并重新采用合适的套管进行焊接连接。

经验总结

电气保护管埋地属于隐蔽工程，若埋地保护管焊接方式选用不当，会造成防腐层破损，虽然初期对电气安全运行的影响不易被发现，但长时间运行后保护管从熔焊部位腐蚀破损，对电气电缆造成腐蚀后影响电气设备的安全和装置的平稳运行，应引起检查、验收人员的注意和重视。

141　防爆设备安装不符合规范

案例概况

2020 年 10 月，监督人员在对某公司乙烷制乙烯项目电气安装工程监督检查时发现：

（1）抽查 5 台防爆照明箱，其中 2 台出线电缆松动，电缆用手可来回抽动，格兰头密封未起到密封作用；现场所有的防爆配电箱多余的格兰头均无防爆堵头，不能起到防爆作用。

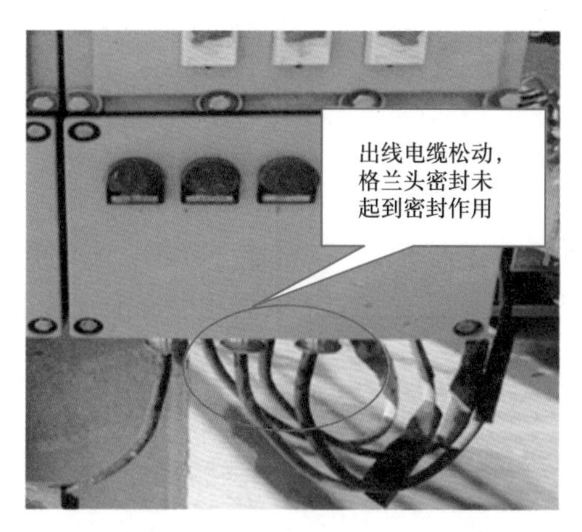

（2）二氧化碳压缩机控制柜隔离密封头内未填充水凝性粉剂密封填料，达不到防火防爆要求。

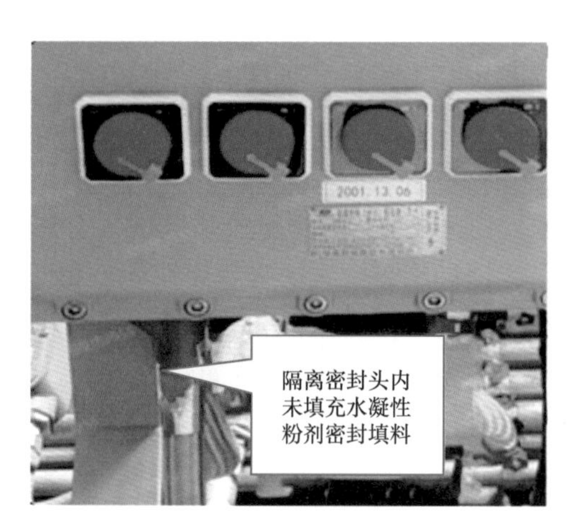

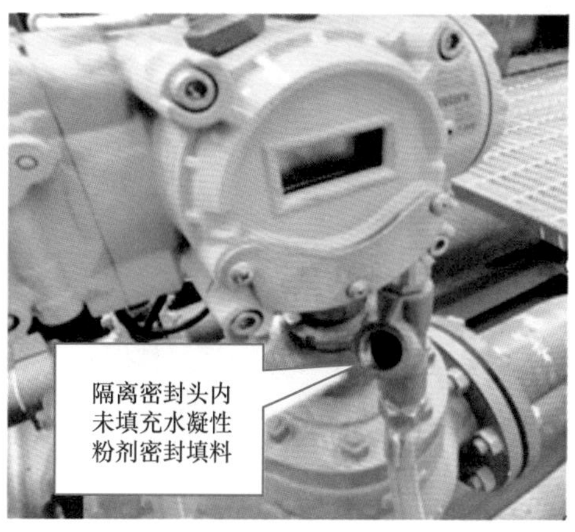

问题分析

防爆设备安装不符合 GB 50257—2014《电气装置安装工程　爆炸和火灾危险环境　电气装置施工及验收规范》第 4.1.4 条“多余的进线口其弹性密封圈和金属垫片、封堵件等应齐全，且安装紧固，密封良好”和第 5.3.5 条“4 密封件内应填充水凝性粉剂密封填料”的要求。

施工单位施工前未对施工人员进行技术交底，未按规范进行防爆封堵。监理单位未认真履行监理职责，未对该工序进行检查。

问题处置

监督人员下发《质量问题处理通知书》，要求施工单位对接线箱、控制柜等防爆密封情况进行排查，举一反三，按照爆炸和火灾危险环境装置进行电气设备安装。对现场使用了隔离密封头进行连接的防爆控制箱、防爆照明箱逐一检查，打开隔离密封件查看是否填充了水凝性粉剂密封填料，保证防爆满足现场防爆区域要求。

经验总结

施工单位应重视工程现场施工质量，认真进行技术交底，严格执行爆炸和火灾危险环境装置标准规范要求；监理单位专业监理工程师应增强责任心，掌握相关标准规范要求，严把质量验收关。

142　防爆电气设备进场验收环节存在漏洞

案例概况

2022 年 7 月，监督人员在对某公司产品码头监督检查时发现：

（1）按照设计图纸爆炸危险区域划分图，产品码头 2# 辅助平台管廊区为爆炸性环境 2 区，在 2# 辅助平台管廊区已安装的通信箱无防爆标识，经核验该设备为非防爆电气设备。

（2）监督人员对该通信箱进场设备报验和保证资料核查，发现施工单位未进行设备进场报验，且未提供相应的产品合格证等质量证明文件。

问题分析

防爆电气设备进场验收环节不符合 GB/T 3836.15—2017《爆炸性环境　第 15 部分：电气装置的设计、选型和安装》第 4.3.2 条“除了在本质安全电路中按 GB 3836.4—2010 和 GB/T 3836.18—2017 标准规定，允许使用的简单设备之外，没有防爆合格证的设备不允许用于爆炸危险场所”、GB 50257—2014《电气装置安装工程　爆炸和火灾危险环境　电气装置施工及验收规范》第 3.0.3 条“采用的设备和器材，应有合格证件。设备应有铭牌，防爆电气设备应有防爆标志”的要求。

此外，也违反了《中国石油天然气集团公司工程建设项目质量管理规定》（中油质〔2012〕331 号）第三十四条“建设单位应要求施工单位严格按照施工图设计文件、标准规范和合同约定，对原材料、构配件和设备质量进行检验，经监理工程师确认合格后，方可在工程建设项目中安装使用”的规定。

电气防爆设备属于装置重要、关键电气设备，按照标准规范要求，电气防爆设备进场均应进行报验，并复查防爆合格证等质量证明文件，检查设备铭牌中防爆标识。施工单位、工程总承包单位、监理单位和建设单位对设备的进场检验存在漏洞，未按规定进行检查，导致非防爆电气设备用到爆炸危险区域。

问题处置

监督人员下发《质量问题处理通知书》，责令责任单位进行整改；暂停电气设备安装作业，监理单位组织工程总承包单位、施工单位对所有产品码头爆炸性环境内的防爆设备进行全面排查，做好检查记录；要求施工单位制订整改方案，明确整改措施，认真组织整改，彻底消除隐患。

经验总结

施工单位和监理单位人员应增强质量意识，做好设备到货检验和验收工作，防止不符合防爆要求的电气设备安装在工程上。

143　电动机防爆等级不符合粉尘防爆要求

案例概况

2022 年 5 月，监督人员对某公司硫磺回收装置巡监时发现，在粉尘爆炸危险环境 22 区造粒机厂房内安装的 5.5kW 真空泵电动机，设计规定的防爆等级不低于 ExtDA21T130℃；电动机铭牌显示其防爆等级为 Exd Ⅱ BT4Gb，适合气体防爆场所，不适合粉尘防爆场所。该电动机不符合粉尘防爆环境使用要求。

问题分析

电动机防爆等级不符合粉尘爆炸危险环境设计要求。造粒及包装厂房为粉尘防爆场所，该电动机防爆形式不符合设计规定。

供货单位技术管理人员质量意识不强，过程控制不严格。作为设备验收方的物资采购部门和监理单位、施工单位人员，在设备入场验收时没有及时发现设备不符合粉尘防爆场所要求，未认真履职。

问题处置

监督人员下发《质量问题处理通知书》，要求包装机厂家协调电动机供应商，更换适合粉尘防爆场所的防爆电动机。经监理单位确认合格后，报项目监督部复查。

经验总结

石油化工企业的多数场所是防爆场所，各场所的防爆要求不同，物资采购单位应按设计文件要求采购设备；施工单位、监理单位和建设单位应加强设备进场验收，在检查中应仔细核对设备铭牌，确认设备是否符合安装场所的防爆要求，防止此类问题再次发生。

144　电气设备防爆等级错误

案例概况

2022 年 8 月，监督人员对在某公司硫磺回收装置造粒机厂房监督检查时发现，卷帘门电源采用防爆标志为 Exde Ⅱ BT6Gd 的防爆配电箱，该防爆标识选用错误，与设计采用的防爆等级不低于 ExtDA21T130℃ 的要求不符。

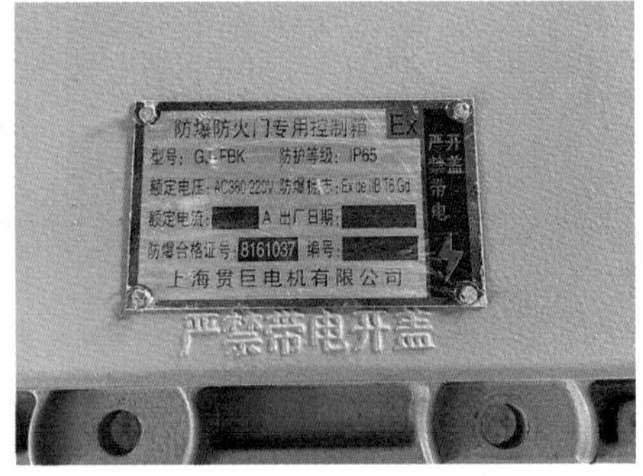

问题分析

电气设备防爆等级不符合 GB 50257—2014《电气装置安装工程 爆炸和火灾危险环境 电气装置施工及验收规范》第 3.0.9 条“防爆电气设备的类型、级别、组别、环境条件以及特殊标志等，应符合设计要求”的要求。该配电箱适合气体防爆场所，而造粒机厂房为可燃粉尘防爆场所，设计要求该场所电气元件防爆等级不低于 ExtDA21T130℃，现场使用的防爆配电箱的防爆等级、型号、组别均与设计不符。匹配错误的防爆型号很可能造成防爆效能丧失，导致事故发生。该问题产生的主要原因如下：

（1）供货单位对可燃性粉尘爆炸危险环境的相关规范标准缺乏了解，对所需求电气设备的质量和防爆效能的相关标准不掌握，未按设计文件选型。

（2）建设单位、监理单位在设备入场验收时不能及时发现设备不符合粉尘防爆场所要求，设备进场验收不到位。

问题处置

质量监督机构下发《质量问题处理通知书》，要求暂停该项电气安装施工，将设备更换为适合该防爆场所的防爆控制箱，经监理单位验收合格后，将处理结果以《质量问题整改情况报告书》的形式报送质量监督机构。

经验总结

建设单位应加强对不同场所防爆产品的验收检查，不得擅自对应用于不同场所的防爆电气设备进行替代；监理单位、施工单位应在设备入场验收时严格把关，认真核对图纸及相关规定，避免造成错误替代；监督人员应对防爆区域内的电气设备型号的匹配严格检查，发现类似问题立即纠正。

145 防爆控制箱面板开孔密封不合格

案例概况

2022 年 8 月，监督人员对某工程监督检查时发现，“无热源感应电加热毯”设备主机防爆箱面板上安装的多个操作、指示设备，采用透明有机玻璃对防爆控制箱面板上的开孔进行封堵，使用两个螺栓对温控表进行固定，铭牌上标明的防爆等级（EXd Ⅱ BT4Gb）与箱体实际质量明显不符，且提供的产品质量证明文件中缺少防爆合格证、型式试验检验报告等重要资料。

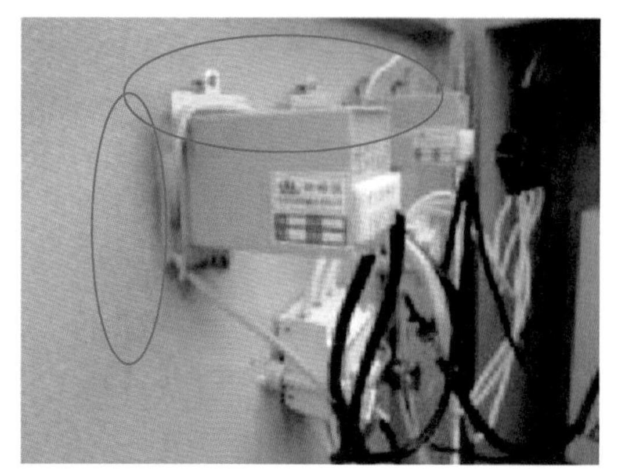

问题分析

防爆控制箱面板开孔密封不符合 GB/T 50257—2014《电气装置安装工程 爆炸和火灾危险环境 电气装置施工及验收规范》第 3.0.9 条“防爆电气设备的类型、级别、组别、环境条件以及特殊标志等，应符合设计要求”、GB/T 50430—2017《工程建设施工企业质量管理规范》第 8.3.1 条“项目部应对进场的工程材料、构配件和设备进行验收，并保存适宜的验收记录。验收的过程、记录和标识应符合相关要求。未经验收或验收不合格的工程材料、构配件和设备，不得用于工程施工”的要求。

该问题产生的主要原因如下：

（1）施工单位对该型号设备入场检查验收不严格，对重要质量证明文件的收集检查不到位。

（2）监理单位对施工单位设备入场报审程序控制不严格，未认真核实进场防爆等级明显与设计不符的防爆设备；监理人员现场管理不到位，在设备安装环节未进行检查、处理，导致出现了质量安全隐患。

问题处置

质量监督机构下发《质量问题处理通知书》，约谈施工单位项目负责人，要求施工单位停止该设备的后续施工及送电调试，待厂家对设备的防爆问题整改完成、达到规范及设计的防爆要求、监理人员验收合格后，将整改结果以《质量问题整改情况报告书》的形式报送质量监督机构。

经验总结

施工单位应严抓材料设备进场质量验收，切实检查进场设备质量证明材料的内容与设备本体是否相符；监理单位应强化对进场报验材料设备的检查、验收，及时发现材料设备隐患，防止不合格防爆配电箱在工程中使用；监督人员应加强对防爆设备本体的检查，及时发现不符合防爆要求的产品质量问题，避免留下质量隐患。

146 EPS 消防专用应急电源柜存在质量问题

案例概况

2021 年 9 月，监督人员在对某公司 3.5×10^4t/a 特种丁腈橡胶项目 EPS 消防专用应急电源柜监督检查时发现：

（1）EPS 消防专用应急电源柜中，电池巡检仪、双电源切换装置型号与技术附件不符，未安装浪涌保护器，柜内接线与随柜原理图不一致。

（2）变电所内 EPS 消防专用应急电源柜箱体变形；接线端子没有相应序号且未标明其回路编号。

（3）EPS 消防专用应急电源柜质量证明文件中检验报告申请厂家与铭牌厂家不符。

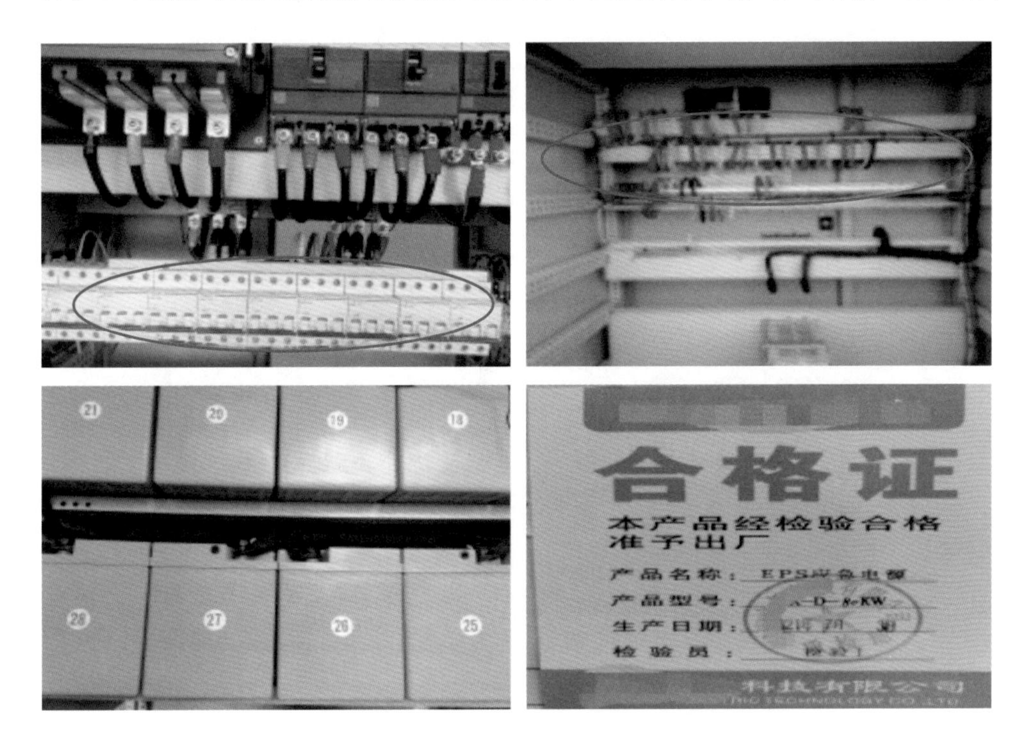

问题分析

EPS 消防专用应急电源柜不符合技术协议和 GB 50171—2012《电气装置安装工程 盘、柜及二次回路接线施工及验收规范》第 5.0.2 条第 2 款中“端子应有序号”、第

6.0.1 条“5 电缆芯线和所配导线的端部均应标明其回路编号，编号应正确，字迹应清晰，不易脱色”、第 3.0.2 条“盘、柜在搬运和安装时，应采取防振、防潮、防止框架变形和漆面受损等保护措施”的要求。

电气设备进场验收环节存在问题，监理单位、采购部门未按技术协议和图纸对设备进行开箱验收，未认真检查设备外观，核对设备相关信息。

问题处置

监督人员下发《质量问题处理通知书》，要求监理单位和采购部门督促设备厂家及时完成整改。设备厂家按要求整改完毕，并提交整改报告。

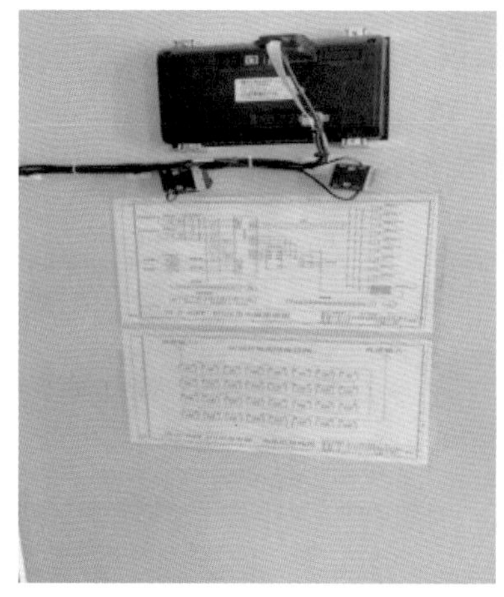
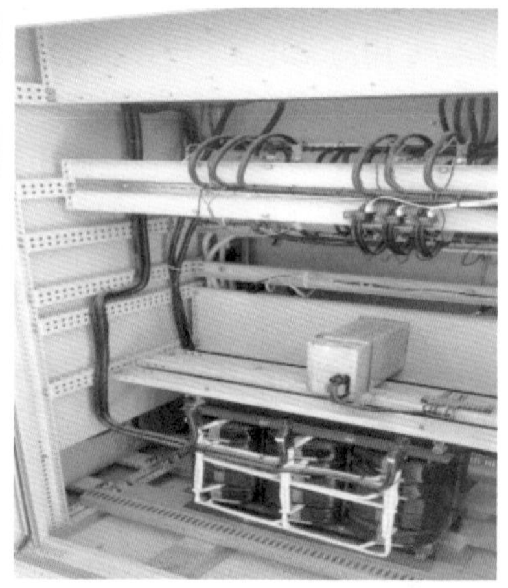

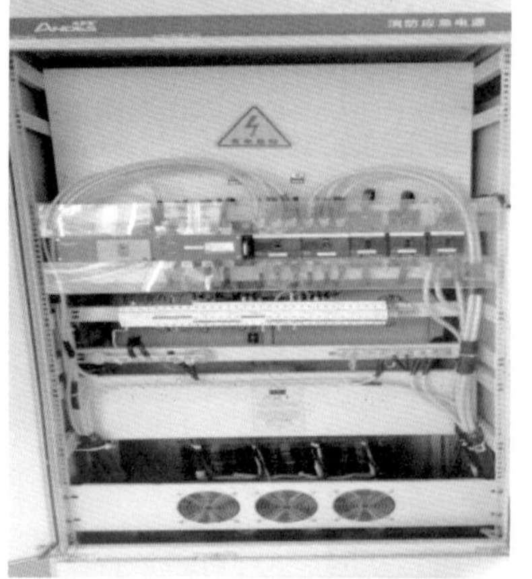

经验总结

设备进场验收工作相关方应在验收环节加强管控，做好检查核对工作，避免不合格设备进场，杜绝质量隐患，避免因进场验收存在漏洞，发生返工，影响工期。

147 低压进线柜母线连接铜排缺陷

案例概况

2022 年 2 月，监督人员对某公司二联合配套工程变电站电气盘柜安装进行监督检查时发现，抽查的两个低压进线柜与密集母线桥的连接铜排采用对接焊接，部分焊接接头表面存在裂纹、气孔、未融合等缺陷，且生产厂家未出具无损检测报告。

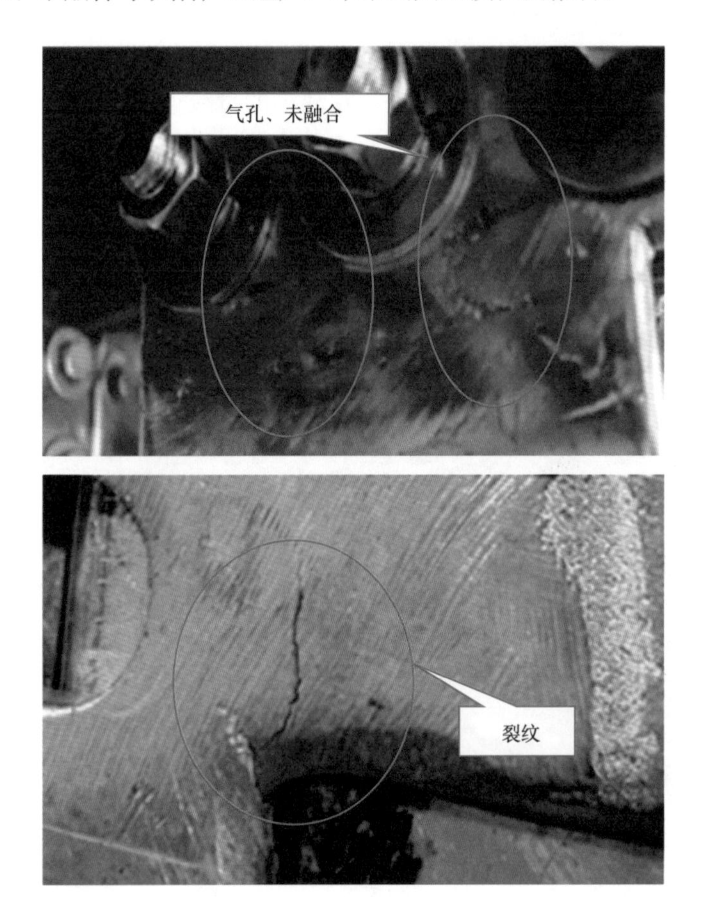

问题分析

低压进线柜母线连接铜排不符合 GB 50149—2010《电气装置安装工程 母线装置施工及验收规范》第 3.4.14 条第 2 款“焊接接头表面应无可见的裂纹、未融合、气孔、夹渣等缺陷”及第 4 款“在重要的导电部位或主要受力部位，对接焊接接头应经射线抽检合格”的要求。

材料设备生产厂家对重要材料配件出厂验收不到位，对材料存在的缺陷视而不见，且未按标准规范要求对材料焊接接头进行射线检测。监理单位、工程总承包单位对材料设备进场验收把关不严，未能及时发现材料存在质量缺陷。采购部门、监理单位和工程总承包单位对于规范要求的母线焊接质量、焊接接头检测等相关条款掌握不到位，未对存在缺陷的材料进行处理。施工人员在电气设备安装前未仔细检查材料配件，对于存在缺陷的材料直接进行安装，施工单位质量检查人员检查不到位，未发现材料缺陷。

此次发现存在缺陷的母线材料均在电气设备的重要部位使用，如若质量隐患得不到发现处置，一旦在运行期间出现问题，后果不堪设想。

问题处置

监督人员下发《质量问题处理通知书》，约谈工程总承包单位、监理单位责任人员，要求施工单位立即进行全面排查，对发现存在缺陷的母线连接件全部进行退场处理，其他无表面缺陷的材料进行拆卸，委托有资质的单位统一进行射线检测，检测合格后方可安装使用。

在问题整改过程中，工程总承包单位、产品厂家与监督机构沟通，考虑到电气设备的可靠安稳运行，尤其是此材料均在密集型母线桥与进线柜重要部位连接使用，最终决定对所有对接焊接铜排全部更换，改为整体切割铜排（一体式），由厂家重新加工生产，材料进场验收合格后进行安装。

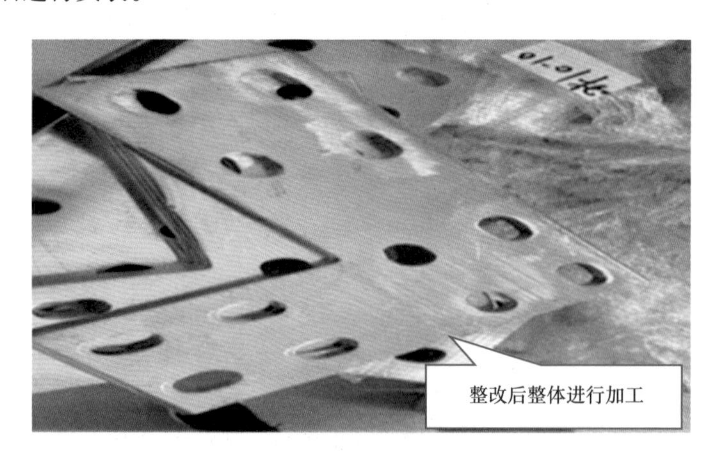

经验总结

在电气材料设备进场验收过程中，工程总承包单位、监理单位应认真履行职责，在源头环节上把好质量关，对于存在缺陷、质量证明文件不齐全的材料设备坚决不予进场，待完成缺陷处理、提交完整质量证明文件后方可入场安装使用；质量管理人员应强化相关标准规范学习，加强质量验收各环节的检查，杜绝类似问题发生。

148 电气盘柜安装存在质量隐患

案例概况

2021 年 11 月，监督人员对某公司炼油区域变配电站工程监督检查时发现：

（1）抽检已封盘两台中压柜，发现柜内母线安装螺栓无紧固标识，有的螺栓未露出螺母 2~3 扣的情况，经确认后发现是螺栓未紧固到位，存在螺栓漏紧现象。

（2）中压柜内 B 相母线连接搭接方式不符合规范要求，螺母未置于维护侧；母线桥连接处，螺栓未按规范要求由下向上穿，螺母置于下方。

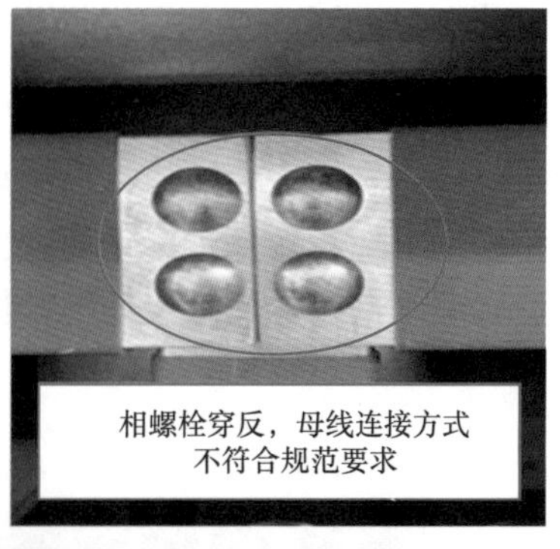

相螺栓穿反，母线连接方式
不符合规范要求

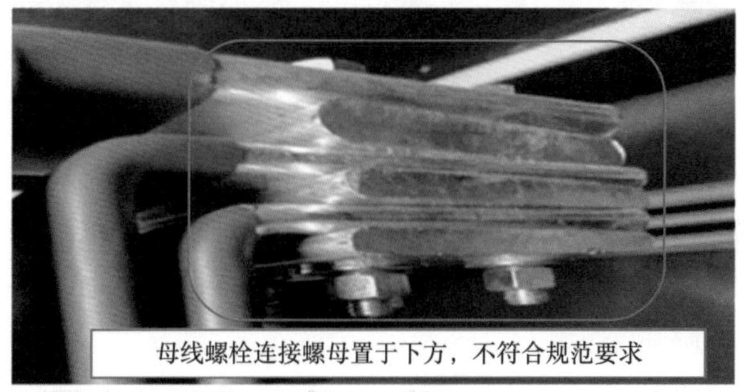

问题分析

电气盘柜安装不符合 GB 50149—2010《电气装置安装工程　母线装置施工及验收规范》第 3.3.3 条第 2 款中“母线平置时，螺栓应由下往上穿，螺母应在上方，其余情况下，螺母应置于维护侧”及第 4 款中“母线接触面应连接紧密，连接螺栓应用力矩扳手紧固”的要求。此问题可导致电气设备在后期受电运行时，母线连接处接触不良，接头处温升过高，存在安全风险。

施工单位“三检制”落实不到位，中压柜内螺栓未紧固到位主要原因是安装人员责任心不强，未将螺栓全部插入母线孔洞内，给设备运行留下隐患。施工单位盘柜安装交底不到位，仅按照厂家安装说明进行施工，导致母线螺栓安装方向不符合规范要求，不利于后期设备维护保运。监理单位专业工程师履职不到位，对施工过程监管不到位，工程总承包单位、监理单位检查走过场。

问题处置

监督人员下发《质量问题处理通知书》，要求工程总承包单位及施工单位立即组织整改，施工单位、工程总承包单位、监理单位三方逐一检查确认母线螺栓是否紧固到位，螺栓安装方向错误的重新安装。

经验总结

施工单位应加强施工技术交底工作，加强常用施工规范的学习，在施工过程中严格落实“三检制”，施工单位在电气盘柜封盘前应对母线螺栓安装逐一确认，使用校验合格的力矩扳手，按照产品厂家规定的装配力矩值紧固螺栓，紧固到位后划线做标记；工程总承包单位、监理单位应认真检查力矩值，抽查母线安装情况，并签署检查记录；工程总承包单位应合理安排施工工期，按照进度计划及节点组织检查验收；工程总承包单位、监理单位应履行好质量管理职责，杜绝以包代管，加强施工质量管理。

149　电气盘柜安装隔离防护措施不到位

案例概况

2022 年 5 月，监督人员对某公司 EVA 项目二标段监督检查时发现，低压 9 段控制柜馈线电缆与分支母线连接后裸露；发电机房 ATS 柜柜内相线铜排裸露，未加设隔离防护装置，存在触电安全风险。

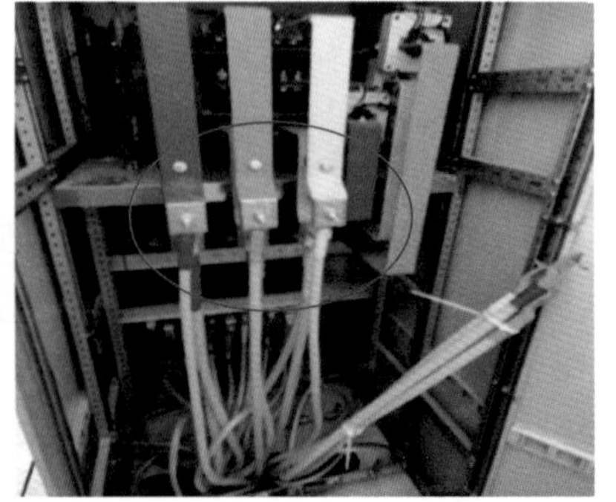

问题分析

电气盘柜安装隔离防护措施不符合 GB 50171—2012《电气装置安装工程　盘、柜及二次回路接线施工及验收规范》第 5.0.7 条“盘、柜内带电母线应有防止触及的隔离防护装置”的要求。

监理单位、工程总承包单位在配电柜到货后，对设备验收环节检查不到位，未严格验货。

问题处置

监督人员下发《质量问题处理通知书》，责令工程总承包单位对该问题限期整改，加设隔离防护装置，保证使用安全，监理单位复查落实整改情况；要求监理单位、工程总承包单位加强对专业监理工程师及技术人员的管理，认真开展质量检查，并做好检验、验收记录。

经验总结

工程总承包单位及施工单位技术人员应加强电气盘柜相关规范标准学习，按规范标准和技术协议要求进行盘柜安装；监理单位专业监理工程师应履行职责，对设备进场验收和工序检查应到位。

150　变压器油渗漏

案例概况

2020 年 6 月，某公司热电厂锅炉烟气环保提标改造项目，监督人员巡监变压器安装时发现：

（1）安装就位的两台变压器中 1# 变压器机身、油枕处渗油。

（2）1#、2# 变压器气体继电器螺栓安装方式不正确，其中一螺栓装了 6 个垫片且与油枕连通管连接不紧密，存在渗漏油现象。

问题分析

变压器油渗漏，不符合 GB 50148—2010《电气装置安装工程　电力变压器、油浸电抗器、互感器施工及验收规范》第 4.2.1 条第 2 款中“油箱箱盖或钟罩法兰及封板的连接螺栓应齐全，紧固良好，无渗漏”和第 4.8.9 条“2　气体继电器应水平安装，顶盖上箭头标志应指向储油柜，连接密封严密”的要求。

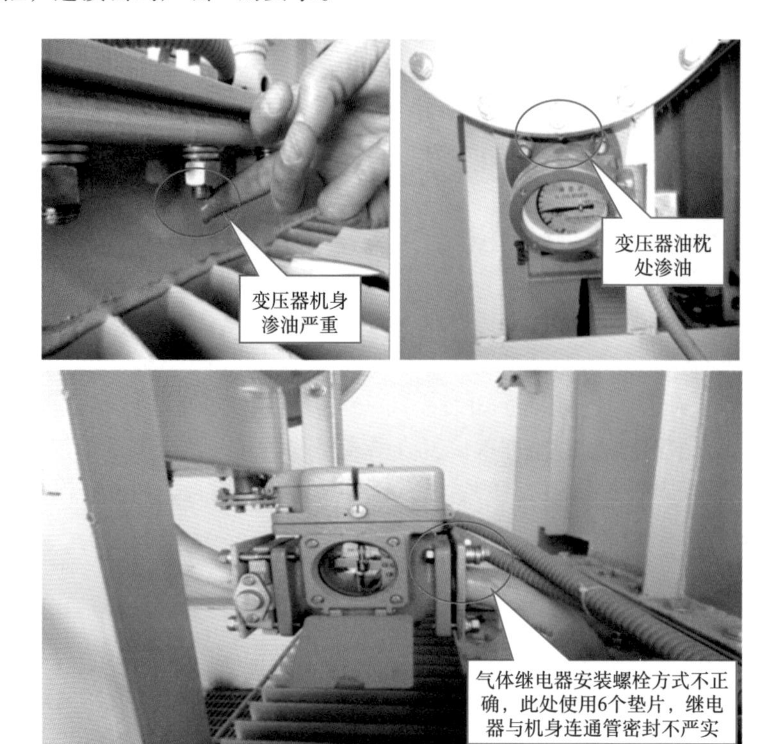

建设单位、监理单位和施工单位对电气设备进场质量把关不严，未严格执行材料、设备进场质量验收制度。监理单位没有认真履行监理职责，未对施工单位报验的材料、设备进行现场检验就签字确认，致使两台变压器安装就位后问题较多。变压器生产厂家没有把好产品出厂质量关，现场发现渗漏油后经仔细检查确认是因油箱箱盖部分螺栓未拧紧、气体继电器装配不到位所致。

问题处置

监督人员下发《质量问题处理通知书》，要求：

（1）责任单位对变压器机身及油枕各部位紧固件及连接部位进行检查，找出渗漏油部位进行处理。

（2）由于机身密封存在问题可能导致变压器油受潮，要求取油样送检分析判断绝缘油是否合格。

（3）气体继电器与油枕连接螺栓由厂家提供全部配套配件后重新连接，保证连接部位接触紧密无间隙，专业监理工程师负责检查确认。

经验总结

工程总承包单位应严把材料、设备采购质量关，严格执行材料、设备进场质量验收制度；施工单位对到场的设备质量控制措施执行应到位，保证现场设备安装质量；监理单位专业监理工程师应增强责任心，认真履行进场设备的验收职责。

151 仪表机柜间防雷接地方式设计错误

案例概况

2022 年 6 月，监督人员对某公司硫磺回收联合装置仪表现场机柜间防雷接地监督检查发现如下问题：

（1）接地方式设计错误。仪表设计说明中明确要求现场机柜间内不设置仪表接地汇总板，采用网型结构接地连接，而设计图纸错误标识为分支集中结构连接。

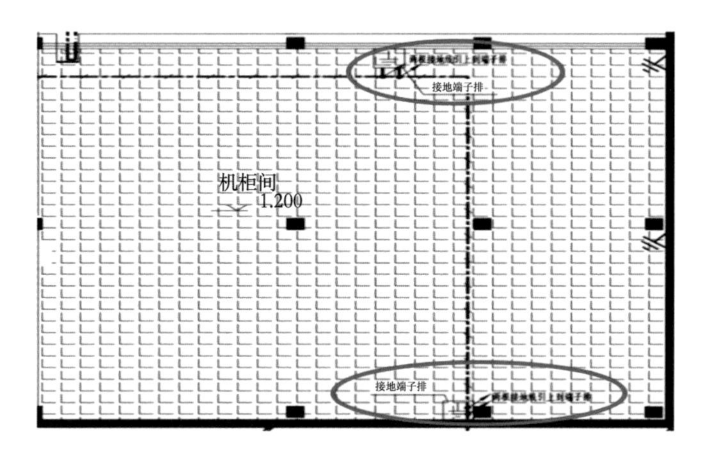

（2）电气设计引上线不足。电气设计虽在现场机柜间给出了 4 条接地引上线，但起点只有两个，可视为两点引出。

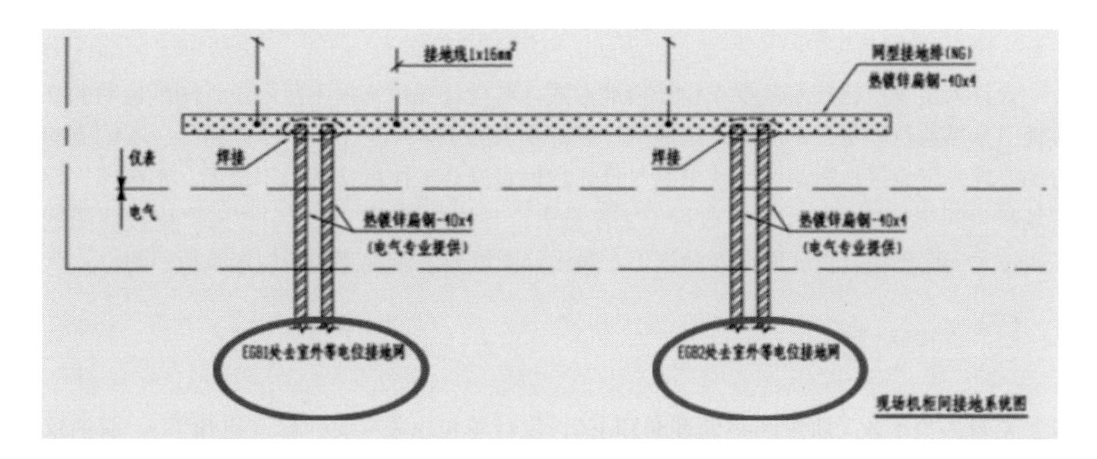

（3）施工未按设计要求接地。室内应做保护接地的电缆槽盒、防静电活动地板龙骨支撑及穿墙保护管均未与接地网型接地排就近连接，且机柜基础保护接地存在终点（线鼻子部位）截面不足、焊接长度不足、接触点松动、垫片缺失等问题。

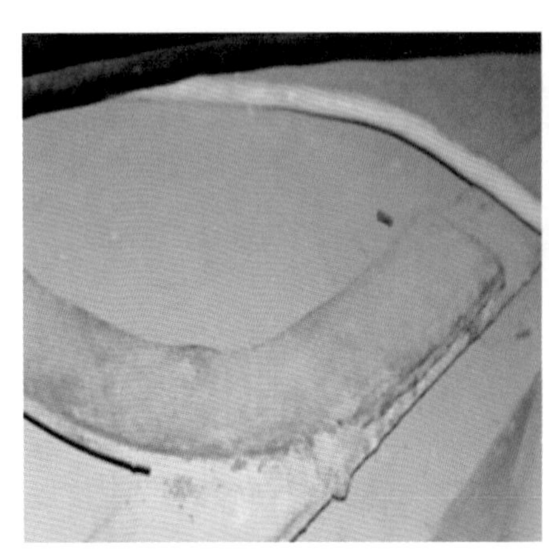

问题分析

仪表机柜间防雷接地方式不符合 SH/T 3081—2019《石油化工仪表接地设计规范》第 5.3.1 条“对于需要防雷功能的仪表和接地系统，应采用网型结构”、第 6.2.5 条“网型结构的室内接地网应采用至少 4 条的接地干线经不同路径、不同方向的连接方式接到室外接地装置”、第 5.3.2 条“典型的网型结构应符合图 5.3.2 所示的网型结构原理图”的要求。

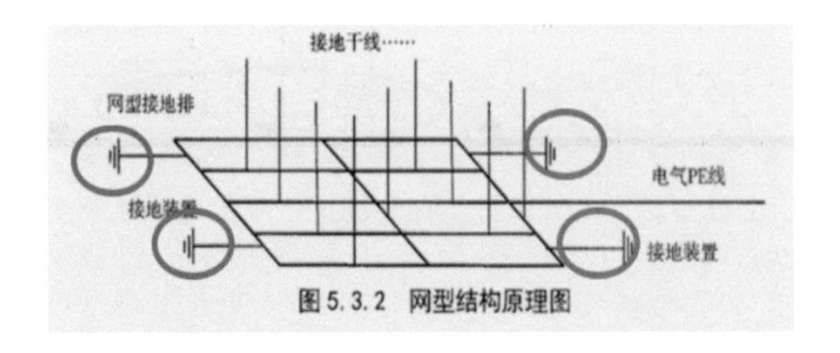

图 5.3.2　网型结构原理图

设计人员未严格按规范要求设计接地方式，对设计规范掌握不足。设计图纸标明的 2 条接地引上点数目不足，不能满足接地设计规范要求的至少 4 条干线、不同路径、不同方向连接的要求，影响接地散流；反映出电气设计和仪表设计工作衔接部分不协调、不统一，导致现场机柜间接地错误施工，整改返工工作量大，且施工困难。施工单位未严格按照图纸施工，技术交底不清，仅凭以往经验施工，对设计图纸要求和规范的新规定执行不到位。

问题处置

监督人员下发《质量问题处理通知书》，设计单位下发《设计修改通知单》，取消仪表接地汇总板，修改电气接地与仪表接地排采用焊接连接，满足仪表接地网型结构的方式。

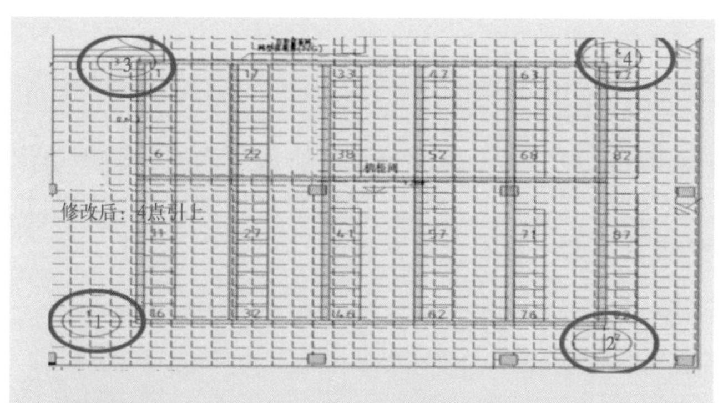
修改后：4点引上
修改后施工说明：
1、电气接地网通过不同方向与机柜间仪表机柜4处连接，如图中圆圈1～4处。
2、第4处需要新增一处与室外接地网连接点，可以通过UPS室电缆沟的一侧与室外连接。
3、机柜间的接地端子排可以取消。

监督部核查发现修改部分并不能解决接地引上线不足的问题，监督部要求设计重新为现场机柜间防雷接地出具满足《石油化工仪表接地设计规范》要求的图纸，设计重新出图由原来的 2 点引上改为 4 点引上。

施工单位对违反设计说明及规范要求的不符合项严格按照要求整改处理。

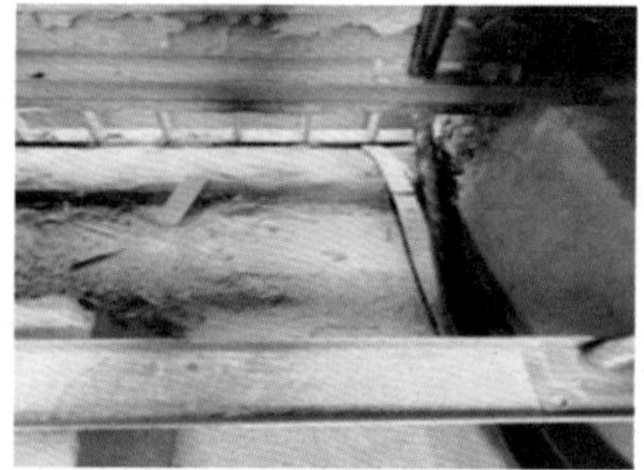

室外就近引入接地扁钢

东北

东南

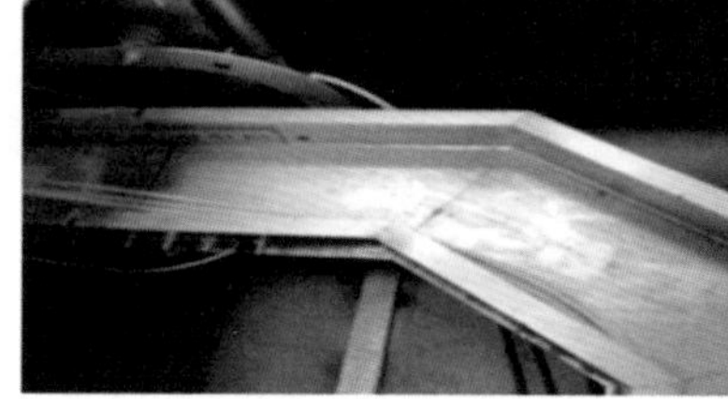

西南

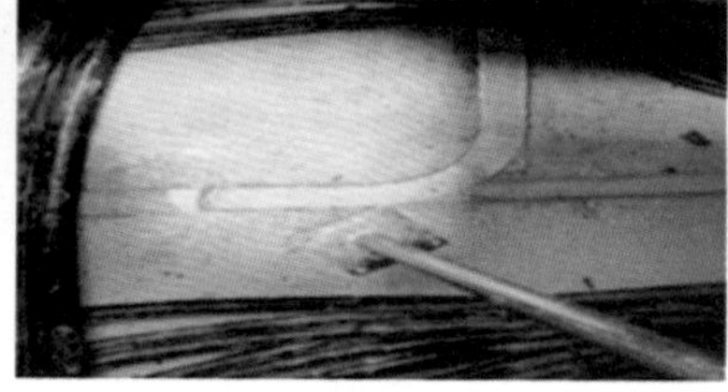

西北

仪表网型接地排与电气扁钢4个点焊接

经验总结

电气设计和仪表设计应对二者衔接部分及时协调、沟通，监理单位、施工单位应对现场发现的接地等无法对接的问题及时上报，切勿擅自处理，造成后期处理困难或无法整改的问题再次发生，特别是隐蔽工程必须从严把关。

152　机柜基础底座未设计有效保护接地

案例概况

2022 年 7 月，某公司 PTA 项目仪表机柜间 105 面盘柜，15 排正常不带电的基础底座金属部分均无有效保护接地，DCS 电源柜和安全栅柜等多数盘柜已供电运行，存在严重的触电安全隐患。

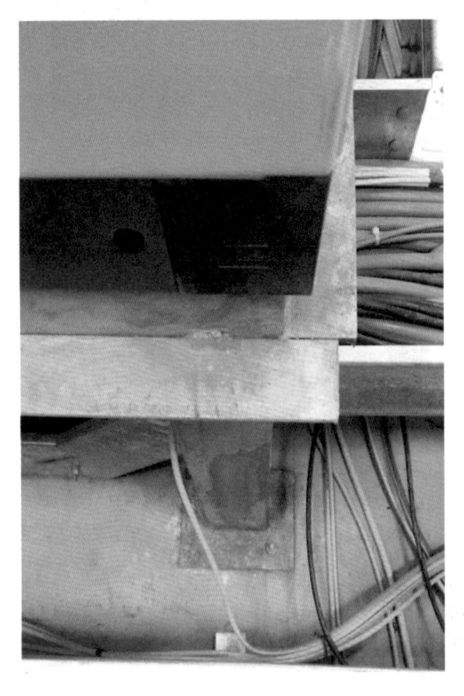

问题分析

机柜基础底座未设计有效保护措施，不符合 GB 50093—2013《自动化仪表工程施工及质量验收规范》第 10.2.1 条“供电电压高于 36V 的现场仪表的外壳，仪表盘、柜、箱、支架、底座等正常不带电的金属部分，均应做保护接地”的要求。机柜间保护接地仅在设计接地总说明中笼统提出，在设计机柜间设备接地图说明中未提及设备基础底座保护接地的说明，属于设计漏项。

此问题说明图纸会审时，未及时发现该问题。施工单位、监理单位对仪表机柜间接地装置安装质量验收的关键环节重视不够、把关不严。

问题处置

监督人员下发《质量问题处理通知书》，施工单位针对此问题积极联系各相关方与设计单位沟通，经设计单位确认，并重新出具机柜间设备接地图，由建设单位重新采购接地电缆，由施工单位组织施工，按图纸要求盘柜基础底座支撑单独接地，盘柜基础机械开孔，加镀锌螺栓及垫片固定，接地线引至附近保护接地汇流排。

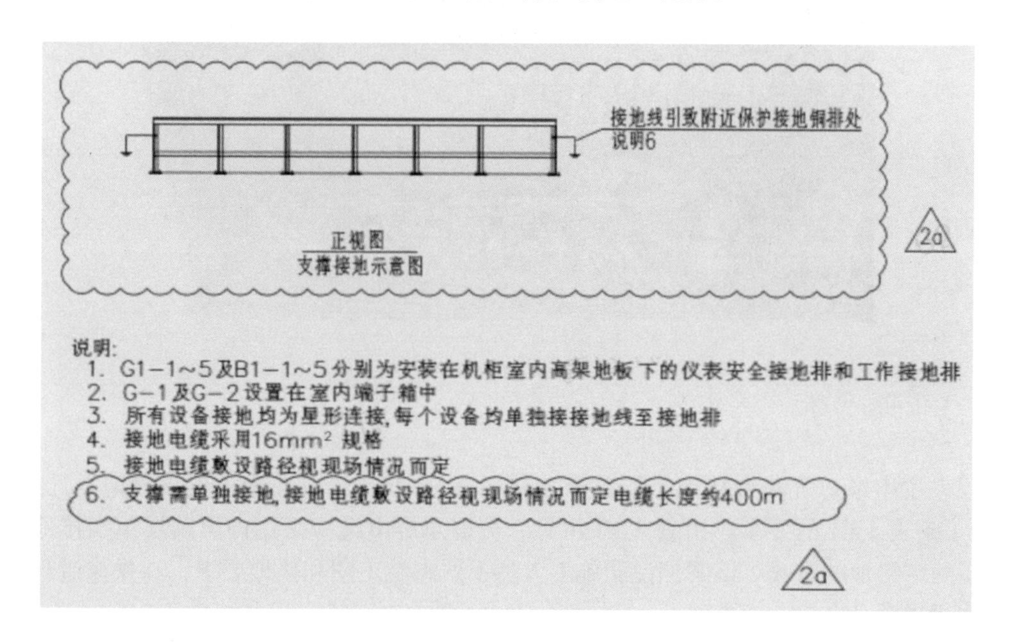

机柜间设备接地已按相关接地规范要求和设计变更图纸要求完成施工，监理单位验收合格。

经验总结

对于正常不带电的金属部分保护接地是保证人身和设备安全的重要保障，从设计到施工应高度重视并严格把控。

153　仪表主电缆总屏蔽未接地

案例概况

2022 年 7 月，某公司聚乙烯等装置现场 550 多个仪表接线箱主电缆外屏蔽层未做保护接地，不符合设计规范要求。

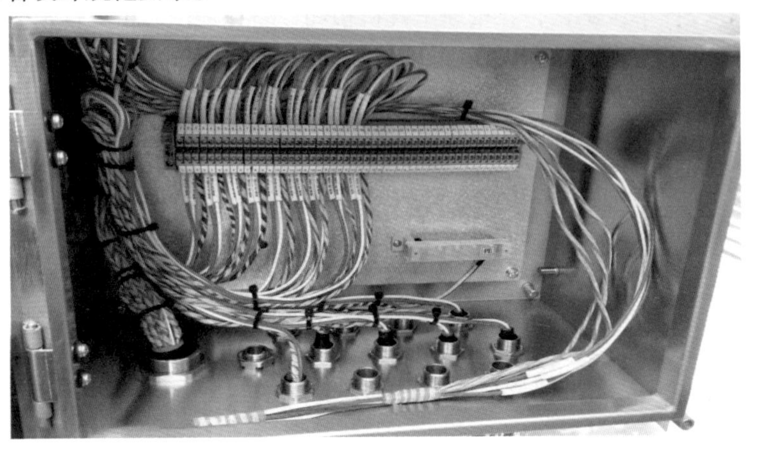

问题分析

仪表主电缆总屏蔽未接地，不符合 SH/T 3081—2019《石油化工仪表接地设计规范》第 4.4.1 条表 4.4.1 的要求。由表 4.4.1 可见，分屏总屏电缆应采用内屏蔽层单端接地、外屏蔽层两端接地的方式。该案例说明施工人员不熟悉施工图和接地要求，在操作过程中未严格执行规范。

4.4　屏蔽接地

4.4.1　信号线的屏蔽层应采用表 4.4.1 所示的接地方式。

表 4.4.1　屏蔽层的接地方式

电缆形式	接地形式		
	内屏蔽层	外屏蔽层	铠装层或金属保护管
单层屏蔽电缆	单端接地	—	两端接地
单层屏蔽铠装电缆	单端接地	—	两端接地
分屏总屏电缆	单端接地	两端接地	两端接地
分屏总屏铠装电缆	单端接地	两端接地	两端接地

问题处置

监督人员下发《质量问题整改通知书》，要求施工单位按规范要求整改处理；同时，要求工程总承包单位、监理单位认真吸取教训，加强接线工作的检查验收，杜绝类似问题发生。

经验总结

施工单位应完善质量管理体系，落实质量“三检制”；工程总承包单位应重视现场仪表安装施工质量管理，按设计文件及施工验收规范的要求进行管控；专业监理工程师应增强责任心，加强仪表电缆线路敷设质量检查，避免类似问题发生。

154　仪表接线箱未做好防爆密封和保护接地

案例概况

2022 年 8 月，某公司硫磺回收联合装置现场仪表接线箱监督检查时发现：

（1）电缆引入防爆进口前外护套被剥离，电缆头在格兰头内部，进线口密封性无法保障；外壳上多余的孔洞未做防爆密封，导致防爆密封失效。

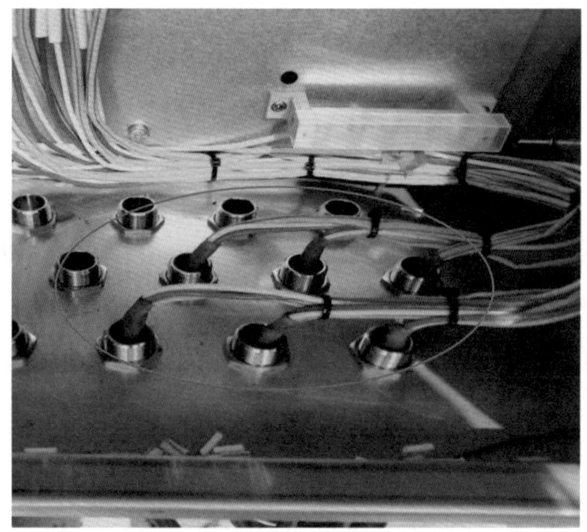

（2）现场非本质安全系统的仪表接线箱、金属保护箱均未实施保护接地。

问题分析

仪表接线箱未做好防爆密封和保护接地，不符合 GB 50257—2014《电气装置安装工程　爆炸和火灾危险环境　电气装置施工及验收规范》第 4.1.4 条“防爆电气设备的进线口与电缆、导线引入连接后，应保持电缆引入装置的完整性和弹性密封圈的密封性，并应将压紧元件用工具拧紧，且进线口应保持密封”、SH/T 3551—2013《石油化工仪表工程施工质量验收规范》第 9.8.2 条“防爆仪表设备接入电缆时，应采用防爆终端接头或 Y 型防爆密封配件加填料进行封固，外壳上多余的孔应做防爆密封，弹性密封圈的每孔应密封单根电缆”，以及 GB 50169—2016《电气装置安装工程　接地装置施工及验收规范》中第 3.0.4 条中配电、控制、保护用的屏（柜、箱）及操作台的金属框架和底座，均应做保护接地的要求。

问题处置

监督人员下发《质量问题处理通知书》，要求施工单位限期整改，将电缆穿入接线箱后再制作电缆头，保证弹性密封圈夹紧电缆外护套；对所有非本质安全仪表接线箱接地情况进行检查，按规范要求做好保护接地。

经验总结

施工单位应增强质量意识，严格执行相关标准规范，加强仪表接线箱内部隐蔽部位的检查；专业监理人员应做好类似问题的检查，不留质量隐患。

155 有毒气体报警器报警值设置错误

案例概况

2022 年 5 月，某公司酮苯扩能改造工程项目，监督人员发现有毒气体（NH_3）报警器报警值设置存在设计值、一次表、DCS 组态三者数据不一致问题。设计规格书中报警点设置为 30~36mg/m³（体积浓度为 39.5~47.4ppm）; DCS 组态报警点设置一级报警值为 30ppm，二级报警值为 36ppm；一次表报警点设置一级报警值为 25ppm，二级报警值为 50ppm（出厂设定值）。

仪表规格书 SPECIFICATION OF INSTRUMENT				档案号 FILE NO. / 设计阶段 DESIGN STAGE
名称		有毒气体报警器规格书 Specification Of Gas Alarm Devices		
概述 General	1	位号	Tag No.	GT-1201～1232
	2	用途	Service	
	3	P&I 图号	P&I DWG.No.	
	4	安装位置	Location	
环境条件 Ambient	5	环境温度	Environment Temp.	
	6	环境湿度	Relative Humidity	
	7	当地大气压（kPa）	Ambieng Press.	
报警单元 Alarm Unit	8	有毒气体	Toxic Gas	氨
	9	型号/数量	Model No./quantity	32
	10	安装形式	Install Type	L
	11	点数	Check Pionts	
	12	显示范围	Visible Range	0～90mg/m³
	13	报警动作	Alarm Action	声光报警
	14	报警点设置	Alarm point setting	30～36mg/m³
	15	LED 状态显示	LED	电源状态显示
	16	记录/打印	Record/print	
	17	输出信号	Output Signal	
	18	继电器触电容量	Contact rating	

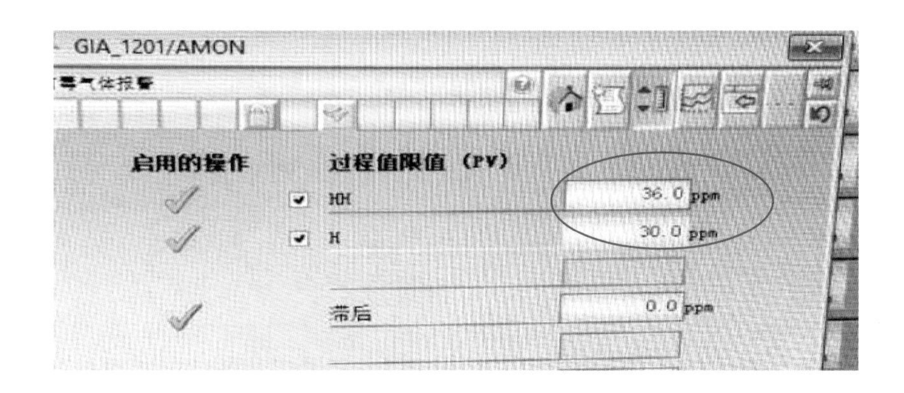

问题分析

仪表规格书中的报警点设置不符合 GB/T 50493—2019《石油化工可燃气体和有毒气体检测报警设计标准》第 3.0.10 条“确定有毒气体的职业接触限值时，应按最高容许浓度、时间加权平均容许浓度、短时间接触容许浓度的优先次序选用”、第 5.5.2 条中“3　有毒气体的一级报警设定值应小于或等于 100%OEL，有毒气体的二级报警设定值应小于或等于 200%OEL”的要求。

根据 GB/T 50493—2019《石油化工可燃气体和有毒气体检测报警设计标准》附录 B 常见有毒气体、蒸气特性，氨的一级报警值（OEL）应选用 PC-TWA 的值，即不大于 20mg/m^3，二级报警值不大于 40mg/m^3。换算成体积浓度，一级报警值不大于 26ppm，二级报警值不大于 52ppm。仪表规格书选用 30mg/m^3 为 PC-STEL 值，其优先应在 PC-TWA 之后。

根据 Q/SY 06530—2017《炼油化工建设项目交工技术文件管理规范》表 SY03-G008“可燃气体报警仪检验记录”填写说明规定：“报警值整定栏需要和室内的显示报警仪表共同确认”，即一次表报警设定值与 DCS 组态报警设定值应保持一致。监理单位、工程总承包单位和施工单位未能按规定进行有毒气体报警器的检查工作，导致该质量问题未能及时发现，属于失职行为。

问题处置

监督人员下发《质量问题处理通知书》，要求设计单位修改设计文件中的“报警点设置参数”，工程总承包单位、施工单位举一反三排查类似问题，按照规范要求制订整改方案，限期整改问题，监理单位同步核查问题排查及整改情况。

经验总结

有毒气体报警值的准确计算和设定直接关乎现场人员的人身安全。设计单位应按照设计规范设置有毒气体报警器定值；工程总承包单位、施工单位应按规范标准开展必要的报警仪检验工作；建设单位、监理单位应认真履行有毒气体报警器定值的监管职责，杜绝此类问题出现。

156　PLC 机柜 24V 直流电源未设计冗余供电

案例概况

2022 年月，监督人员对某公司某项目机柜间进行检查时发现，PLC 机柜 24V 直流电源为单电源供电，无冗余供电设计，存在重大安全隐患，不符合设计规范要求。

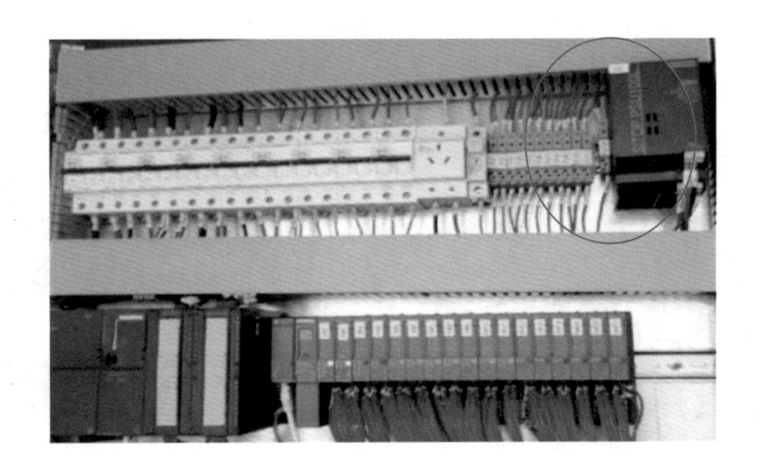

问题分析

直流电源未设计冗余供电，不符合 SH/T 3082—2019《石油化工仪表供电设计规范》第 5.1.4 条“直流稳压电源应采用并联运行方式构成 1∶1 冗余供电系统，任何一路电源发生故障时，供电系统仍应能向所有用电设备正常供电”的要求。

设计人员对辅助生产装置重视程度不够，对设计规范理解不透彻；工程总承包单位质量管理不到位，质量管理体系未有效运行。

问题处置

监督人员下发《质量问题处理通知书》，要求设计单位出具整改方案，限期整改；同时，要求设计单位针对上述质量问题举一反三，杜绝类似问题发生。

经验总结

供电系统冗余在仪表专业中是极其重要的，应引起各单位高度重视，一旦出现问题可能造成严重后果。设计人员应严格执行设计规范，把好设计关。

157　连续孔板上游直管段设计长度不达标

案例概况

2021 年 10 月，某公司烷基化装置扩能改造项目废酸再生单元在同一管段连续新增 3 台法兰取压式标准孔板流量计 FE-71121A/B/C，测量介质为燃料气（0.4MPa，40℃），孔板孔径为 37.23mm，管道内径为 81.8mm（DN80mm），直径比 β 为 0.455，监督检查发现 3 台孔板的上游直管段长度均不满足规范要求。

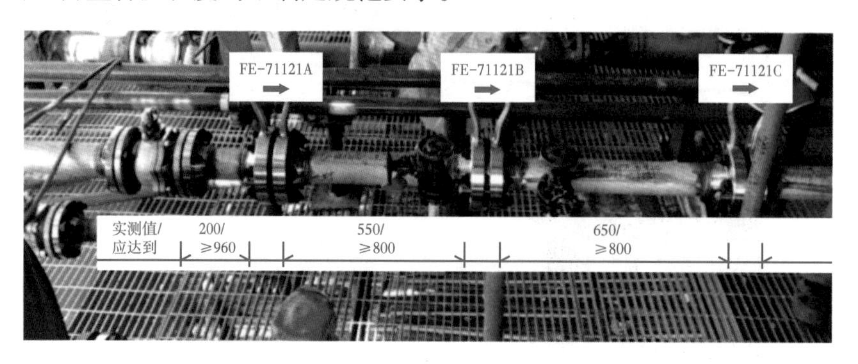

问题分析

孔板上游直管段设计长度不符合 GB 50093—2013《自动化仪表工程施工及质量验收规范》附录 B.0.1 给出了“孔板所要求的最短直管段长度”的要求。

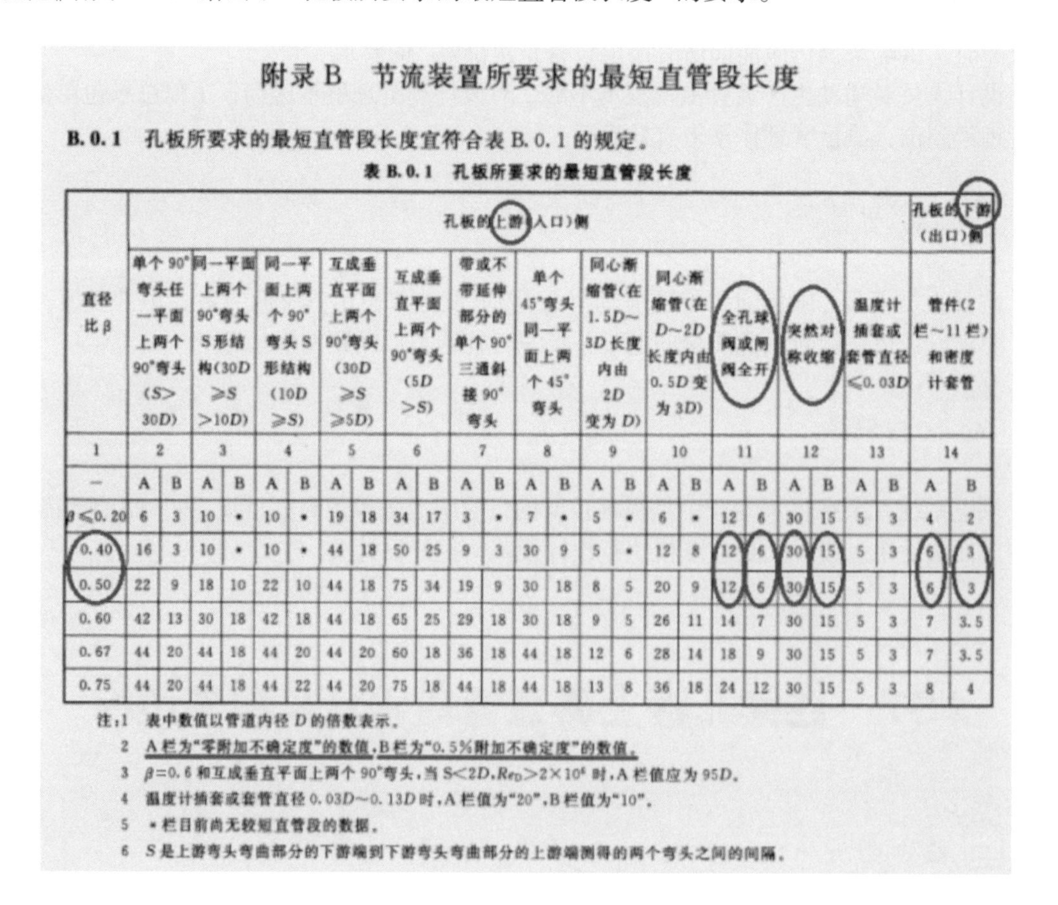

附录B 节流装置所要求的最短直管段长度

B.0.1 孔板所要求的最短直管段长度宜符合表 B.0.1 的规定。

表 B.0.1 孔板所要求的最短直管段长度

直径比β	孔板的上游(入口)侧																								孔板的下游(出口)侧	
	单个90°弯头任一平面上两个90°弯头(S>30D)		同一平面上两个90°弯头S形结构(30D≥S>10D)		同一平面上两个90°弯头S形结构(10D≥S)		互成垂直平面上两个90°弯头(30D≥S≥5D)		互成垂直平面上两个90°弯头(5D>S)		带或不带延伸部分的单个90°三通斜接90°弯头		单个45°弯头同一平面上两个45°弯头		同心渐缩管(在1.5D~3D长度内由2D变为D)		同心渐缩管(在D~2D长度内由0.5D变为3D)		全孔球阀或闸阀全开		突然对称收缩		温度计插套或套管直径≤0.03D		管件(2栏~11栏)和密度计套管	
1	2		3		4		5		6		7		8		9		10		11		12		13		14	
—	A	B	A	B	A	B	A	B	A	B	A	B	A	B	A	B	A	B	A	B	A	B	A	B	A	B
β≤0.20	6	3	10	•	10	•	19	18	34	17	3	•	7	•	5	•	6	•	12	6	30	15	5	3	4	2
0.40	16	3	10	•	10	•	44	18	50	25	9	3	30	9	5	•	12	8	12	6	30	15	5	3	6	3
0.50	22	9	18	10	22	10	44	18	75	34	19	9	30	18	8	5	20	9	12	6	30	15	5	3	6	3
0.60	42	13	30	18	42	18	44	18	65	25	29	18	30	18	9	5	26	11	14	7	30	15	5	3	7	3.5
0.67	44	20	44	18	44	20	44	20	60	18	36	18	44	18	12	6	28	14	18	9	30	15	5	3	7	3.5
0.75	44	20	44	18	44	22	44	20	75	18	44	18	44	18	13	8	36	18	24	12	30	15	5	3	8	4

注：1 表中数值以管道内径 D 的倍数表示。
2 A栏为“零附加不确定度”的数值，B栏为“0.5%附加不确定度”的数值。
3 $\beta=0.6$ 和互成垂直平面上两个 90°弯头，当 $S<2D$，$Re_D>2\times10^6$ 时，A栏值应为 95D。
4 温度计插套或套管直径 0.03D~0.13D 时，A栏值为“20”，B栏值为“10”。
5 •栏目前尚无较短直管段的数据。
6 S是上游弯头弯曲部分的下游端到下游弯头弯曲部分的上游端测得的两个弯头之间的间隔。

FE-71121A 前为全孔球阀全开状况，其上游最短直管段长度 12D=960mm，下游 6D=480mm；FE-71121B/C 前为孔板，属突然对称收缩状况，其上游最短直管段长度

30D=2400mm，下游 6D=480mm。当 FE-71121A 上游直管段长度不小于 6D（480mm）且小于 12D、FE-71121B/C 上游直管段长度不小于 15D（1200mm）且小于 30D 时，测量结果就需要“附加 0.5% 的不确定度”，即误差增大 0.5%。

经现场实际测量，3 台孔板的上游直管段长度分别为 200mm、550mm 和 650mm，未达到“附加 0.5% 不确定度”所要求的最短直管段长度（480mm、1200mm 和 1200mm），测量结果会增大误差（设计误差 0.5%，实际大于 1.0%），达不到设计目的。

问题处置

监督人员向设计单位下发《质量问题处理通知书》，要求限期整改。自控专业设计人员对规范掌握不到位，需要配管专业出设计变更解决。

经验总结

标准节流装置是通过大量试验总结出来的，一经加工完毕便可直接投产使用，无须标定。因此，设计、加工、安装和使用标准节流装置，应严格按照规定的技术要求和试验数据进行；否则，无法保证流量的测量精度。图纸会审是减少设计问题的重要环节，工程建设项目的每一个环节都需要技术素质过硬、责任心强的人员把关，应重视出图前的审图和施工前的图纸会审，尽量避免此类问题发生。

158 涡街流量计直管段长度不符合要求

案例概况

2020 年 7 月，某公司 MTBE 装置脱硫单元移位隐患治理整改项目施工监督检查过程中，发现一台涡街流量计上、下游接口均为扩径，直管段长度不足。

该涡街流量计 FIQ-8324 为艾默生 8800D 型，公称通径 50mm，制造厂安装要求其上、下游最短直管段分别为 10 倍和 5 倍管道直径，应分别为上游 500mm、下游 250mm，明显不满足制造厂安装要求，不能保证测量精度。

> **2.1.5 上游/下游的要求**
>
> 通过按8800D安装影响技术数据表（00816-0100-3250）所述进行K系数修正，在安装流量计时，上游直管段的最小长度可为10倍管道直径，下游直管段的最小长度可为5倍管道直径。若上游直管段长度达35倍管道直径，下游直管段长度达10倍管道直径，则不需要进行K系数修正。

问题分析

涡街流量计直管段长度不满足制造厂的安装要求，流量计就达不到出厂测量精度，而且造成的测量误差不可修正。

该问题是由于仪表专业和配管专业设计之间的协调不及时产生的，属于设计问题，实践中需要仪表技术人员有很强的责任心，与自控专业设计人员积极沟通，由配管专业出设计变更解决。

问题处置

监督人员下发《质量问题处理通知书》，要求设计单位出具设计变更，施工单位按照设计变更进行整改。

经验总结

设计人员按照仪表制造厂安装要求进行配管设计是基本要求，实际安装过程中需要监理单位和施工单位的仪表技术人员认真审图、积极协调才能避免此类问题发生。

159　电磁流量计未做等电位连接

案例概况

2022 年 7 月，某公司环氧乙烷 / 乙二醇（EO/EG）装置，现场 42 台电磁流量计未做等电位连接，不符合规范要求。

问题分析

电磁流量计未做等电位连接，不符合 GB 50093—2013《自动化仪表工程施工及质量验收规范》第 6.5.7 条“1 流量计外壳、被测流体和管道连接法兰之间应连接为等电位，并应接地”的要求。电磁流量计转换的信号很微弱，如果无等电位连接，很容易受到干扰，导致测量不准确。为了使仪表在测量时具有较高的抗干扰能力，电磁流量计在输入回路当中应良好接地。

施工单位安装人员按照工作经验进行仪表安装，技术人员未进行有效技术交底，质量管理体系运行存在漏洞。

问题处置

监督人员下发《质量问题处理通知书》，明确要求：施工单位对检查问题限期整改，监理单位复查落实整改情况；对于新安装仪表设备，要求按照施工技术规范进行检查确认。

约谈责任单位质量管理人员，要求加强对专业监理工程师及仪表施工专业技术人员的管理，认真开展仪表安装及监理旁站工作，保障质量体系有效运行。

经验总结

电磁流量计良好接地非常重要（尤其是在非金属管道上），但在平时安装或检查时容易被忽视，造成潜在隐患，应建立全厂预防性检查制度，测量接地电阻（要求小于 10Ω），检查时观察接地线有无破损，连接处有无腐蚀；安装过程中切勿仅凭经验，应严格按照施工规范要求对各项技术指标进行验证检查，加强现场仪表检查力度，发现隐患后举一反三。

160 紧急切断阀缺少全行程开关时间参数

案例概况

2022 年 6 月，监督人员对某公司乙烯装置 V-1403 等罐的气动紧急切断阀及其他气动开关阀进行监督检查时发现，仪表设计规格书中均未给出开关阀的全行程全开及全关时间，导致现场测试时无参照依据；调试记录中紧急切断阀 XZSOV-14025 开阀 16s、关阀 12s，均超出设计规范要求时间，被判定为合格。

	26	本体类型 Body Type	BUTTERFLY	定位器 POSITIONER	56	输入信号 Input Signal	
	27	阀体尺寸Bodysize / 阀芯尺寸Trim	30" /		57	输出信号 Output Signal	
	28	额定Cv Rated Cv / 特性 Characteris.	/ ON-OFF		58	正反作用 Action Type	
	29	连接等级 End Conn. Rat.	ANSI 300Lb RF		59	防爆等级 Expln. Proof	
	30	本体材质 Body Matl.	A352 LCB		60	电气接口 Elec.	
	31	阀盖类型 Bonnet Type	Extension		61		
	32	阀盖材质 Bonnet Matl.	A352 LCB	电磁阀 SOLENOID	62	类型 Type / 数量 QTY	2P3W / 1
体和阀芯 ODY AND RIM	33	垫片材质 Gasket Material	MFR.STD		63	防爆等级 Expln. Prf.	EExd IIC T6
	34	流开/流关 Flow Direction	MFR.STD		64	电源 Power Supply	24V DC
	35	润滑 Lubr. / 隔离阀 Isolat. Valve	/		65	功率（瓦）Power (Watt)	<4W
	36	阀芯类型 Trim Type	Tri-eccentric		66	电气接口 Elec.	1/2" NPT(F)
	37	阀芯材质 Ball/Disk/Plug Matl.	316/FHF		67	复位按钮 Reset PB	带
	38	耐火 Fire-Proofing.	YES(API 6FA/607)		68	位号 TAG	XZSOV-14025
	39	阀杆行程 Rated Travel	Quarter-Turn	开关 SWITCHES	69	类型 Type / 数量 QTY	Proximity, Dry / 3
	40	阀座材质 Seat Material	316/FHF		70	接点容量 Contacts Rating	SPDT,24VDC,1A
	41	阀杆材质 Stem Material	316SS at Least		71	开关位置 Switching Posn.	OPEN/CLOSE/80%
	42	填料材质 Packing / 类型 Type	Graphite / MFR		72	防爆等级 Expln. Proof	EExd IIC T6
	43	泄漏等级 ANSI/FCI Leak. Class	ANSI VI(TSO)		73	电气接口 Elec.	1/2" NPT(F)X3
	44	执行器类型 Acurator Type	Single Act Piston		74	位号 TAG	XZSO/XZSC/XSC-14025
	45	执行器尺寸 Actuator Size	BY MFR	AIR SET 供气装置	75	供气压力 Air Supply	0.4MPa.G
	46	气源故障位置 Air Failure Posn.	Close		76	过滤器 / 压力计 Gauge	YES / YES
行机构 CTUATOR	47	手轮位置 Hand Wheel Location			77	储气罐 Volume Tanker	
	48	弹簧范围 Spring Range	BY MFR		78	气动接口 Pneu. Connection	1/2"NPT(F)
	49	电源故障阀位 Power Failure Posn.	Close		79		

问题分析

紧急切断阀缺少全行程开关时间参数，不符合 SH/T 3005—2016《石油化工自动化仪表选型设计规范》第 10.3.5.5 条“紧急切断阀的最大行程时间（阀门从正常操作位置到联锁要求的安全位置的时间）不应超过 10s”、第 10.3.5.6 条“开关阀的全行程关闭及打开时间应符合安全和工艺操作要求”的要求。

设计单位未按仪表设计规范要求在设计文件中明确紧急切断阀的全行程时间；施工单位不熟悉规范，在无参照依据的情况下擅自判定调试结果为合格。

问题处置

监督人员下发《质量问题处理通知书》，要求设计单位按照标准规范要求给出设计参数，施工单位按照设计参数对联锁系统进行试验。

经验总结

设计单位应严格按照规范设计，减少设计缺漏；施工单位应按照设计文件和规范要求对联锁系统进行试验，保证阀门在紧急情况下的全行程时间满足要求。

161　浮筒液位变送器安装垂直度严重超标

案例概况

2022 年 4 月，监督人员对某公司乙烯装置仪表安装工程监督检查时发现，再生器加热器高压蒸汽凝液罐，位号 1200-LT-12019 的浮筒液位变送器筒体安装垂直度严重超标。该浮筒液位计浮子直径 63mm，量程 250mm，经现场测量垂直度偏差 9mm/250mm，超过规范要求 18 倍。垂直度严重超标，造成浮子碰壁，影响浮子在全量程范围内浮动，导致实际液位测量偏小。

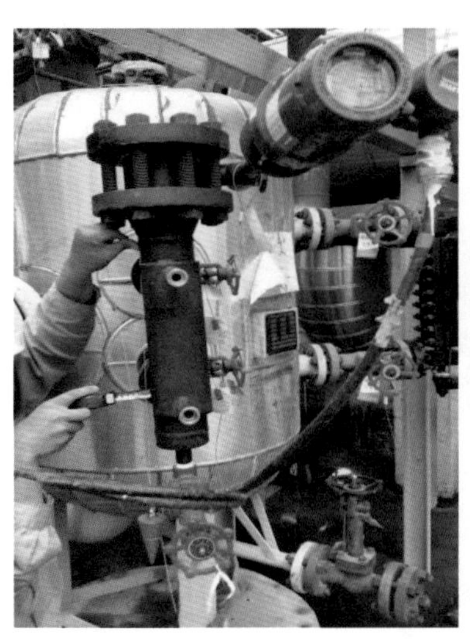

问题分析

浮筒液位变送器安装垂直度不符合 SH/T 3551—2013《石油化工仪表工程施工质量验收规范》第 8.7.1 条“外浮筒、导向管或导向装置应垂直安装；并应保证导向管内液流畅通，便于操作和维修。其垂直度允许偏差为 2mm/m”的要求。

问题处置

监督人员下发《质量问题处理通知书》，要求施工单位对已安装的所有浮筒液位变送器垂直度全面检查，并对照设计资料现场逐台核对信息，对垂直度不达标的仪表实施整改；积极制订整改方案并严格实施，确保工艺与仪表专业的交接符合要求。

经验总结

仪表安装时应根据规格书和技术协议要求仔细核对相关信息，确保安装满足规范及设计要求。仪表的施工调试工作至关重要，直接影响到工艺系统稳定。出现问题应及时上报分析处理，避免留下质量和安全隐患。

162　仪表取压管焊工超项施焊

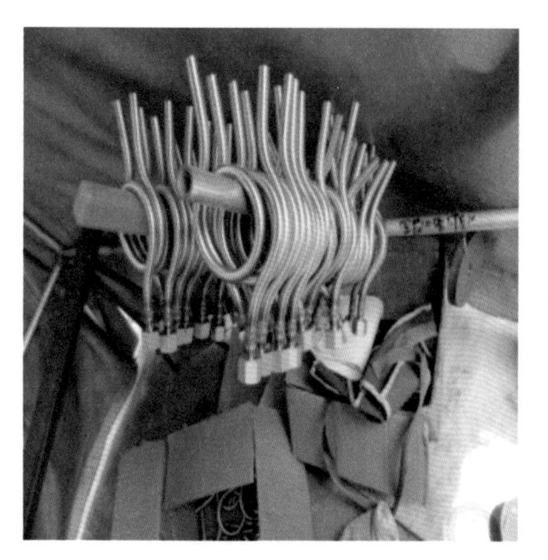

案例概况

2022 年 8 月，监督人员对某公司连续重整联合装置仪表管道安装监督检查时发现，现场正在进行仪表取压管焊接作业，施焊焊工作业代号项目为 GTAW-Fe Ⅳ -6G-3/60-Fefs-02/10/12，该焊工属于超项施焊。

问题分析

仪表取压管焊工超项施焊，不符合 TSG Z6002—2010《特种设备焊接操作人员考核细则》“表 A-8 手工焊管材对接焊缝试件适用于对接焊缝焊件外径范围”的要求。该案例中，焊工

Ⅳ类钢考试试件外径为60mm，允许焊接的管材外径最小为25mm，现场施焊管材外径为14mm，该焊工超越资格施焊，属于无资格焊工施焊。施工单位质量意识薄弱、技术配备不足、管理不到位。

表 A-8 手工焊管材对接焊缝试件适用于对接焊缝焊件外径范围 mm

管材试件外径 D	适用于管材焊件外径范围	
	最小值	最大值
<25	D	不限
25≤ D <76	25	不限
≥76	76	不限
≥300（注 A-4）	76	不限

问题处置

监督人员下发《质量问题处理通知书》，要求施工单位技术人员排查问题焊工的作业范围，并进行必要的检测；更换资格合格的焊工从事取压管焊接，并在工程协调会上予以通报。

经验总结

施工单位应提高管理人员质量意识，重视对技术人员相关标准规范的培训，加强对特种作业人员的资格管理，避免无资格焊工施焊现象发生。

163 仪表多功能校验仪不能满足校验需求

案例概况

2022年9月，监督人员对某公司项目监督检查时发现，多功能校验仪的最高压力为16MPa，现场校验记录中却有25MPa和40MPa的仪表校验数据。仪表用计量器具配备存在问题，现场仅配备了0~2.5kPa、0~7kPa和0~7MPa三个压力模块，该装置压力变送器有高压0~25MPa及低压-400~200Pa量程，不但单校精度不能保证，量程也不能覆盖。

EVA 项目工艺装置区	仪表校验记录				SY03-G003
单项工程	20 万吨/年 EVA 项目工艺装置区			单项工程编号	E7482
单位工程	仪表安装工程一标段			单位工程编号	0601
仪表名称	压力变送器				
标准表名称	多功能校验仪	准确度	0.02	编号	25518975

序号	仪表位号	仪表编号	量程	校验结果	备注
39	101-PT-12018	C4000040795658	0-0.01MPa	合格	/
40	101-PT-12019	C4000040795659	0-1.6MPa	合格	/
41	101-PT-12021	C4000040795660	0-0.6MPa	合格	/
42	101-PT-12023	C4000040795661	0-0.01MPa	合格	/
43	101-PT-12052	C4000040795662	0-6MPa	合格	/
44	101-PT-12053	C4000040795663	0-6MPa	合格	/
45	101-PPT-12061	C4000040795664	0-1MPa	合格	/
46	101-PT-12075	C4000040795677	0-6MPa	合格	/
47	101-PT-12077	C4000040795678	0-25MPa	合格	/
48	101-PT-12078	C4000040795679	0-25MPa	合格	/
49	101-PT-12082	C4000040795581	0-1MPa	合格	/
50	101-PT-12608	C4000040795665	0-0.16MPa	合格	/
51	101-PT-12618	C4000040795666	0-6MPa	合格	/
52	101-PPT-12621	C4000040795583	0-1MPa	合格	/
53	101-PT-12622	C4000040795667	0-6MPa	合格	/
54	101-PT-12624	C4000040795668	0-6MPa	合格	/
55	101-PT-12627	C4000040795669	0-1MPa	合格	/
56	101-PT-12630	C4000040795584	0-1MPa	合格	/
57	101-PT-12701A	C4000040795585	0-1MPa	合格	/

总承包单位	施工单位
专业工程师：	校验人： 技术负责人：

问题分析

多功能校验仪不符合 GB 50093—2013《自动化仪表工程施工及质量验收规范》第 12.1.1 条“仪表在安装和使用前应进行检查、校准和试验”、第 12.1.7 条“用于仪表校准和试验的标准仪器仪表，应具备有效的计量检定合格证明，其基本误差的绝对值不宜超过被校准仪表基本误差绝对值的 1/3”的要求。

施工单位在仪表单校前未掌握仪表工程使用的标准仪表量程和精度；工程总承包单位专业人员未对施工质量起到有效的管理作用；专业监理工程师未认真履行监理职责，未对施工现场仪表校验起到监管作用，致使仪表校验工作存在造假嫌疑。

问题处置

监督人员下发《质量问题处理通知书》，要求：施工单位对检查问题限期整改，监理单位复查落实整改情况；约谈监理单位总监及施工单位质量经理，要求加强对专业监理工程师及施工专业人员的管理，认真开展仪表校验及监理旁站工作，做到工程施工记录真实有效。

经验总结

工程总承包单位及施工单位应重视仪表校验质量管控，掌握仪表工程使用的标准仪表量程和精度，提高因工程质量问题对项目投入运行带来安全风险的认识；监理单位专业监理工程师应增强责任心，认真开展旁站监理，落实仪表设备在安装使用前应进行校验合格的要求。

164 仪表接线箱格兰与电缆规格型号不匹配

案例概况

2022 年 7 月，某公司高密度聚乙烯（HDPE）装置和空分装置现场 770 多个仪表接线箱现场主电缆引入装置（格兰）与设计电缆规格型号严重不匹配，不符合规范要求。

HDPE装置570个仪表
接线箱无法做到密封

空分装置200余个仪表
接线箱无法做到密封

问题分析

仪表接线箱格兰与电缆规格型号不匹配，不符合 GB 50257—2014《电气装置安装工程　爆炸和火灾危险环境　电气装置施工及验收规范》第 4.1.4 条“防爆电气设备的进线口与电缆、导线引入连接后，应保持电缆引入装置的完整性和弹性密封圈的密封性，并应将压紧元件用工具拧紧，且进线口应保持密封”、5.2.3 条“5 电缆与电气设备连接时，应选用与电缆外径相适应的引入装置”的要求。

HDPE 装置 570 个仪表接线箱格兰内径过大，格兰规格型号（内径 40mm）与电缆外径（30mm）不匹配；空分装置现场 200 多个仪表接线箱主电缆引入装置内径过大，格兰规格型号（内径 50mm）电缆外径（20~40mm）不匹配，无法做到夹紧造成防爆密封失效，会导致可燃气在箱内聚集，线路松动打火时发生爆炸危险。

问题处置

监督人员下发《质量问题处理通知书》，要求建设单位限期整改，采购合适的格兰接头或防爆转换接头，保证进线口的防爆密封施工质量可控。

经验总结

施工单位应掌握电缆防爆密封相关质量标准，加强施工过程质量控制；监理单位专业监理工程师应增强责任心，认真履行质量检查和验收职责。

165　仪表校准证书造假　单校记录失真

案例概况

2022 年 6 月，监督人员对某公司项目监督检查时发现：延迟焦化装置中施工单位提供的 22 台标准仪表的校准证书，经与出具校准证书单位核实均系伪造；高密度聚乙烯装置的标准仪表中多功能校验仪仅有 3 只压力模块，其基本误差绝对值精度大于部分被校智能变送器，标准表中多功能校验仪压力模块不能满足校验需求，部分装置变送器单体校验方法明显错误。

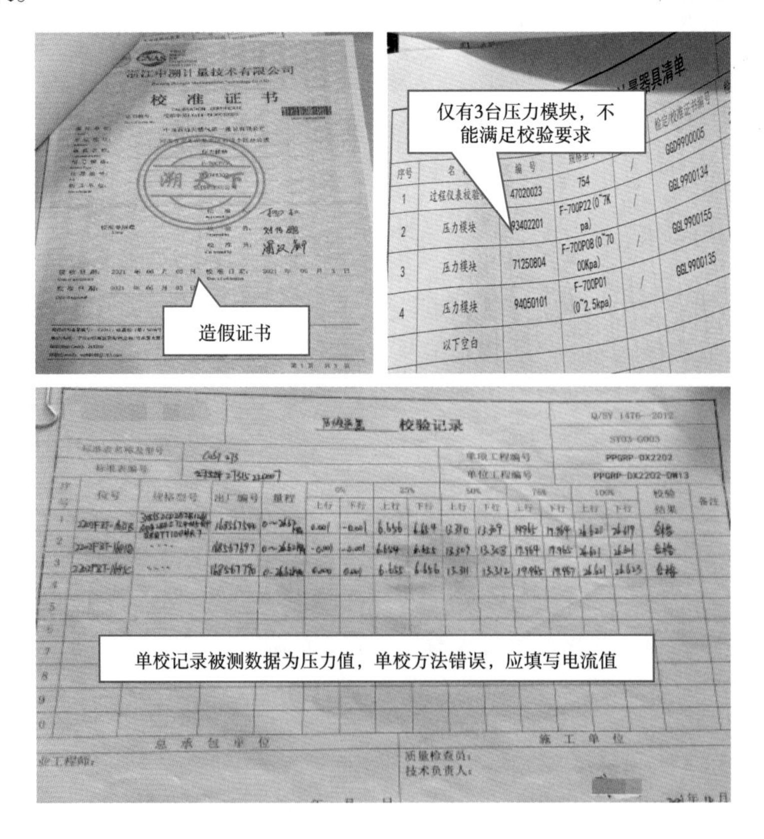

问题分析

仪表校准证书造假，单校记录失真，不符合 GB 50093—2013《自动化仪表工程施工及质量验收规范》第 12.1.7 条“用于仪表校准和试验的标准仪器仪表，应具备有效的计量检定合格证明，其基本误差的绝对值不宜超过被校准仪表基本误差绝对值的 1/3”的要求。

施工单位在未经实际校准的情况下伪造虚假报告；仪表调试人员培训不到位，自身技术不过硬，不懂单体校验方法，造成单校方法错误，记录失真，无法起到仪表进场单体校验的目的。

问题处置

监督人员下发《质量问题处理通知书》，提出以下处理意见：建议建设单位对伪造校准证书的施工单位给予经济处罚，并及时将校验仪器送至有资质的计量单位进行校准；对已形成的虚假报告全面检查并重新校验。不能满足校验需求的多功能校验仪压力模块和精密压力表应及时增加相应量程的标准仪表。单体校验方法错误问题，施工单位应配置有资格、掌握仪表校验的专业技术人员，监理单位应加强单校过程检查，控制单校质量。

经验总结

校验数据的准确性是校验工作的基础，不真实地记录数据将会对校验工作做出误导，记录数据失真带来的危害是巨大的，施工人员对校验数据的准确性必须重视。只有调试人员自身职业素质有保障，施工单位管理制度完善，监理单位的执行力足够坚决，违规者得到应有惩处，才能有效改善数据失真问题。

166　仪表联校记录不真实

案例概况

2022 年 7 月，某公司烯烃厂净水车间 VOCs 处理改造项目，监督人员在抽查仪表回路联校记录时发现，7 台控制阀校验记录数据存在问题。该项目设计选用的控制阀为两位式紧急切断阀，只有全关或全开位置，不存在其他固定行程位置。施工单位在联校记录中填写的实测值却包括 0º、45º 和 90º 三点，该校验记录不真实。

净水车间VOCs处理项目	仪表回路联校记录							Q/SY 1476—2012
单项工程					单项工程编号			
单位工程					单位工程编号			

序号	回路号	仪表位号	量程（行程）	实测值 0	实测值 50%	实测值 100%	报警	结果
1	TIA-05001	TT-05001	0~100℃	0	50	100	报警	合格
		XV-05006	0~90°	0	45	90	/	合格
2	TIA-05002	TT-05002	0~100℃	0	50	100	报警	合格
		XV-05005	0~90°	0	45	90		
3	LIA-05001	LT-05001	0~0.7m	0	0.35	0.7	报警	合格
		XV-05001	0~90°	0	45	90		
		XV-05002	0~90°	0	45	90		
4	LIA-05002	LT-05002	0~1.05m	0	0.525	1.05	报警	合格
		XV-05003	0~90°	0	45	90		
		XV-05004	0~90°	0	45	90		
		AT-05002	0~14pH	0	7	14		
5	XV-05007	XV-05007	0~90°	0	45	90	/	合格
6	AIA-05003A	AT-05003A	0~30mg/m³	0	15	30	报警	合格
7	AIA-05003B	AT-05003B	0~30mg/m³	0	15	30	报警	合格
8	以下空白							

问题分析

仪表联校记录不符合GB 50093—2013《自动化仪表工程施工质量验收规范》第12.2.19条“单台仪表校准和试验应填写校准和试验记录”的要求。经调查，施工单位在安装调校过程中，未填写同步过程资料，校验记录为事后补充。施工单位未按规范要求进行调试并准确记录；同时，专业监理工程师未按规定对施工单位仪表联校工作进行现场核实查证，导致该质量问题未能及时发现和处理。

问题处置

监督人员下发《质量问题处理通知书》，要求施工单位按照规范要求整改，组织仪表专业人员重新校验7台控制阀并填写记录，合格后监理单位对整改情况逐一核查，签字确认。

经验总结

施工单位应严格执行相关标准规范；工程总承包单位应加强管理；监理人员应认真履行职责，杜绝此类问题出现。

Ⅷ 土　建

167　钢筋未进行见证取样复验

案例概况

2020 年 5 月，监督人员在对某公司炼油厂 100×10^4t/a 芳烃联合装置生产瓶颈消缺项目的施工现场监督检查时发现，鹤管管架基础所用 HRB400 直径 16mm 钢筋未进行见证取样复验。

问题分析

钢筋未进行见证取样复验，不符合 GB 50204—2015《混凝土结构工程施工质量验收规范》第 5.2.1 条“钢筋进场时，应按国家现行相关标准的规定抽取试件作屈服强度、抗拉强度、伸长率、弯曲性能和重量偏差检验，检验结果应符合相应标准的规定”的要求。

此外，还违反了《房屋建筑工程和市政基础设施工程实行见证取样和送检的规定》（建建〔2000〕211 号）第六条“下列试块、试件和材料必须实施见证取样和送检：（三）用于承重结构的钢筋及连接接头试件”的规定。

问题处置

监督人员下发《质量问题处理通知书》，要求施工单位按规范要求对进场原材料取样复验，监理单位做好见证。检测结果符合规范和设计文件规定后方可使用。

经验总结

施工单位技术人员应增强质量意识，掌握《房屋建筑工程和市政基础设施工程实行见证取样和送检的规定》，严格执行材料进场验收制度；监理单位专业监理工程师应增强工作责任心，现场履行见证职责，对进场原材料严格把关。

168　钢筋进场复检抗震性能不符合要求

案例概况

2020 年 7 月，监督人员在检查某公司催化剂厂微球装置喷雾系统技术升级改造项目框架钢筋隐蔽资料时发现，设计三级抗震、纵向受力钢筋（HRB400E 直径 20mm，HRB400E 直径 14mm）两种规格的进场复检报告 JCGJ2021-00046 和 JCGJ2021-00043 中屈服强度实测值与屈服强度标准值的比值分别为 1.74 和 1.35。

GZJ-A-04

钢材原材检测报告

建设单位	[illegible]	报告日期	2021-07-06
委托单位	[illegible]	报告编号	JCGJ2021-00043
工程名称	催化剂微球装置喷雾系统技术升级改造项目	原始记录编号	JCGJ2021-00043
施工单位	[illegible]	大流水号	2021-00211
监理单位	[illegible]	委托单编号	2021-002
生产厂家	[illegible]	钢材名称	热轧带肋钢筋
样品状态描述	无锈蚀、无弯折、无脱皮现象	牌号	HRB400E
使用部位	基础、框架柱、地梁	公称尺寸	20mm
见证人	苏照洋	产品合格证号及炉批号	W191012017
取样人	高正青	进场数量	0.259 t
结构抗震等级或抗震防烈度	二级	是否用于纵向受力	是
主要检测仪器设备	微机控制电液伺服万能试验机WAW-1000D	评定依据	GB/T1499.2-2018

检测项目		技术指标	实测值					
			1	2	3	4	5	6
公称面积（mm^2）		314.2	314.2					
屈服强度R_{eL}	MPa	不小于：400	475	545	/	/	/	/
抗拉强度R_m	MPa	不小于：540	665	765	/	/	/	/
断后伸长率A（%）		不小于：/	/	/	/	/	/	/
最大力总伸长率Agt（%）		不小于：9	18.3	15.4	/	/	/	/
冷弯	弯心直径d=4.0 a，弯曲180°	受弯部位外表面不得产生裂纹	合格	合格	/	/	/	/
反向弯曲	弯心直径d=5.0 a 经正向弯曲90°后的试样在100℃±10℃下保温≥30min，经自然冷却后再反向弯曲20°	受弯部位外表面不得产生裂纹	合格	/	/	/	/	/
R_m（实测）/R_{eL}（实测）		不小于1.25	1.40	1.40	/	/	/	/
R_{eL}（实测）/R_{eL}（标准）		不大于1.30	1.19	1.36	/	/	/	/
重量偏差（%）		±5.0	1.1					
检验结论	依据GB/T1499.2-2018标准，所检验项目符合热轧带肋钢筋HRB400E技术要求，该钢筋不能用于有一、二、三级抗震等级要求的框架结构的纵向受力筋。							
声明	1.报告无CMA章、检测机构资质专用章无效；2.复制报告未重新加盖检测报告专用章无效；3.报告无检测、审核、签发人签字无效；4.报告涂改无效；5.对检测报告若有异议，应于收到报告之日起十五日内向检测单位提出，逾期不予受理；6.检验检测数据、结果仅证明样品所检验检测项目的符合性。							

见证取样送检

检测机构：[illegible] 签发：[illegible] 审核：[illegible] 试验：[illegible]

[illegible] 联系电话：[illegible]

甘肃省建设工程安全质量监督管理局编制

GZJ-A-04

钢材原材检测报告

建设单位	[illegible]	报告日期	2021-07-06
委托单位	[illegible]	报告编号	JCGJ2021-00046
工程名称	催化剂微球装置喷雾系统技术升级改造项目	原始记录编号	JCGJ2021-00046
施工单位	[illegible]	大流水号	2021-00214
监理单位	[illegible]	委托单编号	2021-005
生产厂家	[illegible]	钢材名称	热轧带肋钢筋
样品状态描述	无锈蚀、无弯折、无脱皮现象	牌号	HRB400E
使用部位	基础、框架柱、地梁	公称尺寸	14mm
见证人	苏照洋	产品合格证号及炉批号	W20242176715
取样人	高正青	进场数量	1.61 t
结构抗震等级或抗震防烈度	二级	是否用于纵向受力	是
主要检测仪器设备	微机控制电液伺服万能试验机WAW-1000D	评定依据	GB/T1499.2-2018

检测项目		技术指标	实测值					
			1	2	3	4	5	6
公称面积（mm^2）		153.9	153.9					
屈服强度R_{eL}	MPa	不小于：400	490	555	/	/	/	/
抗拉强度R_m	MPa	不小于：540	705	815	/	/	/	/
断后伸长率A（%）		不小于：/	/	/	/	/	/	/
最大力总伸长率Agt（%）		不小于：9	17.4	16.4	/	/	/	/
冷弯	弯心直径d=4.0 a，弯曲180°	受弯部位外表面不得产生裂纹	合格	合格	/	/	/	/
反向弯曲	弯心直径d=5.0 a 经正向弯曲90°后的试样在100℃±10℃下保温≥30min，经自然冷却后再反向弯曲20°	受弯部位外表面不得产生裂纹	合格	/	/	/	/	/
R_m（实测）/R_{eL}（实测）		不小于1.25	1.44	1.47	/	/	/	/
R_{eL}（实测）/R_{eL}（标准）		不大于1.30	1.22	1.39	/	/	/	/
重量偏差（%）		±5.0	-1.9					
检验结论	依据GB/T1499.2-2018标准，所检验项目符合热轧带肋钢筋HRB400E技术要求，该钢筋不能用于有一、二、三级抗震等级要求的框架结构的纵向受力筋。							
声明	1.报告无CMA章、检测机构资质专用章无效；2.复制报告未重新加盖检测报告专用章无效；3.报告无检测、审核、签发人签字无效；4.报告涂改无效；5.对检测报告若有异议，应于收到报告之日起十五日内向检测单位提出，逾期不予受理；6.检验检测数据、结果仅证明样品所检验检测项目的符合性。							

见证取样送检

检测机构：[illegible] 签发：[illegible] 审核：[illegible] 试验：[illegible]

[illegible] 联系电话：[illegible]

问题分析

钢筋进场复检抗震性能不符合 GB 50204—2015《混凝土结构工程施工质量验收规范》第 5.2.3 条“2 屈服强度实测值与屈服强度标准值的比值不应大于 1.30”的要求。

施工单位自检不到位，监理单位对报验资料审查把关不严，未对检测数据认真审核，没有及时发现不合格的检测报告。

问题处置

监督人员下发《质量问题处理通知书》，要求施工单位在监理单位见证下对该批钢筋扩大比例进行取样送样检测；扩大比例检测结果符合规范要求后方可使用。

GZJ-A-04

钢材原材检测报告

委托单位	[illegible]	报告日期	2021-07-27
建设单位	[illegible]	报告编号	2021LDJC-GCJ-00868
工程名称	催化剂微球装置喷雾系统技术升级改造	原始记录编号	2021LDJC-GCJ-00868
施工单位	[illegible]	大流水号	2021-04527
监理单位	[illegible]	委托单编号	2021-001
生产厂家	[illegible]	钢材名称	热轧带肋钢筋
样品状态描述	钢筋平直、无锈蚀	牌号	HRB400E
使用部位	条形基础、地梁	公称尺寸	10
取样人及证书号	高正青	产品合格证号及炉批号	B19125343124 5191124107
见证人及证书号	苏照洋	进场数量	0.876 t
结构抗震等级或抗震防烈度	三级	是否用于纵向受力	是
主要检测仪器设备	万能试验机WED-1000B（080）	评定依据	GB/T1499.2-2018

检测项目		技术指标	实测值					
			1	2	3	4	5	6
公称面积（mm²）		78.54	78.54					
屈服强度R_{eL}	MPa	不小于：400	420	420	/	/	/	/
抗拉强度R_m	MPa	不小于：540	635	620	/	/	/	/
断后伸长率A（%）		不小于：/	/	/	/	/	/	/
最大力总延伸率Agt（%）		不小于：9	15.3	15.6	/	/	/	/
冷弯	弯心直径d= 4.0 a，弯曲180°	受弯部位外表面不得产生裂纹	合格	合格	/	/	/	/
反向弯曲	弯心直径d= 5.0 a 经正向弯曲90°后的试样在100℃±10℃下保温≥30min，经自然冷却后再反向弯曲20°		合格					
R_m（实测）/R_{eL}（实测）		不小于1.25	1.51	1.48	/	/	/	/
R_{eL}（实测）/R_{eL}（标准）		不大于1.30	1.05	1.05	/	/	/	/
重量偏差（%）		±6.0	0.5					
试验结论	依据GB/T1499.2-2018标准，所检验项目符合热轧带肋钢筋HRB400E要求。见证取样送检							
声明	1.报告无CMA章、检测机构资质专用章无效；2.复制报告未重新加盖检测报告专用章无效；3.报告无检测、审核、签发人签字无效；4.报告涂改无效；5.对检测报告若有异议，应于收到报告之日起十五日内向检测单位提出，逾期不予受理。							

检测机构：[illegible]土木工程试验检测有限公司 签发： 审核： 试验：

检测机构地址：[illegible] 联系电话：[illegible]

甘肃省建设工程安全质量监督管理局编制

GZJ-A-04

钢材原材检测报告

委托单位	[illegible]	报告日期	2021-07-27
建设单位	[illegible]	报告编号	2021LDJC-GCJ-00869
工程名称	催化剂微球装置喷雾系统技术升级改造	原始记录编号	2021LDJC-GCJ-00869
施工单位	[illegible]	大流水号	2021-04528
监理单位	[illegible]	委托单编号	2021-001
生产厂家	[illegible]	钢材名称	热轧带肋钢筋
样品状态描述	钢筋平直、无锈蚀	牌号	HRB400E
使用部位	条形基础、地梁	公称尺寸	14
取样人及证书号	高正青	产品合格证号及炉批号	W20242176715 200719430
见证人及证书号	苏照洋	进场数量	1.61 t
结构抗震等级或抗震防烈度	三级	是否用于纵向受力	是
主要检测仪器设备	万能试验机WED-1000B（080）	评定依据	GB/T1499.2-2018

检测项目		技术指标	实测值					
			1	2	3	4	5	6
公称面积（mm²）		153.9	153.9					
屈服强度R_{eL}	MPa	不小于：400	440	440	/	/	/	/
抗拉强度R_m	MPa	不小于：540	620	625	/	/	/	/
断后伸长率A（%）		不小于：/	/	/	/	/	/	/
最大力总延伸率Agt（%）		不小于：9	16.3	16.8	/	/	/	/
冷弯	弯心直径d= / a，弯曲180°	受弯部位外表面不得产生裂纹	/	/	/	/	/	/
反向弯曲	弯心直径d= 5.0 a 经正向弯曲90°后的试样在100℃±10℃下保温≥30min，经自然冷却后再反向弯曲20°		合格					
R_m（实测）/R_{eL}（实测）		不小于1.25	1.41	1.42	/	/	/	/
R_{eL}（实测）/R_{eL}（标准）		不大于1.30	1.10	1.10	/	/	/	/
重量偏差（%）		±5.0	-1.1					
试验结论	依据GB/T1499.2-2018标准，所检验项目符合热轧带肋钢筋HRB400E要求。见证取样送检！							
声明	1.报告无CMA章、检测机构资质专用章无效；2.复制报告未重新加盖检测报告专用章无效；3.报告无检测、审核、签发人签字无效；4.报告涂改无效；5.对检测报告若有异议，应于收到报告之日起十五日内向检测单位提出，逾期不予受理。							

检测机构：[illegible]土木工程试验检测有限公司 签发： 审核： 试验：

检测机构地址：[illegible] 联系电话：[illegible]

甘肃省建设工程安全质量监督管理局编制

经验总结

施工单位、监理单位人员应增强质量意识，加强对材料复验报告中关键数据的审查，强化过程管控；监督人员发现此类问题应要求施工单位对该批材料进行扩大比例检测，并做好跟踪，确保材料质量受控。

169 水泥未进行强度、安定性复验

案例概况

2020 年 6 月，监督人员对某公司 2019 安保设施完善项目进行主体分部监督检查时发现，安保值班室主体砌筑用袋装水泥质量控制资料，未进行见证取样复验。

问题分析

水泥未进行见证取样复验，不符合 GB 50203—2011《砌体结构工程施工质量验收规范》第 4.0.1 条“1 水泥进场时应对其品种、等级、包装或散装仓号、出厂日期等进行检查，并应对其强度、安定性进行复验，其质量必须符合现行国家标准 GB 175《通用硅酸盐水泥》的有关规定”的要求。

此外，还违反了《房屋建筑工程和市政基础设施工程实行见证取样和送检的规定》(建建〔2000〕211 号)第六条“下列试块、试件和材料必须实施见证取样和送检:(五)用于拌制混凝土和砌筑砂浆的水泥”的规定。

问题处置

监督人员下发《质量问题处理通知书》，要求施工单位、监理单位认真履行职责，施工单位按规范要求对该批进场水泥取样送检，监理单位做好见证；检测结果符合规范和材料质量标准后方可使用。

经验总结

施工单位应增强质量意识，严格执行材料进场验收制度；监理单位应增强工作责任心，严格执行《房屋建筑工程和市政基础设施工程实行见证取样和送检的规定》，杜绝监理履职不到位现象的发生，确保过程质量受控。

170　主体砌筑材料未进行强度复验

案例概况

2020 年 7 月，监督人员在对某公司低温热回收利用改造项目配电室单元进行现场巡监时发现，配电室主体加气混凝土砌块(B05、厚度 250mm)及砌筑砂浆(Ma7.5)，均未进行强度复验。

问题分析

主体砌筑材料未进行强度复验，不符合 GB 50203—2011《砌体结构工程施工质量验收规范》第 3.0.1 条“砌体结构工程所用的材料应有产品合格证书、产品性能型式检验报告，质量应符合国家现行有关标准的要求。块体、水泥、钢筋、外加剂尚应有材料主要性能的进场复验报告，并应符合设计要求”、第 4.0.12 条第 2 款中“砂浆强度应以标准养护，28 天龄期的试块抗压强度为准”及“每一检验批且不超过 250m^3 砌体的各类、各强度等级的普通砌筑砂浆，每台搅拌机应至少抽检一次”的要求。

问题处置

监督人员下发《质量问题处理通知书》，要求施工单位、监理单位认真履行职责，施工单位按规范要求对砌筑用砂浆、加气混凝土砌块取样送检，监理单位做好见证；检测结果符合规范和材料质量标准后方可使用。

经验总结

砌筑砂浆强度、砌块强度是砌筑工程验收的主控项目，施工单位应严格执行材料进场验收制度；监理单位应加强现场监理履职，严格落实见证取样检测，把好进场原材料验收关，确保砌筑工程质量受控。

171　屋面防水原材料进场未检验

案例概况

2020 年 10 月，监督人员对某炼油厂储焦场粉尘治理项目控制室屋面防水施工监督检查时发现，现场高聚物弹性体改性沥青防水卷材，施工前未进行原材料进场检验。

问题分析

屋面防水原材料进场未检验不符合 GB 50207—2012《屋面工程质量验收规范》附录 A 表 A.0.1 中屋面防水材料进场应对高聚物改性沥青防水卷材可溶物含量、拉力、最大拉力时延伸率、耐热度、低温柔度、不透水性等物理性能进行检验的要求。

问题处置

监督人员下发《工程质量问题处理通知书》，要求施工单位暂停施工，对高聚物弹性体改性沥青防水卷材抽检复检，合格后重新向监理单位报验，经监理同意后方可继续施工。

经验总结

施工单位应严格按照质量管理体系的要求落实材料进场验收制度，质量管理人员应增强质量意识，加强对复验报告数据准确性的审查；监理单位现场人员应加强过程管控，杜绝流于形式的质量验收；监督人员发现此类问题应立即制止，消除质量隐患。

172　屋面原材料复验项目不全

案例概况

2021 年 8 月，监督人员对某公司炼化项目辅助工程 AN 机柜室屋面工程监督检查时发现，现场 3mm 厚自粘聚合物改性沥青防水卷材复检报告缺少可溶物含量检验项目；XPS 挤塑板合格证中的密度指标与设计要求不相符；保温板未进行复检。

问题分析

屋面原材料复验项目不全，不符合 GB 50207—2012《屋面工程施工质量验收规范》附录 A 表 A.0.1 中”屋面防水材料进场应对高聚物改性沥青防水卷材可溶物含量、拉力、最大拉力时延伸率、耐热度、低温柔度、不透水性等物理性能进行检验”的要求。

屋面工程应遵循“材料是基础、设计是前提、施工是关键、管理是保证”的综合治理原则，严格控制原材料质量是确保屋面防水、保温、隔热等使用功能和工程质量的前提。

施工单位管理人员对标准规范不熟悉，工作中惯性思维，只按常规做法对进场防水材料进行复验，没有对照规范具体条款委托材料进场复验。监理单位管理人员验收工作不认真，把关不严，致使主要性能指标未经检测的材料用于施工现场。

问题处置

监督人员下发《工程质量问题处理通知书》，要求施工单位暂停施工，对现场用防水卷材、保温材料进行抽检复验，合格后向监理单位报验，经监理单位同意后方可继续施工。

经验总结

施工单位应加强进场材料检验、复验；监理单位应加强现场履职，对报验的进场材料认真检查验收；监督人员应加大对原材料进场验收工作的监督力度，及时发现质量问题，并督促责任单位立即进行整改，消除工程质量隐患。

173　预应力混凝土管桩桩身质量存在缺陷

案例概况

2022 年 9 月，监督人员对某公司 26×10^4t/a 丙烯腈装置中间罐区进场预应力管桩 PHC400 AB 95 巡监检查时发现，部分管桩混凝土实体存在以下问题：混凝土管桩内壁混凝土塌落、凹凸不平、粗骨料外漏、表面不密实；管桩壁厚度不均匀，截面尺寸偏差大；桩套箍凹陷，套箍与桩身结合面存在漏浆、空洞和蜂窝。

问题分析

预应力混凝土管桩桩身质量存在缺陷，不符合 GB 13476—2009《先张法预应力混凝土管桩》第 5.4 条表 5 管桩的外观质量的要求。

建筑工程的桩基是所有设备基础的根基，所有设备基础是承载设备的主要载体，是根基和保证。

预应力混凝土管桩生产单位未严格按生产工艺要求控制混凝土养护时间，生产模具不规范，致使预应力混凝土管桩外观产生严重质量缺陷。施工单位质量意识淡薄，对进场材料验收把关不严，致使不合格材料进入现场。

表5 管桩的外观质量

序号	项目		外观质量要求
1	粘皮和麻面		局部粘皮和麻面累计面积不应大于桩总外表面的0.5%；每处粘皮和麻面的深度不得大于5mm，且应修补。
2	桩身合缝漏浆		漏浆深度不应大于5mm，每处漏浆长度不得大于300mm，累计长度不得大于管桩长度的10%，或对称漏浆的搭接长度不得大于100mm，且应修补。
3	局部磕损		局部磕损深度不应大于5mm，每处面积不得大于5000mm²，且应修补。
4	内外表面漏筋		不允许
5	表面裂缝		不得出现环向和纵向裂缝，但龟裂、水纹和内壁浮浆层中的收缩裂缝不在此限。
6	桩端面平整度		管桩端面混凝土和预应力钢筋镦头不得高出端板平面。
7	断筋、脱头		不允许
8	桩套箍凹陷		凹陷深度不应大于10mm。
9	内表面混凝土塌落		不允许
10	接头和桩套箍与桩身结合面	漏浆	漏浆深度不应大于5mm，漏浆长度不得大于周长的1/6，且应修补。
		空洞与蜂窝	不允许

问题处置

监督人员下发《质量问题处理通知书》，要求施工单位对不合格管桩进行退场处理，停止原有预应力混凝土管桩生产厂家供货；要求监理单位督促相关责任单位落实整改，整改完成后重新组织验收。

经验总结

各责任单位管理人员应严格按照建筑工程施工规范、材料标准对进场材料构件逐一检查验收，不留质量隐患，确保使用的材料构件质量全面受控。

174 混凝土灌注桩受力钢筋及桩位存在偏差

案例概况

2021 年 1 月，监督人员对某公司 80×10^4t/a 苯乙烯装置 D-6006 基础进行桩基验收、地基验槽监督检查时发现，混凝土灌注桩（桩径 600mm，共 4 根）桩位与设计文件 CV10-DW-1 不符，最大偏差 220mm；竖向受力钢筋位置偏移，最大偏差 180mm（钢筋笼直径偏差 180mm）；钢筋保护层厚度最大达 220mm。

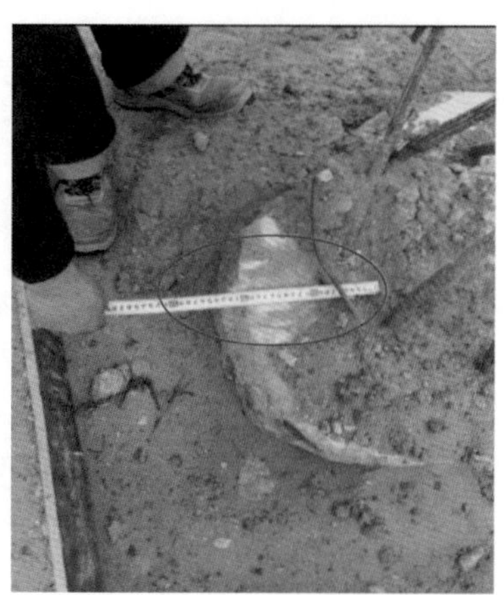

问题分析

混凝土灌注桩受力钢筋及桩位存在偏差，不符合 GB 50202—2018《建筑地基基础工程施工质量验收标准》第 5.1.4 条表 5.1.4 中“泥浆护壁钻孔桩桩径＜ 1000m，桩位允许偏差≤ 70mm+0.01*H*[1]”、第 5.6.4 条表 5.6.4 中“钢筋笼直径允许偏差 ±10mm”，以及 GB 51004—2015《建筑地基基础工程施工规范》第 5.6.14 条第 4 款中“钢筋笼主筋混凝土保护层允许偏差为 ±20mm”的要求。

施工单位质检员检查不严，质量控制措施落实不到位。施工人员对钢筋保护层不重视，缺乏责任心。专业监理工程师未认真履行检查职责，在发现保护层问题后，未与设计单位沟通便制订方案整改，造成质量隐患。

问题处置

监督人员下发《质量问题处理通知单》，要求施工单位组织整改，经设计单位核算后实施；要求监理单位、工程总承包单位和施工单位对施工的每个环节进行检查确认，合格后进入下道工序。现场已进行补桩。

经验总结

当混凝土灌注桩桩位偏差值超过规范要求时，应根据实际情况进行复核，如果各桩承受的竖向承载力不符合单桩承载力设计值，就应无条件进行补桩处理；否则，结构的安全性会有所降低。各责任主体单位应建立健全质量保证体系，并持续有效运行；施工单位应认真做好事前技术交底、过程检查确认工作；监理单位应加强平行检验、巡视监理力度，发现质量问题及时组织整改。

[1] *H* 为桩基施工面至设计桩顶的距离（mm）。

175 混凝土灌注桩钢筋保护层厚度不足

案例概况

2021 年 8 月，监督人员对某公司炼化一体化项目固体储运设施原煤储运项目圆形料场灌注桩监督检查时发现，部分灌注桩纵向受力钢筋外露，完全没有保护层或保护层厚度严重不足。

问题分析

混凝土灌注桩不满足设计要求。根据设计图纸—圆形料场灌注桩平面布置图（图号：22388-5620-B4d-30-340-001）说明第 6.5 条要求，灌注桩钢筋保护层厚度为 55mm。

混凝土灌注桩的桩身结构主要由钢筋和混凝土组成，共同承受基础和上部结构传来的上部压力，桩身钢筋保护层厚度不足，混凝土很难与钢筋粘接在一起，形成良好的握裹力；同时，混凝土也很难对桩身受力钢筋起到良好的保护作用，易使受力钢筋锈蚀，降低钢筋混凝土灌注桩的耐久性，使桩身承载力难以正常发挥，给桩基工程质量埋下了严重质量隐患。

桩基施工单位管理人员质量意识不高，桩基施工之前未进行认真技术交底，施工过程管控不严，导致桩身一侧钢筋保护层厚度不足。截桩措施不当，未对桩周混凝土进行环切，造成桩顶部分桩身混凝土被人为随意凿除，使桩顶钢筋保护层厚度不足。现场监理人员未认真履行职责，工序验收和旁站监理流于形式。

问题处置

监督人员下发《质量问题处理通知书》，要求相关责任单位认真分析造成桩身钢筋保护层厚度不足的原因，制定整改措施，经设计单位、监理单位审查后按照整改措施进行整改。施工单位制订了问题整改实施方案，设计单位对实施方案进行审查，形成了审查意见，提出了具体措施。施工单位按要求进行了整改。

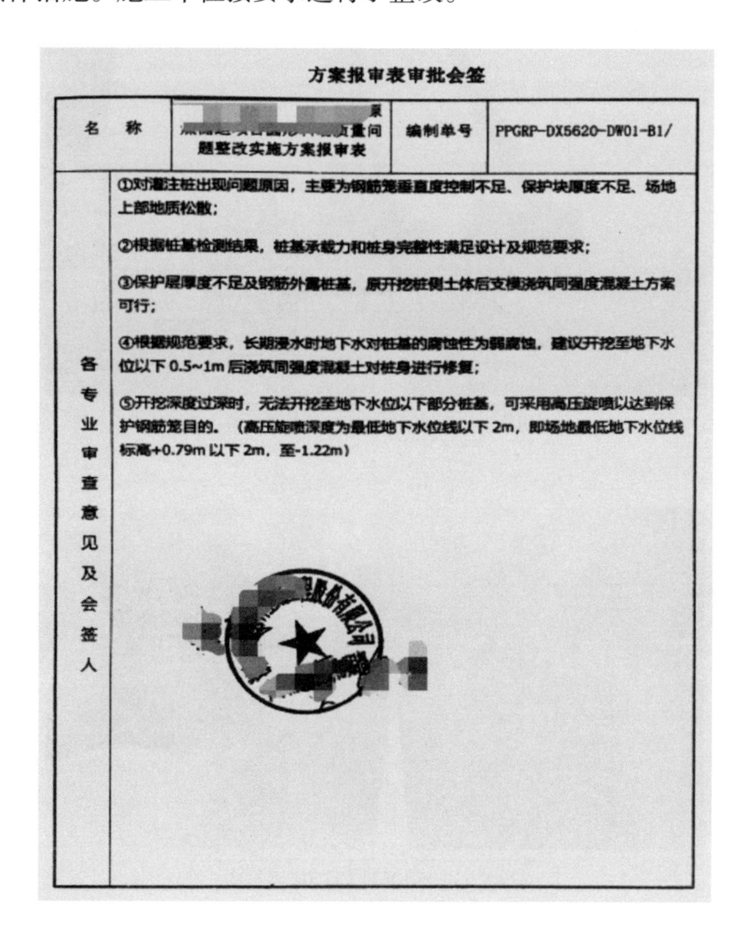

方案报审表审批会签

名　称	[illegible]质量问题整改实施方案报审表	编制单号	PPGRP-DX5620-DW01-B1/
各专业审查意见及会签人	①对灌注桩出现问题原因，主要为钢筋笼垂直度控制不足、保护块厚度不足、场地上部地质松散； ②根据桩基检测结果，桩基承载力和桩身完整性满足设计及规范要求； ③保护层厚度不足及钢筋外露桩基，原开挖桩侧土体后支模浇筑同强度混凝土方案可行； ④根据规范要求，长期浸水时地下水对桩基的腐蚀性为弱腐蚀，建议开挖至地下水位以下 0.5~1m 后浇筑同强度混凝土对桩身进行修复； ⑤开挖深度过深时，无法开挖至地下水位以下部分桩基，可采用高压旋喷以达到保护钢筋笼目的。（高压旋喷深度为最低地下水位线以下 2m，即场地最低地下水位线标高+0.79m 以下 2m，至-1.22m）		

经验总结

施工单位、监理单位人员发现此类问题应第一时间反馈至建设单位，在对桩身质量进行全面检测的基础上由设计单位进行核算，最终确定整改方案；监督人员应跟踪整改方案的落实，消除桩基工程严重质量隐患。

176　桩基检测方法不符合规范要求

案例概况

2022 年 4 月，监督人员对某公司 20×10^4t/a 聚丙烯装置桩基工程单桩竖向抗压承载力检测监督检查时发现，现场已完成的 15 根单桩竖向抗压承载力检测，全部采用静力压桩机作为反力装置，实测试验桩中心与压桩机支腿边距离为 2.33m；现场采用木方作为基准梁，且未设置支撑基准梁用的基准桩。

用静力压桩机进行单桩抗压静载试验

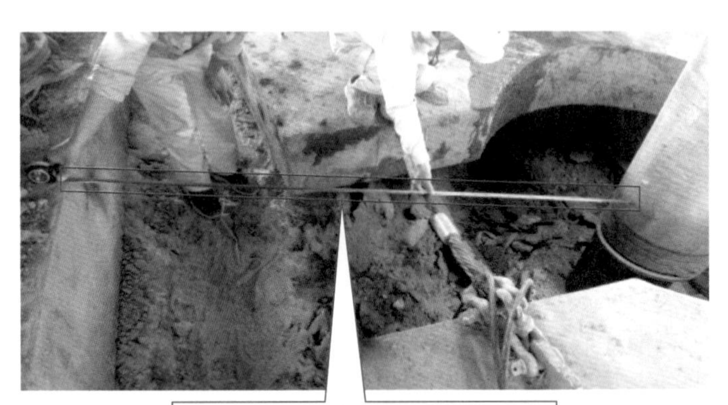

试验桩中心与压桩机支腿边距离2.33m

基准梁采用木方，
基准梁未固定在基
准桩上
试验桩D=800mm

问题分析

桩基检测方法不符合 JGJ 106—2014《建筑基桩检测技术规范》表 4.2.6“试桩中心到压重平台支墩边≥ 4D[1] 且> 2.0m”（桩径 0.8m，4D=3.20m）、第 4.2.4 条“3 基准梁应具有足够的刚度，梁的一端应固定在基准桩上，另一端应简支于基准桩上”的要求。JGJ 106—2014《建筑基桩检测技术规范》第 4.2.2 条文说明“如果压桩机支腿（视为压重平台支墩）、试桩、基准桩三者之间的距离不满足本规范 4.2.6 的规定，则不得使用压桩机作为反力装置进行静载试验”。

桩基检测工作是一项严谨的工作，是验证桩基础是否满足设计承载力要求的重要手段。检测工作质量如何，测试方法是否正确，以及结论都会对建筑物整体安全与使用造成一定的影响。

检测单位疏于质量管理与质量控制，反力装置、基准梁无法满足规范要求，影响检测数据的准确性，检测结果不能作为验收依据。监理单位和建设单位对检测工作重视程度不足，未对桩基检测工作进行有效监管，未对桩基检测方案措施落实情况进行检查。

问题处置

监督人员下发《质量问题处理通知书》，约谈检测单位技术质量负责人，责成检测单位重新完善检测方案，严格按规范要求进行桩基工程检测。

经验总结

检测单位应加强检测技术交底，严格按照规范要求开展监测工作；监理单位、建设单位应加强对检测方案的审查，加强对检测方案落实情况进行监管；监督人员应加大对桩基检测工作的监督力度，杜绝因桩基质量引发的质量事故隐患。

177 混凝土灌注桩未按设计要求进行承载力检测

案例概况

2022 年 3 月，监督人员对某公司炼化一体化项目固体储运设施聚丙烯（PP）包装厂房及辅助用房工程地基验槽（验桩）监督检查时发现，设计图纸《PP 包装厂房及仓库（包装

---

[1] D 为试桩、锚桩或地锚的设计直径或边宽，取其较大者。

工段）包装楼桩位图》（图纸编号 22388-5613-B4a-30-341-0001）要求工程桩达到设计强度后，应进行静载试验、高应变及低应变检测，单桩抗拔设计承载力特征值 600kN，单桩抗水平设计承载力特征值 200kN，但相关单位仅采用高应变法进行检测。

问题分析

混凝土灌注桩未按设计要求进行承载力检测，不符合 GB 50202—2018《建筑地基基础工程施工质量验收标准》第 5.1.5 条“工程桩应进行承载力和桩身完整性检验”、第 5.6.4 条表 5.6.4 中灌注桩承载力不小于设计值的要求。

桩基检测是桩基施工质量和桩基承载力检验的有效手段，也是检验桩基工程最终能否满足设计要求的有效方法，桩基检测项目缺项将给桩基工程质量埋下质量隐患，如处理不好将直接影响基础结构稳定和上部建筑安全。

检测单位未严格按照设计要求对桩基进行检测，仅采用检测方法较为简单、耗时较短的高应变法进行桩基竖向抗压承载力检测，且没有进行工程桩抗拔承载力和抗水平承载力检测，随意降低设计的检测要求，严重影响结构安全。现场监理人员未认真履行职责，工序验收和旁站监理流于形式。

问题处置

监督人员下发《质量问题处理通知书》，要求检测单位按设计要求进行承载力和完整性检测；监理单位要加强过程管控和旁站监理，严格执行验收程序。

经验总结

施工单位应在检测委托中明确技术要求，包括检测内容、检测方法、检测数量等；监理单位应将承载力检测作为监理工作的重点，做好跟踪、做好验收；监督人员在工作中应强化对此类问题的监控，避免遗留质量隐患。

178　桩基工程检测数量不足

案例概况

2021 年 9 月，监督人员在某公司炼化一体化项目 260×10^4t/a 联合芳烃装置现场监督检查中发现，设备基础 D501 钻孔灌注桩桩基检测中间结果抗压静载试验检测数量只有 1 根桩。

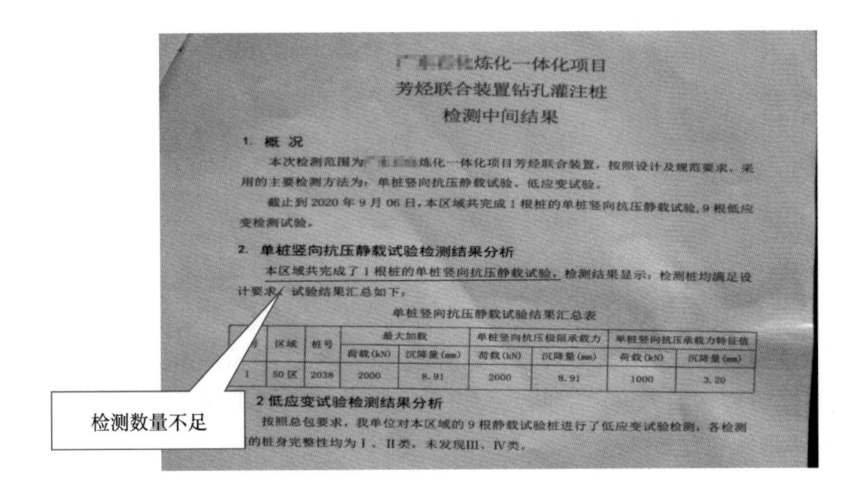

炼化一体化项目
芳烃联合装置钻孔灌注桩
检测中间结果

1. 概 况

本次检测范围为炼化一体化项目芳烃联合装置，按照设计及规范要求，采用的主要检测方法为：单桩竖向抗压静载试验、低应变试验。

截止到 2020 年 9 月 06 日，本区域共完成 1 根桩的单桩竖向抗压静载试验，9 根低应变检测试验。

2. 单桩竖向抗压静载试验检测结果分析

本区域共完成了 1 根桩的单桩竖向抗压静载试验，检测结果显示：检测桩均满足设计要求，试验结果汇总如下：

单桩竖向抗压静载试验结果汇总表

[illegible]	区域	桩号	最大加载		单桩竖向抗压极限承载力		单桩竖向抗压承载力特征值	
			荷载(kN)	沉降量(mm)	荷载(kN)	沉降量(mm)	荷载(kN)	沉降量(mm)
1	50 区	2038	2000	8.91	2000	8.91	1000	3.20

2 低应变试验检测结果分析

按照总包要求，我单位对本区域的 9 根静载试验桩进行了低应变试验检测，各检测的桩身完整性均为Ⅰ、Ⅱ类，未发现Ⅲ、Ⅳ类。

问题分析

桩基工程检测数量不符合 JGJ 106—2014《建筑基桩检测技术规范》第 3.3.4 条“检测数量不应少于同一条件下桩基分项工程总桩数的 1%，且不应少于 3 根”的要求。

桩基础是国内应用最为广泛的一种基础形式，其工程质量涉及上部结构的安全，具有施工隐蔽性高、更容易存在质量隐患、发现质量问题难、出现事故处理更难的特点。而桩基检测是桩基工程的验收检测，严格控制桩基检测的方法、数量符合规范要求，是掌握桩基工程施工质量的最有效手段。

参建各方普遍对施工过程中的桩基检测重视不够，对桩基检测规范不熟悉，单位工程、分部工程划分滞后，致使承载力检测数量不满足 JGJ 106—2014《建筑基桩检测技术规范》的要求。

问题处置

监督人员下发《质量问题处理通知书》，要求建设单位对桩基检测工作进行全面自查，对检测数量达不到规范要求的单位工程按规范要求增加检测数量，重新出具桩基检测报告。

经验总结

施工单位应在检测委托中明确技术要求，包括检测内容、检测数量等；监理单位应将承载力检测作为监理工作的重点，做好跟踪、做好验收；监督人员在工作中应强化对此类问题的监控，避免遗留质量隐患。

179　预制桩施工过程质量缺少有效控制

案例概况

2021 年 9 月，监督人员对某公司炼化工程固体储运设施 PP 包装厂房及仓库工程项目预制桩施工监督检查时发现，现场正在使用的经纬仪无检定标识、无检定证书，且仪器无法精准调平；接桩焊接后无间歇时间连续进行打桩施工；打桩施工记录缺少收锤标准贯入度数据。

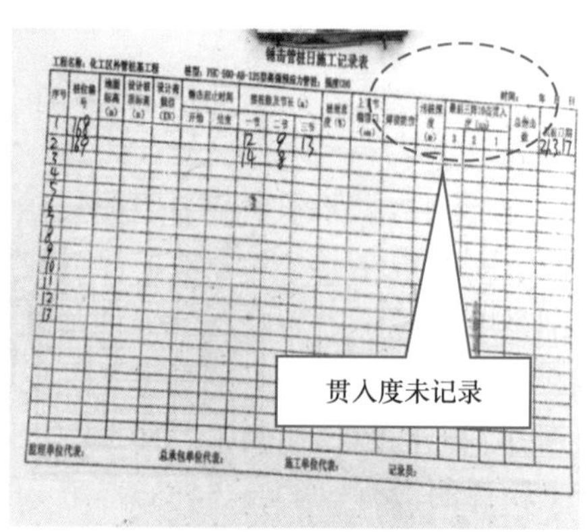

问题分析

预制桩施工过程质量缺少有效控制，不符合 GB 50026—2020《工程测量标准》第 1.0.5 条“工程测量使用的测量器具，应加强使用管理、制定相应的规章制度、按规定周期进行检定”及 GB 50202—2018《建筑地基基础工程施工质量验收标准》第 5.5.4 条“钢筋混凝土预制桩质量检验标准应符合表 5.5.4-1、表 5.5.4-2 的规定”的要求。表 5.5.4-1 中规定，锤击预制桩收锤标准应满足设计要求，锤击预制桩电焊结束后停歇时间≥ 3min。

地基基础工程施工的轴线定位和高程水准控制是保证建筑物设计位置准确的前提和保障，失准的测量仪器无法保证施工过程测量精度；电焊结束后冷却时间的规定，主要是考虑高温焊缝遇到地下水如同淬火一样，焊缝容易变脆；贯入度作为沉桩停锤的重要控制指标之一，没有任何记录，施工质量将无法追溯。

施工单位作业人员惯性思维，质量意识淡薄，赶进度不重视质量，对过程控制不严；各级管理人员未履行各自职责，对进场测量仪器设备不检查、不验收，致使不合格测量仪器进入现场；尤其是桩基工程作为隐蔽工程，一旦出现质量问题后果不堪想象。

问题处置

监督人员下发《质量问题处理通知书》，要求现场暂停施工，由技术人员对桩基施工人员重新进行技术交底；现场调配经过检定的检测仪器，经监理人员验收合格后方可进行下步施工。

经验总结

施工单位应加强自身质量管理，加强对施工过程的自检自查；监理单位应加强仪器设备报检报验审查，杜绝不合格仪器设备的使用，应加强过程管控及时发现质量隐患；监督人员在监督过程中应加强过程质量监督，确保质量受控。

180　池壁转角加强筋设置不规范

案例概况

2022 年 4 月，监督人员在某公司炼化工程辅助设施污水处理厂及事故水 / 雨水收集系统项目监督检查中发现，中间水池壁转角处水平加强筋未绑扎固定，安装位置最大偏差 150mm，锚固位置未达池壁外侧。

问题分析

池壁转角加强筋设置不符合 GB 50204—2015《混凝土结构工程施工质量验收规范》第 5.5.2 条中“受力钢筋的安装位置、锚固方式应符合设计要求”的要求。

细部构造始终是防水工程的薄弱部位，常因处理不当而在该部位产生渗漏。转角处加强筋位置正确与否，影响到工程的实体质量及耐久性。

施工单位对转角加强筋作用认识不足，在不方便施工的情况下随意安装，未对钢筋位置、钢筋固定方式进行确认；各级管理人员质量验收工作流于形式，未针对细部节点做专项检查验收。

问题处置

监督人员下发《质量问题处理通知书》，对不符合要求的转角加强筋全部拆除，按标准要求重新安装；监理单位专业工程师做好平行检验，经监理验收合格后方可进行下步施工。

经验总结

施工单位应加强施工作业前的技术交底及自检自查，对防水工程细部做法全部进行检查；监理单位应重点关注防水工程的细部节点做法；监督人员应严格按照设计要求检查、验收，确保实体质量受控。

181　预埋件锚固钢筋长度不足

案例概况

2022 年 8 月，监督人员对某公司氢化树脂项目监督检查时发现，装置框架 11.000m 结构层 1-5 轴交 A-C 轴柱侧面 13 处已安装预埋件锚固钢筋被割断；设计预埋件锚筋长度 300mm，现场锚筋截断后不足 100mm。

问题分析

预埋件锚固钢筋长度不符合 GB 50204—2015《混凝土结构工程施工质量验收规范》第 4.2.9 条“固定在模板上的预埋件和预留孔洞不得遗漏，且应安装牢固”及 GB 50010—2010《混凝土结构设计规范》(2015 年版)第 9.7.4 条“受拉直锚筋和弯折锚筋的锚固长度不应小于本规范第 8.3.1 条规定的受拉钢筋锚固长度”的要求。

施工单位在梁、柱结合部位存在钢筋安装不准确的情况，导致预埋件安装困难，忽视了后续使用过程中可能存在的安全隐患；监理单位已经发现预埋件安装中存在割断锚固钢筋的情况，但对预埋件安装质量不重视，未及时采取有效措施。

问题处置

监督人员下发《质量问题处理通知书》，责令施工单位全部进行整改，确保预埋件锚固钢筋长度符合规范要求；监理单位严格按照规范进行验收，并以书面形式上报整改结果，经监督人员复核后，方可继续施工。

经验总结

施工单位应提高施工人员质量安全意识，落实质量责任，加强对施工过程中质量控制；监理单位应加大对隐蔽工程的验收，跟踪质量问题的整改，履行监理职责；监督人员应重点关注此类问题，杜绝野蛮施工。

182　箍筋加工未达到抗震设防要求

案例概况

2021 年 8 月，监督人员对某公司供排水厂二车间 $588×10^4$t/a 装置工艺优化改造工程钢筋分项监督检查时发现，部分 HPB300 直径 12mm 箍筋加工的形状、尺寸未达到抗震设防要求，钢筋弯钩弯折角度仅 90°，未达到 135°，弯折后的平直段长度 60mm 未达到箍筋直径的 10 倍(120mm)。

问题分析

箍筋加工的形状、尺寸不符合 GB 50204—2015《混凝土结构工程施工质量验收规范》第 5.3.3 条第 1 款中“对有抗震设防要求或设计有专门要求的结构构件，箍筋弯钩的弯折角度不应小于 135°，弯折后平直段长度不应小于箍筋直径的 10 倍”的要求。

问题处置

监督人员下发《质量问题处理通知书》，责令施工单位对存在问题的箍筋全面返工，以满足质量验收要求；经监理单位验收合格后进行下步施工。

经验总结

施工单位应增强意识，切实按照相关质量验收规范的要求施工，保证施工质量，认真落实“三检制”；监理单位应加强管理，严格按照抗震设防标准进行验收；在抗震设防地区，监督人员应对钢筋加工中易出现问题的环节加强质量监督，及时发现和纠正问题。

183　受力钢筋规格和数量与设计图纸不符

案例概况

2022 年 11 月，监督人员对某工程综合楼监督检查时发现，综合控制楼一层 4.47m 梁、板、柱钢筋安装时，A–B 轴 /7 轴梁底配筋采用 HRB400E 2ϕ25mm+1ϕ20mm（设计为 HRB400E 4ϕ20mm），C–D 轴 /7 轴梁底配筋采用 HRB400E 4ϕ20mm（设计为 HRB400E 2ϕ25mm+1ϕ20mm），两道梁底部钢筋相互错配。

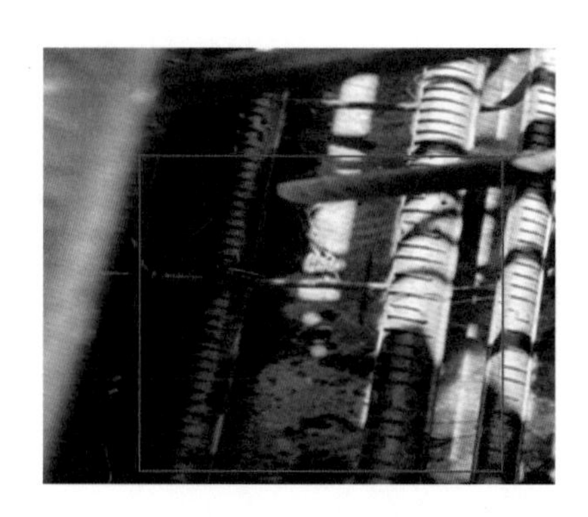

A-B 轴 /7 轴梁底配筋

C-D 轴 /7 轴梁底配筋

问题分析

受力钢筋规格与数量不符合 GB 50204—2015《混凝土结构工程施工质量验收规范》第 5.5.1 中“钢筋安装时，受力钢筋的牌号、规格和数量必须符合设计要求”、第 5.5.2 条中“受力钢筋的安装位置、锚固方式应符合设计要求”的要求。

施工单位施工人员责任心不强、看图不仔细，造成两道框架梁梁底配筋安装错误；监理单位监管不力，未严格按照设计文件及标准规范的要求进行质量验收。

问题处置

监督人员下发《质量问题处理通知书》，要求相关责任单位严格按照设计文件及相关规范的要求进行整改，整改完成后由监理单位检查验收合格后报监督部复查。已按施工图调整两梁梁底配筋，A-B 轴 /7 轴 HRB400E 4ϕ20mm，C-D 轴 /7 轴 HRB400E 2ϕ25mm+1ϕ20mm。

A-B 轴 /7 轴梁底配筋

C-D 轴 /7 轴梁底配筋

经验总结

施工单位应强化“三检制”的落实，应各负其责认真履行检查职责，发挥质量管理体系的管控作用；监理单位应加强平行检验工作，验收工作不能流于形式，应同设计图纸认真核对；监督人员在工作中应强化对此类问题的监控，应责令相关单位认真检查、深刻反思，避免遗留下重大质量隐患。

184　受力钢筋数量不满足设计要求 设计不符合规范要求

案例概况

2021 年 5 月，监督人员在对某公司炼化硫磺回收装置厂房钢筋隐蔽监督检查时发现，J-3 柱基础长边中部竖向钢筋为单侧 4 根 HRB400E 直径 20mm，与设计文件基础长边中部竖向钢筋为单侧 6 根 HRB400E 直径 20mm 不符，两者相差 4 根主筋。

问题分析

厂房基础详图建 -108170/6 J-3 柱基础 3-3 剖面基础长边中部为 6 根 HRB400E 直径 20mm 钢筋，J-3 柱基础 5-5 剖面基础长边中部为 4 根 HRB400E 直径 20mm 钢筋，与设计图纸中两剖面配筋不一致。

设计单位对设计图纸审核把关不严，设计交底流于形式，出现正视图和剖面图不一致的现象；施工单位施工图会审未落实，未及时发现两张图纸间配筋不一致问题，只依据 J-3 柱 5-5 剖面施工，未同 J-3 柱 3-3 剖面进行核对，导致现场施工同设计图纸无法相符。

问题处置

监督人员下发《质量问题处理通知书》，责令设计单位重新核算出图。设计重新核算出图，基础长边钢筋由原设计 6 根 HRB400E 直径 20mm 增加到现有 12 根 HRB400E 直径 20mm，将整改合格的施工图报相关单位人员审核，施工单位进行整改。

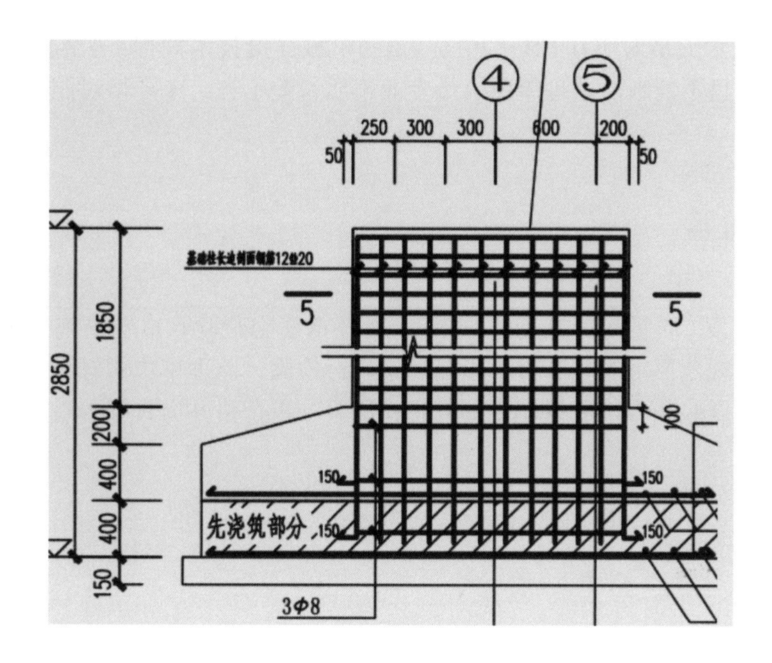

经验总结

工程参建各方应建立健全工程质量管理体系；建设单位履行首要责任，组织好设计交底；设计单位履行设计主体责任，严肃对待施工图内部审核；监理单位履行监管责任，做好施工图会审工作，严格检查验收；施工单位履行主体责任，严格落实“三检制”，应各负其责、各尽其职，杜绝此类问题发生。

185　钢筋机械连接接头未做工艺检验

案例概况

2021 年 4 月，监督人员在对某公司 3.5×10^4t/a 特种丁腈橡胶装置胶浆掺混单元（600）胶浆池基础底板钢筋隐蔽监督检查时发现，钢筋机械连接接头未做工艺检验。

问题分析

钢筋机械连接接头未做工艺检验，不符合 JGJ 107—2016《钢筋机械连接技术规程》第 7.0.2 条“1 各种类型和型式接头都应进行工艺检验，检验项目包括单向拉伸极限抗拉强度和残余变形”的要求。

施工单位技术人员对 JGJ 107—2016《钢筋机械连接技术规程》不熟悉，对钢筋机械连接接头检验项目不清晰。监理单位人员专业素质参差不齐，未严格对照标准规范进行检查验收。

问题处置

监督人员下发《质量问题处理通知书》，暂停钢筋隐蔽验收；责令施工单位严格按照设计文件及相关规范要求委托有资质检测单位进行检验，监理单位做好见证；全部整改完成由监理单位检查验收合格后报监督部复查；试验结果合格并出具报告后，方可进行下道工序施工。

经验总结

施工单位应加强对标准规范的学习与宣贯，严格执行技术交底制度，提高专业技术人员的业务素质；监理单位应加强对专业工程师业务能力的培训，必要时增加监理人员入场时专业技能面试；监督人员在监督过程中应重点关注工艺试验的有效性、试验室资质的符合性，及时制止违规行为，确保实体质量全面受控。

186　池壁板预留套管处未设加强筋

案例概况

2022 年 9 月，监督人员在对某公司高含盐浓水综合治理项目观察池钢筋隐蔽监督检查时发现，观察池壁板预留 ϕ750mm 套管处未设置加强筋。

问题分析

壁板预留套管处未设加强筋，不符合 SH/T 3132—2013《石油化工钢筋混凝土水池结构设计规范》第 9.1.9 条“b）孔径（或矩形孔边长）大于 300mm 且小于 800mm 时，板内钢筋在孔口处切断，另配加强筋，加强筋的截面面积不应小于被切断钢筋的面积；矩形孔口的四角尚应加设斜筋，圆形孔口尚应加设环筋及辐射筋”的要求。

钢筋绑扎是石油化工混凝土水池安装的重要环节，不仅要重视现场底板壁板处的钢筋绑扎，壁板穿管处的钢筋绑扎也非常重要，管道内有介质流动，相当于有动荷载产生。产生问题的主要原因是：施工单位质量意识差，对规范要求不熟悉，不按规范施工；监理单位现场监理人员履职不到位，未能发现此问题，留下质量隐患。

问题处置

监督人员下发《质量问题处理通知书》，召开现场会，下达现场整改的要求，现场立即整改，整改完成经各级检查合格后报监督部检查，全部合格后方可进行下一道工序施工。

经验总结

施工单位应做好“三检制”落实，发挥质量保证体系作用；监理人员应提高自身的业务素质，加强对细部节点的检查验收；相关单位应增强质量意识，做好全过程质量验收工作；监督人员在工作中应注意强化对此类问题的监控，避免遗留质量隐患。

187　预埋件锚筋位置错误

案例概况

2021 年 9 月，监督人员对某公司 60×10^4t/a 乙烯 AE-5001 空冷器框架钢筋隐蔽工程监督检查时发现，框架梁预埋件锚筋位于框架梁外层主筋的外侧，预埋件锚筋位置错误。

问题分析

预埋件锚筋位置不符合 GB 50010—2010《混凝土结构设计规范》（2015 年版）第 9.7.4 条“预埋件的位置应使锚筋位于构件外层主筋的内侧”的要求。

对于大型炼化工程，受力预埋件的制作、安装质量直接影响到装置生产期间的本质安全，尤其是预埋件锚筋的数量、锚筋的位置若存在较大偏差，将严重降低预埋件的承载力。

施工单位操作人员对预埋件的加工、制作、安装质量重视不够，只考虑便于施工而忽视了预埋件的受力性能；各层质量管理人员也疏于检查，致使预埋件制作时锚筋位置存在偏差。

问题处置

监督人员下发《质量问题处理通知书》，由建设单位组织对受力预埋件锚筋进行全面自查，对预埋件锚筋位置达不到规范要求的预埋件全部进行整改，并重新组织验收。

经验总结

施工单位应把节点检查验收作为重点，及时发现质量问题；监理单位应加强巡监，从预埋件制作阶段做好管控；监督人员在监督过程中应关注受力预埋件的安装质量，及时发现问题、督促整改问题，消除质量隐患。

188　牛腿钢筋加工不符合设计要求

案例概况

2020 年 4 月，监督人员对某公司炼油控制中心项目现场监督检查时发现，牛腿钢筋弯折段缺少 300mm 锚固长度，形状尺寸与设计不符。

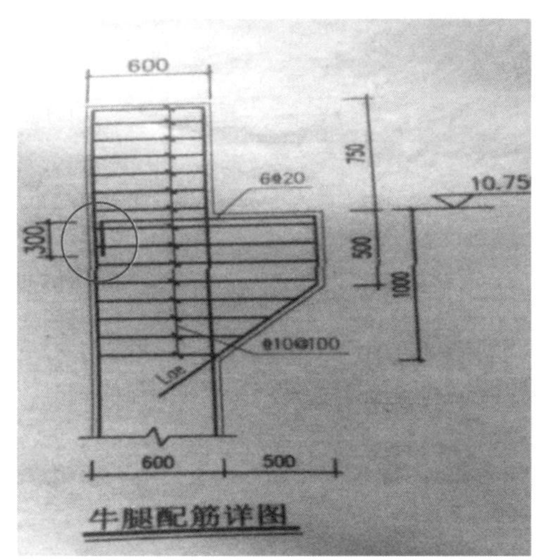

问题分析

牛腿钢筋加工不符合 GB 50204—2015《混凝土结构工程施工质量验收规范》第 5.3.5 条“钢筋加工的形状、尺寸应符合设计要求”的要求。

施工单位技术人员未核对钢筋下料的形状，钢筋加工人员未认真核对设计图纸，按惯性思维施工，工程总承包单位质量管理人员疏于管理，监理工程师专业技术素质有待进一步提高，层层监管均未发现问题。

问题处置

监督人员下发《质量问题处理通知书》，要求施工单位进行返工处理，工程总承包单位、监理单位应认真吸取教训、加强管理，杜绝类似情况发生，整改完成后重新验收。

经验总结

施工单位应提升质量意识，专业技术人员应切实发挥技术指导、检查的作用；监理单位应增强责任心，监理工程师应严格质量验收管理，严格对照设计图纸进行检查验收；监督人员发现此类问题应对监理单位、施工单位人员提出警告，督促施工单位、监理单位有效运行质量体系，杜绝同类情况发生。

189　受力钢筋混凝土保护层厚度不足

案例概况

2022年3月，监督人员对某公司苯乙烯装置监督检查时发现，冷冻压缩机基础柱结构实体箍筋外露，没有钢筋保护层。

问题分析

受力钢筋混凝土保护层厚度不符合GB 50204—2015《混凝土结构工程施工质量验收规范》第8.1.2条“现浇结构的外观质量缺陷应由监理单位、施工单位等各方根据其对结构性能和使用功能影响的严重程度按表8.1.2确定”、第8.2.2条“现浇结构的外观质量不应有一般缺陷。对已经出现的一般缺陷，应由施工单位按技术处理方案进行处理”的要求。

钢筋保护层是指结构构件中钢筋外边缘至构件表面范围用于保护钢筋的混凝土。钢筋保护层偏差体现钢筋位置的偏差，钢筋位置偏差可能显著影响结构构件承载力和耐久性。产生问题的主要原因是：施工单位“三检制”执行不到位，在钢筋安装及模板支护过程中，未按照规范要求加设钢筋保护层垫块；监理人员验收工作流于形式，未及时发现钢筋保护层不足，致使混凝土实体工程不能满足设计、规范要求。

问题处置

监督人员下发《质量问题处理通知书》，责令由建设单位组织监理单位、施工单位制订技术处理方案对问题进行跟踪整改，在规定时间内将整改情况报监督组复查。

经验总结

施工单位应强化技术交底工作，明确钢筋保护层的质量要求；同时，应强化自检自查工作，及时发现质量问题；监理单位应强化验收过程中的平行检验与实量实测，及时发现质量隐患；监督人员应把钢筋保护层的检查作为监督的重点，确保实体工程质量满足承载力和耐久性要求。

190　构造柱竖向钢筋搭接长度不足

案例概况

2020 年 6 月，监督人员对某公司化工中间罐区机柜室砌体结构工程监督检查时发现，一层构造柱采用 HRB400E 直径 12mm 钢筋，预埋钢筋外露长度实测 550~600mm、搭接长度实测 250~300mm，预埋钢筋外露长度和搭接长度均不足。

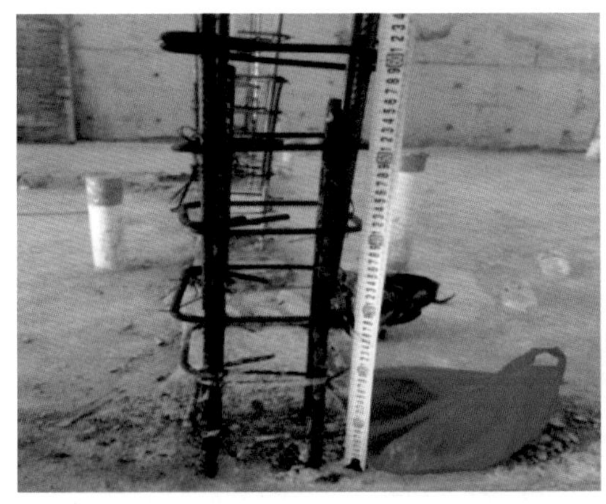

问题分析

构造柱钢筋外露长度和搭接长度不符合建筑标准设计图集 13J104《蒸压加气混凝土砌块、板材构造》蒸压加气混凝土砌块填充墙结构说明第 3.2.5 条“构造柱断面为墙厚 ×200mm”及“构造柱钢筋应锚入梁板或基础内上下各 500mm，留出钢筋长度不小于 700mm，钢筋搭接 600mm”的构造要求。

框架结构在地震发生时，砌体填充墙部分是震害比较严重的部位，构造柱的设置是提高砌体结构抗震能力的有效构造措施。构造柱柱身钢筋主要依靠预埋入构造柱上下端梁内的预埋钢筋与构造柱柱身钢筋搭接连接固定，下端钢筋搭接长度太短，给砌体结构安全留下了隐患。

施工单位管理人员对国家建筑标准设计图集13J104《蒸压加气混凝土砌块、板材构造》的相关构造要求不熟悉，未认真进行技术交底，质量意识不强，过程控制不严格，对施工过程中存在的问题未及时发现并进行整改。现场监理人员未认真履行职责，旁站监理流于形式。

问题处置

监督人员下发《质量问题处理通知书》，要求相关责任单位返工，按规范要求经设计单位同意，重新植入竖向钢筋或采用焊接方式搭接，整改完成后报监理单位进行检查验收。

经验总结

施工单位在严格执行标准规范的前提下，应加强对国家建筑标准图集的学习与宣贯，在技术交底中体现相关构造要求；监理单位应提高人员专业素质，发挥旁站监理的作用；监督人员在工作中应注意强化对此类问题的监控，避免遗留质量隐患。

191　填充墙砌体拉结筋设置不规范

案例概况

2020年6月，监督人员对某炼化工程工业厂房现场监督检查时发现，填充墙砌体未按设计要求预留拉结筋；对已砌筑的基础墙体破损抽查，发现短柱预留拉结筋与砌体内拉结筋没有搭接，且预留拉结筋末端没有弯钩。

拉结筋漏放、数量不足

柱预留拉结筋与砌体
拉结筋无搭接，末端
未做弯钩

问题分析

填充墙砌体拉结筋设置不符合 GB 50203—2011《砌体结构工程施工质量验收规范》中第 9.2.2 条“填充墙砌体应与主体结构可靠连接，其连接构造应符合设计要求，未经设计同意，不得随意改变连接构造方法。每一填充墙与柱的拉结筋的位置超过一皮块体高度的数量不得多于一处”的要求。

施工单位为了赶工期，基础短柱内预留的拉结筋未按照设计要求施工，造成漏放。已经砌筑的墙体内拉结筋没有与短柱预留拉结筋绑扎连接，形同虚设，没有起到有效作用。监理单位工作不严谨，质量管理意识淡薄，重进度轻质量，是该问题产生的间接原因。

问题处置

监督人员下发《质量问题处理通知书》，局部暂停施工，要求施工单位对已经完成的砌体进行拆除，落实拉结筋数量、位置；漏放的部位经设计单位同意采用植筋处理，并经监理人员见证取样检测合格后重新组织验收。责令施工单位与监理单位查找质量管理体系运行中的漏洞，严格履行隐蔽工程验收程序；现场对总监进行约谈，要求加强对专业监理工程师的管理，认真履行监理职责。

经验总结

施工单位应增强质量意识，提升质量标准，加强对作业人员的技术质量交底，强化隐蔽工程报验工作；监理单位应严格履职，严格隐蔽工程质量验收工作，消除质量隐患；监督人员在监督过程中应关注拉结筋设置的规范性，发现此类问题应全部返工整改，确保实体质量受控。

192　预拌混凝土搅拌站质量管控存在漏洞

案例概况

2021 年 9 月，监督人员对某炼化工程预拌混凝土搅拌站监督检查时发现，搅拌站混凝土用石子针片状颗粒含量达 5%；不同环境下砂石含水率完全一致，混凝土施工配合比未依据砂石含水率调整；未提供混凝土凝结时间检验报告；4 名试验员资格超期，1 名试验员无资格。

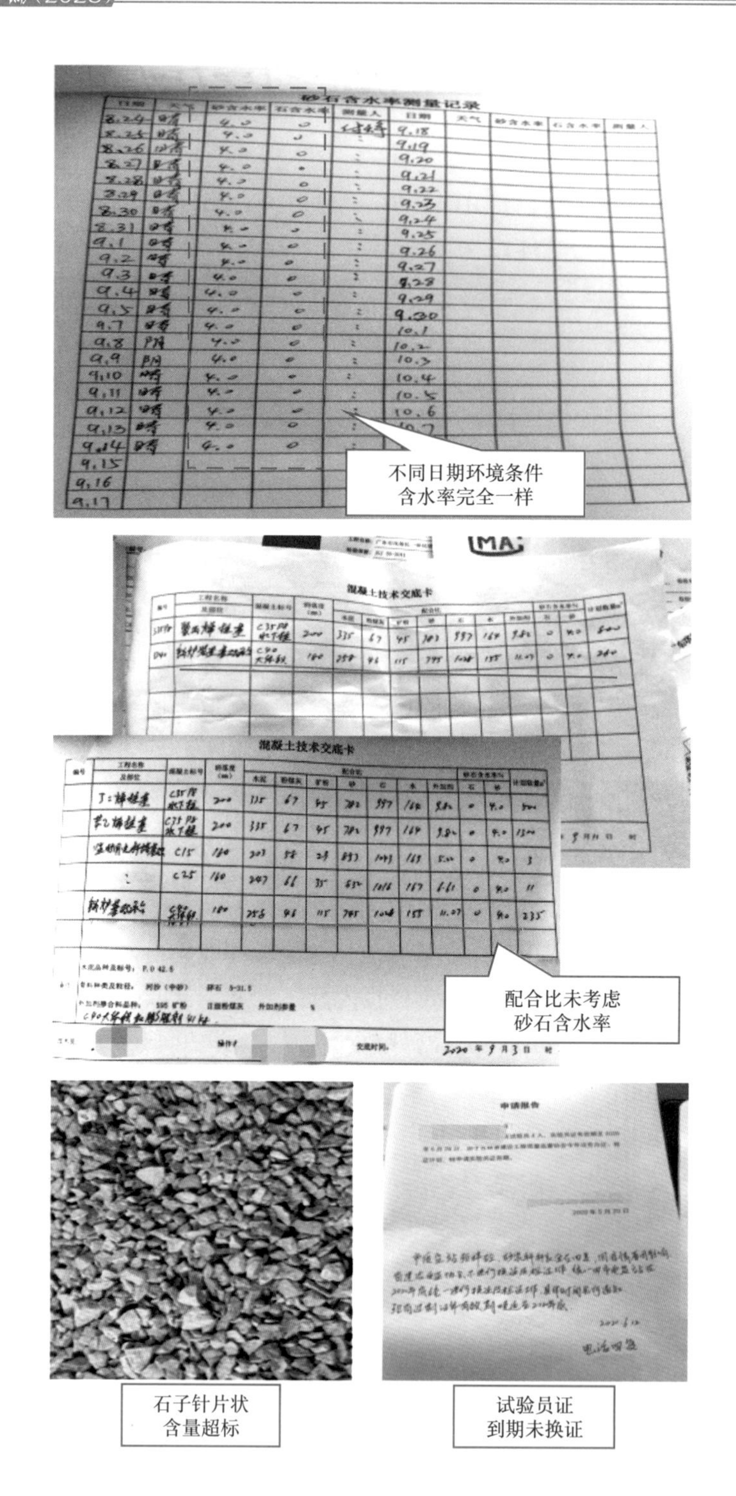
不同日期环境条件
含水率完全一样
配合比未考虑
砂石含水率

石子针片状含量超标

试验员证到期未换证

问题分析

预拌混凝土搅拌站质量管控不符合 GB 50164—2011《混凝土质量控制标准》第 6.3.3 条“对于原材料计量，应根据粗、细骨料含水率的变化，及时调整粗、细骨料和拌合用水的称量”、第 2.2.2 条“粗骨料质量主要控制项目应包括颗粒级配、针片状颗粒含量、含泥量、泥块含量、压碎值指标和坚固性，用于高强混凝土的粗骨料主要控制项目还应包括岩石抗压强度”、第 3.1.7 条“混凝土拌合物的凝结时间应满足施工要求和混凝土性能要求”及 GB 50666—2011《混凝土结构工程施工规范》第 3.1.2 条“施工操作人员应经过培训，应具备各自岗位需要的基础知识和技能水平”的要求。

问题处置

监督人员下发《质量问题处理通知书》，由建设单位组织对混凝土搅拌站进行全面检查，在规定时间内将整改情况反馈至监督组；监理单位应加大对预拌混凝土的质量控制，定期进行检查，确保实体质量全面受控。

经验总结

预拌混凝土质量事关土建工程的本质安全，监督人员应加强对预拌混凝土企业生产过程的监督检查，对质量证明文件进行核查，对生产过程进行抽查，必要时抽取一定比例的构件进行实体检测，如果发现问题应一追到底，不给工程留下隐患。

193　现场拌制砂浆无计量

案例概况

2021 年 9 月，监督人员对某炼化工程 60×10^4t/a 乙烯倒班公寓主体砌筑工程监督检查时发现，现场拌制砂浆无计量。

问题分析

现场拌制砂浆无计量，不符合 GB 50203—2011《砌体结构工程施工质量验收规范》第4.0.8 条规定“配制砌筑砂浆时，各组分材料应采用质量计量，水泥及各种外加剂配料的允许偏差为 ±2%；砂、粉煤灰、石灰膏等配料的允许偏差为 ±5%”的要求。

砌筑砂浆各组成材料计量不精确，将直接影响砂浆实际的配合比，导致砂浆强度误差和离散性加大，不利于砌体砌筑质量的控制和砂浆强度的验收。

问题处置

监督人员下发《质量问题处理通知书》，由建设单位组织监理单位、施工单位制订技术处理方案对问题进行跟踪整改，配备计量器具，严格执行施工配合比，在规定时间内将整改情况反馈监督组复查。

经验总结

施工单位应加强对现场搅拌站的管理，设立管理制度，做好设备检定，加强计量管理；监理单位应强化对现场搅拌站的检查验收，加强对原材料计量、设备检定情况的巡监，及时制止无任何计量设备的搅拌站投入使用；监督人员在监督过程中应给予重视，及时制止类似现象发生，确保砂浆各组分材料的计量精确。

194　观察池蓄水试验存在渗漏

案例概况

2022 年 5 月，监督人员对某公司高含盐浓水综合治理项目观察水池监督检查时发现，现场加固模板所使用的组合式止水螺栓没有完全采用满焊，蓄水试验时混凝土池壁局部出现渗漏现象。

问题分析

止水螺栓没有完全采用满焊及观察池渗漏，不符合 SH/T 3535—2012《石油化工混凝土水池工程施工及验收规范》第 4.2.5 条 a）款中“留在混凝土内的螺栓中部应加止水板，止水板连接焊缝应双面满焊”及 GB 50208—2011《地下防水工程质量验收规范》第 3.0.1 条表 3.0.1 中防水等级二级不允许漏水的要求。组合式止水螺栓是混凝土水池施工中常用措施，组合式止水螺栓本身质量好坏直接影响到今后混凝土水池的质量，是混凝土水池在止水螺栓处是否漏水的关键。产生问题的主要原因是：施工单位的质量保证体系不健全，自采材料的自检和报验制度不落实；监理单位对施工单位的报检要求不严，字面要求含糊不清，对报验内容检查不认真；建设单位缺少管理质量的专业人员。

问题处置

监督人员下发《质量问题处理通知书》，对渗漏缺陷由施工单位提出处理技术方案，经建设单位和监理单位审批同意后进行处理；同时，要求监理单位和建设单位对乙方自采的用料和构配件加强进场前的报验和检查。

经验总结

施工单位应严格按照规范要求落实施工措施，严格执行“三检制”；监理单位应重点关注止水螺栓的焊接质量，严格隐蔽工程验收；监督人员发现此类问题后，应全程跟踪以保证施工质量。

195 混凝土基础顶面存在裂缝

案例概况

2020 年 12 月，监督人员对某公司 50×10^4t/a 聚丙烯装置主管廊监督检查时发现，A0 轴—A2 轴交 20 轴—42 轴基础混凝土顶面均存在裂缝，裂缝长度不等。

问题分析

混凝土基础顶面存在裂缝，不符合 GB 50204—2015《混凝土结构工程施工质量验收规范》第 8.2.1 条“现浇结构的外观质量不应有严重缺陷”、第 8.1.2 条表 8.1.2 中“严重缺陷：构件主要受力部位有影响结构性能或使用功能的裂缝”的要求。

由于施工单位浇筑工程施工技术交底不到位，混凝土浇筑过程中振捣过度，混凝土表面浮浆清理不及时、不彻底，养护不到位，造成承台基础表面产生大量裂纹，一旦存在影响结构性和使用功能的外观缺陷，将对后期装置生产运行过程中留下重大安全隐患。

问题处置

监督人员下发《质量问题处理通知书》，责令建设单位组织监理单位、工程总承包单位和施工单位召开现场整改专题会，分析问题产生原因，并委托第三方检测机构进行现场实体质量检测；依据原因分析和检测结果制订整改方案，根据整改方案进行处理。

经验总结

施工单位应将施工技术交底落实到位，严格控制混凝土振捣时间，及时做好混凝土养护工作；监理单位应加强混凝土浇筑旁站监理，加强对混凝土养护措施落实的巡监；各责任主体应加强质量管控，严格落实工序验收，发现质量问题及时要求整改，确保施工质量受控。

196　预制混凝土过梁开裂

案例概况

2022 年 3 月，监督人员对某公司炼油控制中心项目监督检查时发现，现场预制钢筋混凝土过梁出现开裂现象。

问题分析

混凝土过梁开裂，不符合 GB 50204—2015《混凝土结构工程施工质量验收规范》第 9.2.3 条“预制构件的外观质量不应有严重缺陷，且不应有影响结构性能和安装、使用功能的尺寸偏差”的要求。

施工单位现场自制混凝土构件，利用每次预拌混凝土浇筑剩余料分期分批多次制作过梁，混凝土振捣、养护不到位；监理单位监管存在疏漏，未对预制构件施工过程进行检查验收。

问题处置

监督人员下发《质量问题处理通知书》，要求施工单位将此批混凝土过梁做废品处理；同时，不允许现场自制混凝土构件，要求到预制品厂采购成品构件。

经验总结

施工单位应提高对现场预制构件施工质量的重视程度，严格执行“三检制”、监理报验制；监理单位应切实履行监理职责，严格工序质量验收工作，特别是非主要承重构件的质量管理应进一步加强；监督人员更要加强监督，强化对参建各方行为质量监管，杜绝类似情况发生。

197 泵基础地脚螺栓孔壁存在贯通裂纹

案例概况

2021 年 10 月，监督人员对某公司烷基化装置扩能改造项目监督检查时发现,P-5130a、P-5130b 混凝土泵基础拆模后地脚螺栓孔出现贯通裂纹。

问题分析

地脚螺栓孔现现出贯通螺纹，不符合 GB 50204—2015《混凝土结构工程施工质量验收规范》第 8.2.1 条“现浇结构的外观质量不应有严重缺陷”、第 8.1.2 条表 8.1.2 中“严重缺陷：构件主要受力部位有影响结构性能或使用功能的裂缝”的要求。地脚螺栓孔出现贯通裂纹，将影响安装后的泵长周期运行。产生问题的主要原因是：施工单位对混凝土泵基础施工不够重视，施工前技术质量管理人员未做到有效的技术质量交底，模板拆除时未采取有效措施减少地脚螺栓孔处的震动，模板拆除后养护不及时；监理人员施工过程的检查不细致。

问题处置

监督人员下发《质量问题通知书》，要求施工单位将出现问题的 P-5130a、P-5130b 两台泵基础拆除重新施工；要求在整改过程中，监理单位全程在现场检查，直至整改完成。

经验总结

施工单位及监理单位应加强标准规范的学习与掌握，提升自身的技术水平，在每项工作施工之前应做好技术交底，混凝土浇筑完毕后的 12h 以内对混凝土加以覆盖并保湿养护，采用塑料布养护的混凝土其敞露的全部表面应覆盖严密，并应保持塑料布内有凝结水；建设单位也应按照国家和集团公司的管理要求，强化对施工质量的监督力度。

198　混凝土强度等级未达设计要求

案例概况

2022 年 3 月，监督人员对某公司炼化工程现场监督巡查时发现，现场抽取 17 个钢筋混凝土构件采用回弹法检测混凝土强度，其中空分装置 1# 消声塔防护墙、催化裂化装置主风机基础、加氢裂化循环氢压缩机基础、分馏塔顶回流罐基础中的 4 个构件，初步推定实体混凝土强度未能达到设计要求。

问题分析

混凝土强度等级不符合 GB 50204—2015《混凝土结构工程质量验收规范》第 7.4.1 条“混凝土的强度等级必须符合设计要求”的规定。

施工单位、监理单位在质量验收工作中，重点关注了质量证明文件核查，试件的留置、养护、检测、统计评定等内容，未对构件进行实体检测抽检，未及时发现结构混凝土的强度等级不满足设计要求的质量问题。

问题处置

监督人员下发《质量问题通知书》，责令建设单位组织委托有资质检测单位根据检测结果推定构件混凝土强度后，并鉴定混凝土强度是否达到设计要求；对达不到设计要求的，应由设计单位核算是否满足安全和使用功能要求。若满足要求，予以验收；若不满足要求，则加固补强或返工推倒重来，重新验收。

经验总结

目前各施工现场都采用预拌混凝土，要想准确掌握混凝土质量，在加强质量证明文件核查，试件的留置、养护、检测、统计评定的基础上，应抽取一定比例的构件进行实体检测。

199　悬臂结构底模拆除无依据

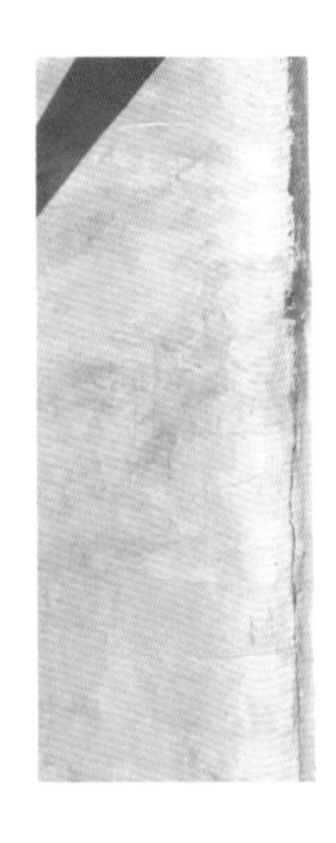

案例概况

2021 年 8 月，监督人员对某公司 24×10^4t/a 乙烯装置烧焦尾气达标排放隐患治理项目监督检查时发现，清焦罐外围墙雨棚 EV-115D，混凝土浇筑日期是 9 月 5 日，9 月 16 日拆模，施工单位无法提供混凝土同条件试块的强度试验报告。

问题分析

悬臂结构底模拆除不符合 GB 50666—2011《混凝土结构工程施工规范》表 4.5.2 中悬臂结构拆除底模和支架时，同条件养护的混凝土立方体试件抗压强度应达到设计强度等级值的 100% 的要求。

施工单位质量管理缺位，混凝土施工未制作同条件养护试件，拆模前也未检验雨棚结构实体强度。监理单位没有认真履行监理职责，对雨棚悬臂构件重视程度不足，在依据不充分的情况下贸然同意拆除底模和支架，给工程质量留下隐患。

问题处置

监督人员下发《质量问题通知书》，要求施工单位加强对雨棚的养护，保证雨棚的强度增长；定期观察雨棚顶面根部有无异常情况；主体结构验收时，对雨棚部位进行第三方结构检测。

经验总结

施工单位应加强对混凝土试块的管理，留置足够数量的混凝土同条件试块，同条件混凝土试块强度作为悬臂构件拆模的依据；监理单位应严格控制悬臂构件拆模的验收管理，对未提供强度报告的情况应给予制止；监督人员更应强化对参建各方行为质量监管，杜绝类似情况发生。

200　混凝土同条件试块留置不规范

案例概况

2021 年 8 月，监督人员对某公司原油罐区工程监督检查时发现，1204 罐混凝土同条件试块标识不清且未与结构实体相同条件下养护。

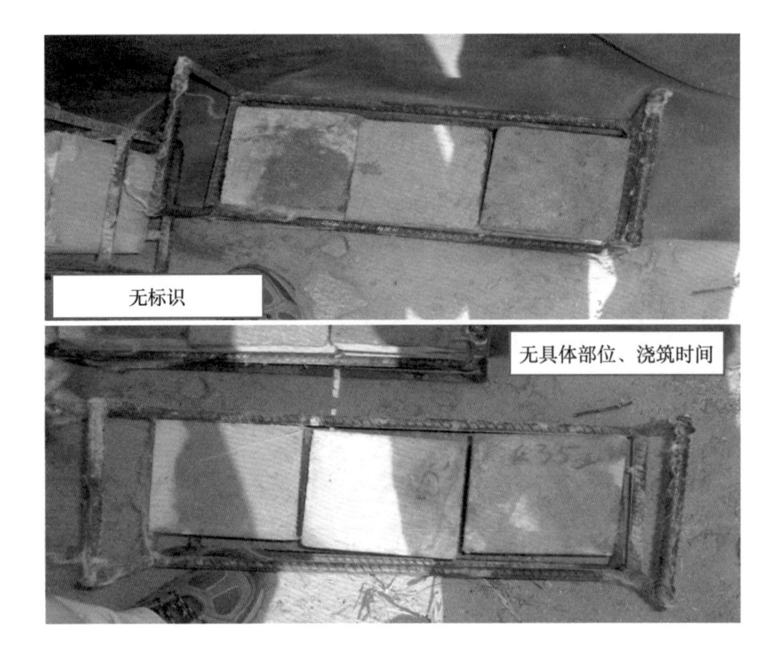

问题分析

混凝土同条件试块留置不符合 GB 50204—2015《混凝土结构工程施工质量验收规范》C.0.1“3 同条件养护试件应留置在靠近相应结构构件的适当位置，并应采取相同的养护方法”的要求。

施工单位质量体系没有有效运行，技术交底工作流于形式，未对混凝土试块留设明确具体要求；监理单位监管不力，未严格执行见证取样工作。

问题处置

监督人员下发《质量问题通知书》，由建设单位组织监理单位、施工单位立即制定整改措施并尽快落实整改，整改完成后报监理单位进行检查验收。对于无同条件养护试块的结构，在验收时进行结构实体检验。

经验总结

施工单位应加强试块的留置、养护、检测管理，真实反映实体质量；监理单位应严格执行见证取样制度，对于混凝土试块留置不规范现象及时纠正；监督人员若发现此类问题应一追到底，验收时应做好结构实体检验。

201　砌体结构灰缝厚度等不符合规范要求

案例概况

2021 年 6 月，监督人员对某公司炼化工程粉料包装厂房砌筑工程监督检查时发现，砌筑灰缝厚度不均匀、不平直，多处厚度大于规范要求 15mm；构造柱钢筋安装不符合设计要求，且未与梁锚固连接。

砌体灰缝厚度
不均匀、不平直
构造柱钢筋安装不符
合设计要求，且未与
梁锚固连接

问题分析

砌体结构灰缝厚度不符合 GB 50203—2011《砌体结构工程施工质量验收规范》第 9.3.5 条“填充墙的水平灰缝厚度和竖向灰缝宽度应正确”“蒸压加气混凝土砌块砌体当采用水泥砂浆、水泥混合砂浆或蒸压加气混凝土砌块砌筑砂浆时，水平灰缝厚度和竖向灰缝宽度不应超过 15mm”，以及 GB 50924—2014《砌体结构工程施工规范》第 9.2.8 条“钢筋混凝土构造柱的竖向受力钢筋应在基础梁和楼层圈梁中锚固，锚固长度应符合设计要求”、第 6.1.2 条“砌筑时，砌体与构造柱间应沿墙高每 500mm 设拉结钢筋，钢筋数量及伸入墙内长度应满足设计要求”的要求。

问题处置

监督人员下发《质量问题处理通知书》，要求施工单位对灰缝过大砌体拆除重新砌筑；

对构造柱钢筋、与梁锚固、拉结筋等问题，按照规范要求重新施工，监理单位及建设单位跟踪整改情况，并复查验收关闭。

经验总结

施工单位应提高对填充墙砌筑质量的重视程度，严格执行砌筑施工工艺，落实“三检制”；监理单位应认真履职，发现质量问题及时提出整改要求，及时消除质量隐患；监督人员在工作中应注意强化对此类问题的监控，避免遗留质量隐患。

202　外窗框周边渗漏

案例概况

2022 年 6 月，监督人员对某公司动力中心主厂房监督检查时发现，铝合金窗框与墙体之间的缝隙未填充发泡聚氨酯，也未嵌填密封材料，不能起到密封和防水作用；商储库联检楼外窗泄水口被遮挡，雨水渗入墙内，造成多个房间外窗框周边墙体渗漏。

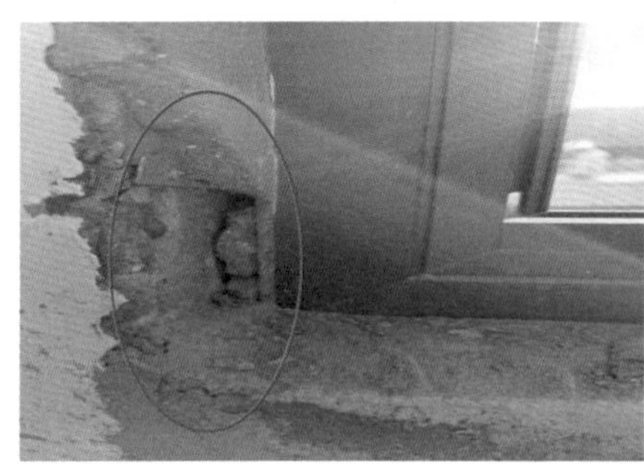

问题分析

窗框与墙体之间的缝隙未嵌填密封材料及外窗框周边渗漏，不符合 JGJ/T 235—2011《建筑外墙防水工程技术规程》第 5.3.1 条“门窗框与墙体间的缝隙宜采用聚合物水泥防水砂浆或发泡聚氨酯填充；外墙防水层应延伸至门窗框，防水层与门窗框间应预留凹槽，并应嵌填密封材料”、第 7.1.1 条“1　防水层不得有渗漏现象”的要求。

节点部位是外墙漏水的重点部位，其中门窗框周边是最易出现渗漏的部位，应着重进行设防和监督检查。门窗框间嵌填的密封处理应与外墙防水层连续，才能阻止雨水从门窗框四周流向室内。

现场各级管理人员对门窗的安装质量没有足够重视，缺少过程检查。施工人员凭老习惯、图方便，未按设计及规范要求进行施工，给工程留下隐患。

问题处置

监督人员下发《质量问题处理通知书》，由建设单位组织监理单位、施工单位进行全面整改，对于不符合规范要求和渗漏的部位全部返工，在规定时间内将整改情况反馈至项目监督部。

经验总结

施工单位应加强对薄弱环节的自检自查力度；监理单位应加大对细部节点的检查验收；监督人员在监督检查过程中应高度重视，及时发现问题、及时要求整改，消除质量隐患。

203 屋面防水材料厚度及节点做法不符合设计及规范要求

案例概况

2021 年 9 月，监督人员对某公司 20×10^4t/a EVA 项目挤压造粒厂房 11.46m 层混凝土屋面防水工程监督检查时发现，现场屋面防水层用 SBS 卷材为 3mm 厚弹性体改性沥青防水卷材，与设计要求的 4mm 厚不符；屋面防水层卷材铺装未碾压滚铺，出屋面管道未做圆台、附加层。

3.2.3.3 混凝土屋面防水层采用 4mm 厚 SBS 高聚合物改性沥青防水卷材，SBS 卷材为弹性体改性沥青防水卷材，延伸率≥40%，其相关指标应满足《弹性体改性沥青防水卷材》GB18242 中 PY（Ⅱ）的要求。

出屋面管道未做
圆台、附加层

附加层构造高度
≤250mm

问题分析

屋里防水材料厚度及节点做法不符合 GB 50207—2012《屋面工程质量验收规范》第 3.0.6 条“屋面工程所用的防水、保温材料应有产品合格证书和性能检测报告，材料的品种、规格、性能等必须符合国家现行产品标准和设计要求”、第 4.2.8 条“卷材防水层的基层与突出屋面结构的交接处，以及基层的转角处，找平层应做成圆弧形，且应整齐平顺”、第 6.2.6 条“2 卷材表面热熔后应立即滚铺，卷材下面的空气应排尽，并应辊压粘贴牢固”的要求。

建筑屋面工程质量主要取决于工程施工过程，严格控制每一道施工工序，才能确保屋面防水及保温、隔热等使用功能和工程质量。施工单位对标准规范掌握不熟不透，对细部构造的做法缺少质量控制；监理单位履职不到位，未对不按规范及设计文件施工的现象及时进行制止，严重影响屋面工程质量。

问题处置

监督人员下发《质量问题处理通知书》，针对工程质量检查情况进行了通报，要求施工单位按设计文件及相关规范要求整改以上问题，整改部位经监理单位确认合格后附过程图片验证，报项目监督组复查。

经验总结

施工单位应从材料进场验收入手把好材料关，强化施工过程质量检查把好过程关；监理单位应加强验收管理，按施工工序进行验收，尤其是要加大对细部构造的检查与验收；监督人员在今后的监督工作中应加强对此类问题的监管，以确保屋面工程的施工质量，避免遗留质量隐患。

204 屋面防水细部做法不符合设计要求

案例概况

2022 年 4 月，监督人员对某公司工程倒班公寓监督检查时发现，女儿墙压顶倒泛水、高低跨处变形缝未做任何处理 。

问题分析

屋面防水细部做法不符合 GB 50207—2012《屋面工程质量验收规范》第 8.4.2 条“女儿墙和山墙的压顶向内排水坡度不应小于 5%，压顶内侧下端应做成鹰嘴或滴水槽”、第 8.6.6 条“高低跨变形缝在高跨墙面上的防水卷材封盖和金属盖板，应用金属压条钉压固定，并应用密封材料封严”的要求。

施工单位技术交底工作流于形式，未对防水工程细部节点做法做明确要求，施工人员未按标准规范施工。各级检查人员履职不规范，未及时发现质量隐患。

问题处置

监督人员下发《质量问题处理通知书》，由建设单位组织对现场问题进行全面整改，经监理检查确认后在规定时间内将整改情况反馈至项目监督组。

经验总结

屋面工程应遵循“材料是基础、设计是前提、施工是关键、管理是保证”的综合治理原则，施工单位在防水工程施工前，应制定切实可行的防水工程施工方案或技术措施。监理单位应加强对女儿墙和山墙、变形缝、檐沟和天沟屋面工程中最容易出现渗漏的薄弱环节的监理和验收。70% 的屋面渗漏是由细部构造的防水处理不当引起的。监督人员在监督检查过程中应给予高度关注，严把屋面防水工程质量关。

205　钢结构安装节点焊接未按设计文件施工

案例概况

2021 年 5 月，监督人员对某公司 20×10^4t/a EVA 项目监督检查时发现，造粒厂房干燥间屋面钢结构水平支撑与节点板搭接长度不够，大量漏焊，焊缝外观质量差，焊渣未清理就涂料防腐。

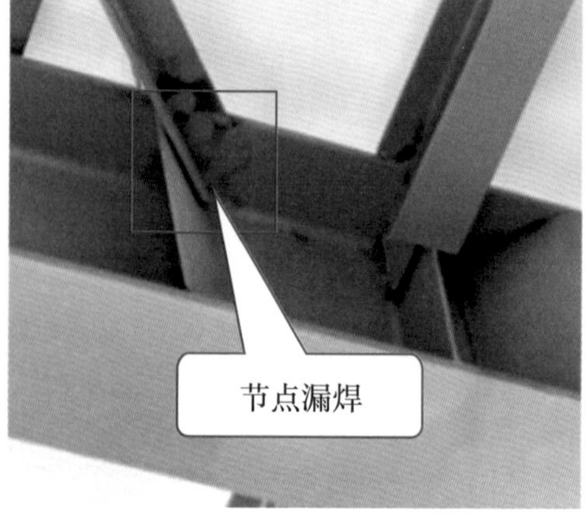

问题分析

钢结构安装节点焊接不符合 GB 50205—2020《钢结构工程施工质量验收标准》第 5.2.7 条中焊缝外观质量应符合表 5.2.7-1 三级焊缝未焊满≤ 2mm，每 100mm 长度焊缝内未焊满累积长度≤ 25mm 的要求，也不符合第 13.1.3 条中“钢结构普通防腐涂料涂装工程应在钢结构构件组装、预拼装或钢结构安装工程检验批的施工质量验收合格后进行”的要求，以及设计文件的规定。

钢结构工程具有复杂性和多样性，合理的焊接工艺、安装方法和安装顺序，能保证安装完成的钢结构在竖向和横向形成稳定的空间结构，其连接、安装质量是否可靠直接影响钢结构的结构安全。

施工单位质量体系没有有效运行，尤其是对支撑结构的施工质量重视程度不足，“三检制”流于形式；监理单位没有履行平行检验职能，未及时发现焊接质量缺陷。

问题处置

监督人员下发《质量问题处理通知书》，要求施工单位按设计文件及相关规范要求施工，并经监理单位认可；整改以上问题，整改处理的部位应经监理确认闭合。

经验总结

施工单位应强化施工过程质量管理，严格执行焊接工艺、安装顺序；监理单位应做好平行检验和质量验收管理，及时发现问题并组织整改；监督人员在今后的监督工作中应加强对此类问题的监管，以确保钢结构实体的施工质量，避免遗留质量隐患。

206　钢结构受力焊缝未焊透

案例概况

2020 年 10 月，监督人员对某公司 100×10^4t/a 连续重整联合装置监督检查时发现，四合一重整加热炉柱脚靴板与钢柱连接焊缝（32 个柱脚）均未焊透，不符合设计双面 50° V 形坡口、板间隙 2mm 焊接要求。

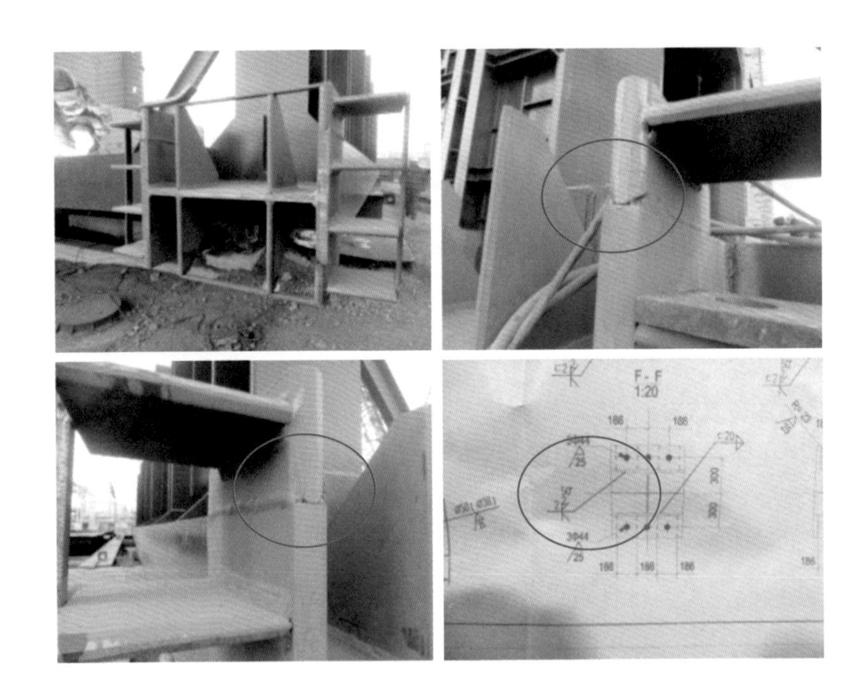

问题分析

钢结构受力焊缝不符合 GB 50205—2020《钢结构工程施工质量验收标准》第 8.2.1 条“钢材、钢部件拼接或对接时所采用的焊缝质量等级应满足设计要求”、第 5.2.7 条表 5.2.7-1 中钢结构焊缝外观质量未焊满≤ 0.2mm+0.02t[1] 且≤ 1mm 的要求。

施工单位对钢结构半成品材料焊接质量重视程度不足，该批材料入厂时工程总承包单位也未填写报验申请，未向监理单位报验，监理单位专业工程师疏于管理，没有进行检查验收。该部件与立柱型钢一同承受设备带来的弯矩和竖向荷载，质量失控将留下安全隐患。

问题处置

监督人员下发《质量问题处理通知书》，要求工程总承包单位督促施工单位按照图纸要求全面整改，整改完成后向监理单位履行报验程序，经监理单位验收合格后反馈至质量监督部。

经验总结

施工单位应强化质量意识，做好设计交底工作，明确焊缝的质量要求；工程总承包单位应加强过程管控，规范材料进场验收及时报验；现场监理人员应认真履行职责，严格对照标准规范进行检查验收，及时发现问题并组织整改；监督人员应注意强化对此类问题的监控，避免遗留质量隐患。

[1] t 为接头较薄件母材厚度。

207　钢结构柱脚节点安装不符合规范要求

案例概况

2021 年 6 月，监督人员对某公司罐区外新增管架及泵棚工程监督检查时发现，钢结构地脚螺栓未按结构专业设计图 2020140-1110-62-001 设计说明七条 5.3 规定使用双螺母加垫片；基础表面未凿麻处理，垫铁与基础面接触间隙过大；斜垫铁未成对使用，叠合长度不足垫铁长度的 3/4。

问题分析

钢结构柱脚安装不符合 SH/T 3507—2011《石油化工钢结构工程施工质量验收规范》第 8.3 条 b）款“垫铁与基础面和柱底面的接触应平整、紧密”及 c）款“斜垫铁应成对使用，其叠合长度不应小于垫铁长度的 3/4”的要求。

在钢结构各节点连接强度及稳定性不满足设计要求的情况下，将管道吊装就位容易导致整个钢结构框架在管道本体及管内介质重量作用下发生倾倒或坍塌，钢结构安装存在重大质量和安全隐患。

问题处置

监督人员下发《质量问题处理通知书》，要求各责任主体单位尽快出具解决方案，及时排除钢结构安装存在的质量隐患，对于不规范使用的垫铁组全部重新安装，各责任主体单位应举一反三，杜绝此类问题发生。

经验总结

施工单位应提高对钢结构安装质量的重视程度，规范施工程序，做好质量验收及工序交接工作；监理工程师应提高履职能力，加强现场监管；建设、监理、施工等责任主体单位应加强施工过程工序的质量管控，严格按照规范要求，做好每一道工序的质量检查与验收工作，严禁上一道工序未经检查验收或验收不合格就进行下一道工序的施工，给工程留下质量隐患。

208　钢网架支托连接节点处漏焊

案例概况

2022 年 7 月，监督人员对某公司炼化一体化项目石油焦制氢装置圆形料场监督检查时发现，2# 圆形料场钢网架支托 32 处未按设计图纸进行焊接。

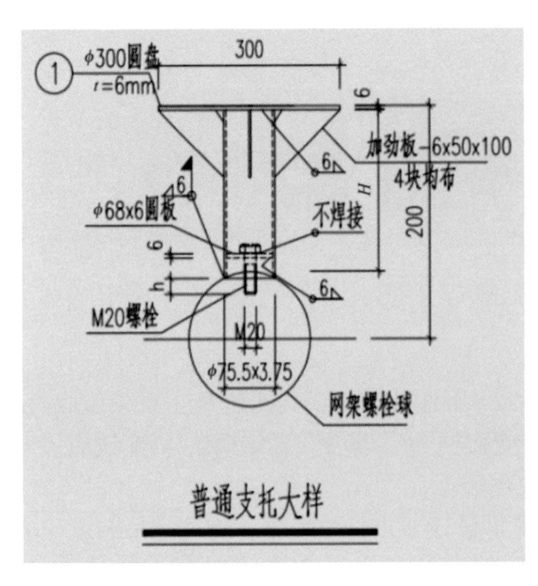

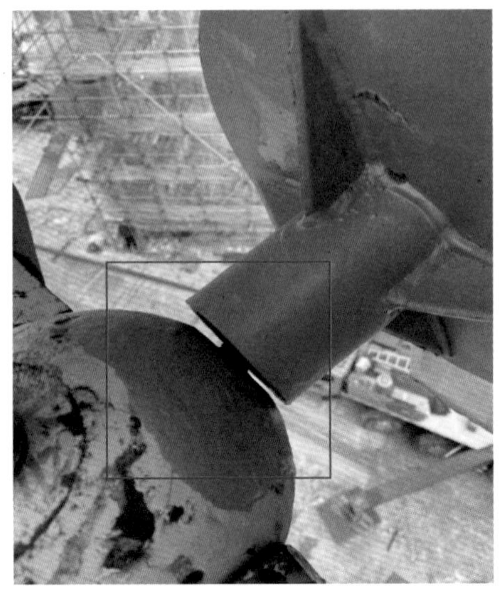

问题分析

钢网架支托连接节点不符合设计文件，未按照设计文件要求施工。设计图纸中要求支托钢管与网架螺栓球采用螺栓和焊接连接相结合的方式，端部采用 M20 螺栓连接，支托钢管与螺栓球的接触部位外侧一周采用焊接连接的方式，形成的角焊缝高度为 6mm。现场检查发现 32 处支托钢管与网架螺栓球仅采用螺栓连接，未对支托钢管与螺栓球的接触部位外侧进行焊接，违反设计图纸要求，对网架结构的稳定性和可靠性造成重大质量隐患。

施工单位没有进行相关的技术交底工作，操作人员对具体的设计意图不知晓，凭经验施工。监理单位没有认真履职，对螺栓球安装节点检查不到位。

问题处置

项目监督部下发《质量问题处理通知书》，责令监理单位、工程总承包单位、施工单位彻底整改。要求施工单位认真组织技术交底，保证工程的质量标准满足设计要求；要求施工单位严格执行“三检制”，并做好相关记录；要求相关单位严格按照施工图纸、相关规范进行验收检查。

经验总结

施工单位应规范技术交底工作，对关键节点质量要求进行明确，做好自检、专检、互检及工序交接检查工作；工程总承包单位应加强过程管理，做好质量报验；监理单位应提高专业监理工程师专业素质，提高验收检查履职能力，及时发现质量隐患；监督人员应重点关注网架施工中的节点连接施工质量，发现此类问题应坚决予以制止，消除质量隐患。

209 钢结构厂房墙梁节点连接不符合规范要求

案例概况

2021 年 9 月，监督人员对某公司天然气乙烷回收工程 1315 二氧化碳增压 / 乙烷机增压工程钢结构厂房监督检查时发现，钢柱檩托与焊接 H 型钢墙梁连接处、墙梁与拉筋节点部位，螺栓孔采用气割扩孔，孔壁割纹深度达 1mm，螺栓孔径偏差 2mm；墙梁焊接 H 型钢拼接焊缝未熔透、漏焊，翼缘板拼接缝和腹板拼接缝错开的间距为 150mm。

问题分析

钢结构厂房墙梁节点连接不符合 GB 50205—2020《钢结构工程施工质量验收标准》第 7.7.1 条中“C 级螺栓孔（Ⅱ类孔），孔壁表面粗糙度 R_a 不应大于 25μm，其允许偏差应符合表 7.7.1-2 的规定（直径允许偏差 0~1.0mm）”、第 8.2.1 条“钢材、钢部件拼接或对接时所采用的焊缝质量等级应满足设计要求。当设计无要求时，应采用质量等级不低于二级的熔透焊缝”、第 8.2.2 条中“焊接 H 型钢的翼缘板拼接缝和腹板拼接缝错开的间距不宜小于 200mm”的要求。

钢结构檩条或墙梁开孔位置不准确，无法与支座部位准确对孔。焊接 H 型钢墙梁在安装过程中才发现长度不足，临时进行拼接，由于施焊角度困难，出现未熔透、漏焊等问题。钢结构构件的安装质量缺陷如处理不好，将直接影响结构安全。

问题处置

监督人员下发《质量问题处理通知书》，要求施工单位立即针对不合格部位制订技术处理方案，并按程序报监理（建设）单位审批，核准后方可进行整改，整改完成后重新验收。

经验总结

施工单位应明确墙梁、檩托安装质量标准，严格过程检查，制定有效的质量问题预防和纠正措施；现场监理人员应加强监理平行检验和工序验收管理，及时发现和整改问题；监督人员在现场发现类似问题后，应第一时间制止，立刻要求相关责任主体进行原因分析、制订整改方案，并经核准后进行处理和重新验收。

210 高强螺栓安装缺少垫片

案例概况

2021 年 9 月，监督人员对某公司 20×10^4t/a EVA 项目包装楼及成品库房监督检查时发现，钢结构厂房钢柱节点高强度大六角螺栓柱头侧缺少垫片，螺栓孔径大于 1.2 倍螺栓直径，扩孔前未补焊。

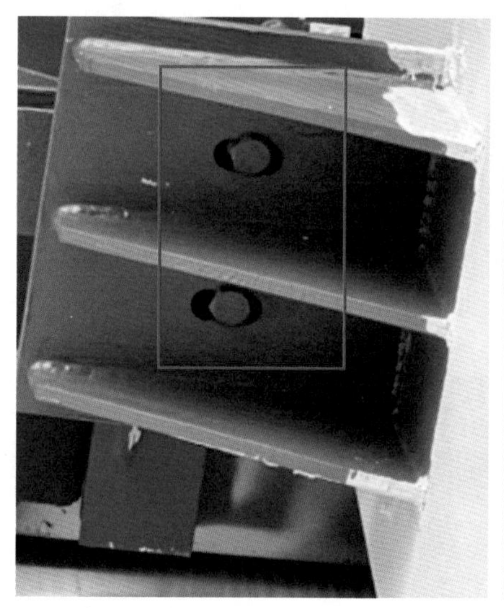

问题分析

上述问题不符合 JGJ 82—2011《钢结构高强度螺栓连接技术规程》第 6.1.1 条“大六角头高强度螺栓连接副由一个螺栓、一个螺母和两个垫圈组成”、第 6.2.5 条“凡量规不能通过的孔，必须经施工图编制单位同意后，方可扩钻或补焊后重新钻孔。扩钻后的孔径不应超过 1.2 倍螺栓直径”的要求。

施工单位施工前未对施工人员进行技术交底，未严格执行“三检制”；工程总承包单位专业人员没有对分包单位的施工质量起到有效的管理作用；监理单位没有认真履行监理职责，专业监理工程师没有对施工质量认真检查，未严格执行监理实施细则。

问题处置

监督人员下发《质量问题处理通知书》，明确要求施工单位对质量检查问题限期整改，监理复查落实整改情况；约谈监理单位及施工单位质量经理，要求加强对专业监理工程师及施工专业人员的管理，认真开展质量自检，并做好检验记录。

经验总结

施工单位应加强钢结构预制阶段质量控制，从源头提高质量标准；应严格落实“三检制”，发挥质量体系作用；监理单位应认真执行平行检验制度，严格按照规范要求落实整改工作；监督人员发现此类问题，应追溯到监理单位、施工单位质量行为，落实整改措施，消除质量隐患。

211　扭剪型高强螺栓兼作临时螺栓

案例概况

2021 年 9 月，监督人员对某公司炼化工程炼油区监督检查时发现，连续重整装置管廊钢结构高强螺栓安装存在扭剪型高强螺栓兼作临时螺栓、尾部梅花头未扭掉等现象。

问题分析

高强螺栓兼作临时螺栓、尾部梅花头未扭掉，不符合 JGJ 82—2011《钢结构高强度螺栓连接技术规程》第 6.4.5 条“在安装过程中，不得使用螺纹损伤及沾染脏物的高强度螺栓连接副，不得用高强度螺栓兼作临时螺栓”的要求，也不符合第 6.4.15 条中扭剪型高强度螺栓用专用扳手进行终拧，直至拧掉螺栓尾部梅花头的要求。

用高强螺栓兼作临时螺栓，由于该螺栓从开始使用到终拧完成相隔时间较长，受环境因素的影响，其扭矩系数将会发生变化，特别是螺纹损伤概率极大，会严重影响高强度螺栓终拧预拉力的准确性。

问题处置

监督人员下发《质量问题处理通知书》，由建设单位组织对现场问题进行全面整改，对存在螺纹损伤的高强螺栓全部进行更换，在规定时间内将整改情况反馈至项目监督部。

经验总结

施工单位应加强技术交底工作，明确高强螺栓安装施工程序，严格按照规范要求安装螺栓进行组对固定；同时，应做好自检自查工作；监理单位应增强质量意识，增强履职能力，对现场违反施工程序的现象及时制止；监督人员在监督过程中发现类似问题应坚决予以制止。

212　六角头高强螺栓连接节点不规范

案例概况

2021 年 9 月，监督人员对某公司炼化工程丙烯腈装置监督检查时发现，精制单元柱间支撑与柱连接节点高强螺栓终拧后螺纹未外露，螺母、螺栓未拧紧；公用工程管廊柱间支撑连接板间连接不紧密。

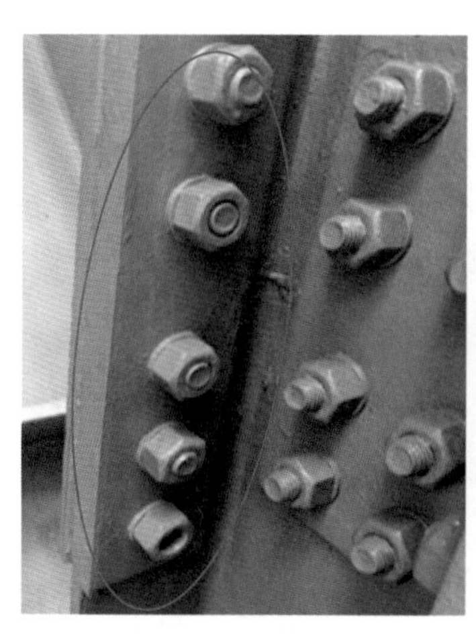

问题分析

高强螺栓连接节点不符合 GB 50205—2020《钢结构工程施工验收标准》第 6.3.6 条“高强度螺栓连接副终拧后，螺栓丝扣外露应为 2~3 扣，其中允许有 10% 的螺栓丝扣外露

1 扣或 4 扣”、JGJ 82—2011《钢结构高强度螺栓连接技术规程》第 6.2.6 条“高强度螺栓连接处的钢板表面处理方法及除锈等级应符合设计要求。连接处钢板表面应平整、无焊接飞溅、无毛刺、无油污”的要求。

施工中应严格控制高强螺栓螺纹部分的长度，使用过长的螺栓将浪费钢材并给高强度螺栓施拧带来困难，出现无法拧紧现象；螺栓太短会使螺母受力不均匀，紧固轴力不够。由于连接处钢板不平整，致使先拧后拧的高强螺栓预拉力偏差较大，高强螺栓受力不均。

问题处置

监督人员下发《质量问题处理通知书》，由建设单位组织对现场问题进行全面返工整改，对不符合要求的高强螺栓进行更换，经监理验收合格报质量监督部复查。

经验总结

施工单位应按照设计要求选用高强螺栓长度，保证外露螺纹长度符合规范要求；监理单位应严格过程报验管理，加强对进场材料、预制构件的检查验收，不符合要求不许进行下步工序施工；监督人员应强化对高强螺栓安装质量的监督检查，发现问题坚决进行整改，消除工程质量隐患。

213　混凝土水池壁钢止水板采用单面焊接

案例概况

2021 年 8 月，监督人员对某公司高含盐浓水综合治理项目监督检查时发现，混凝土气浮及废水池钢板止水带焊接施工中采用单面焊接。

问题分析

混凝土水池壁钢止水板采用单面焊接，不符合 SH/T 3535—2012《石油化工混凝土水池工程施工及验收规范》第 4.3.2 条 a）款中“金属止水带接头应采用搭接，搭接长度不小于 30mm；接头均应双面满焊”的要求。

止水带的安装质量是保证水池在应力作用下不渗漏的关键。止水带的接缝是止水带本身的防水薄弱处，若选用金属止水带应有足够宽度，接缝应采用焊接方式，焊接应严密平整，并经检验合格方可安装。

问题处置

监督人员下发《质量问题处理通知书》，召开有建设单位、监理单位、施工单位人员参加的现场会，指出存在问题的原因，下达现场整改的要求，整改完毕经各级检查合格后报项目监督组检查，全部合格后进行下一道工序施工。

经验总结

施工单位应加强对标准规范的学习，技术交底应明确止水板焊接质量标准；同时，应做好自检自查工作；监理单位应对重点环节严格检查验收，对水池施工易渗漏部位应重点关注，不符合规范要求应禁止进行下步施工；监督人员应重点关注地下防水工程细部结构的质量，发现此类问题全部要求整改，消除质量隐患。

214　防渗膜焊接质量不符合规范要求

案例概况

2021 年 9 月，监督人员对某公司炼化工程辅助设施污水处理场及事故水 / 雨水收集系统项目监督检查时发现，中间水池罐 HDPE 防渗膜在罐基础边缘存在多处开裂现象。

问题分析

防渗膜焊接质量不符合 GB/T 50934—2013《石油化工工程防渗技术规范》第 7.4.10 条中高密度聚乙烯膜焊缝不应有裂纹、气孔、漏焊和虚焊现象的要求。储罐基础防渗膜是针对污染环境的物料泄漏后的防渗措施。HDPE 膜大多数问题出现在焊缝上，焊接质量检查是一项重要内容。

施工单位对设备基础防渗膜施工重视程度不足，质量意识淡薄，成品保护意识差，质量检查、质量验收工作未按照程序开展，没有及时发现防渗膜焊接质量问题，若不及时整改将给环保工作留下隐患。

问题处置

监督人员下发《质量问题处理通知书》，由建设单位组织监理单位、施工单位制订技术处理方案对问题进行跟踪整改，在规定时间内将整改情况反馈至项目监督组。

经验总结

施工单位应将防渗膜焊接质量的标准在技术交底、施工方案中明确，应加强自检自查工作；监理单位应强化隐蔽工程验收，做好防渗膜焊接质量检测确认工作；监督人员在监督过程中应给予重视，确保防渗工程质量受控。

215　混凝土设备基础倾斜

案例概况

2021 年 9 月，监督人员对某公司 60×10^4t/a 烷基化装置工程进行监督检查时发现，废水脱气罐 D-1021（基础直径 2.5m）混凝土基础被水浸泡，造成基础顶面倾斜不平，经检查基础顶面标高最大偏差达 -40mm，侧面垂直度 16mm/m。

问题分析

混凝土设备基础倾斜，不符合 SH/T 3510—2017《石油化工设备混凝土基础工程施工质量验收规范》第 8.8.1 条“块体式设备基础混凝土拆模后的位置、尺寸偏差，应符合表 8.8.1 的规定”的要求。表 8.8.1 中规定，块体式设备基础拆模后的尺寸允许偏差，侧面垂直度 5mm/m，全高 10mm，不同表面的标高 0~-10mm。

施工单位在设备基础施工前，对施工总体计划的安排不合理、不严谨，盲目施工，未严格按照建筑工程“先深后浅”的施工原则进行施工，基础回填后周边回填土未压实且长期被雨水浸泡，造成 D-1021 混凝土基础出现不均匀沉降。

问题处置

监督人员下发《质量问题处理通知书》，要求相关责任单位严格按照设计要求整改，整改完成后重新验收，并举一反三，彻查所有施工完的设备基础，对存在同样问题的设备基础整改完成后重新验收。

经验总结

土建专业施工规律、工序的特殊性要求相关责任单位管理人员必须掌握，合理安排施工计划，不得随意安排施工，避免留下质量隐患。

Ⅷ 质量行为

216　项目开工前建设单位未办理质量监督手续

案例概况

2021 年 6 月，监督人员检查时发现，某公司乙烯厂危险化学品环保隐患治理项目已开工建设，施工现场正在进行基础施工作业，但建设单位未办理质量监督手续。

问题分析

项目开工前建设单位未办理质量监督水续，违反了《建设工程质量管理条例》第十三条“建设单位在开工前，应当按照国家有关规定办理工程质量监督手续，工程质量监督手续可以与施工许可证或者开工报告合并办理”、《中国石油天然气集团有限公司工程建设项目管理规定》（中油物装〔2021〕41 号）第八十四条“所属企业在申请开工前，应按照国家和集团公司相关规定办理工程质量监督手续，未办理的不得组织施工”的规定。

建设单位对《建设工程质量管理条例》及《中国石油天然气集团有限公司工程建设项目管理规定》认知及重视程度不足，未按照法规及集团公司管理制度履行职责。建设单位先开工后办理工程质量监督手续，不仅影响监督机构对工程进行正常监督检查，而且属于违反国家法规的行为。

问题处置

监督人员下发《质量问题处理通知书》，要求建设单位立即停止施工，办理工程质量监督手续。

经验总结

建设单位应加强对《建设工程质量管理条例》《集团公司工程建设项目管理规定》等法律法规和规章制度的学习，增强依法合规意识，在开工前按规定办理工程质量监督手续。

217　净化厂房屋面板设计勘察不到位

案例概况

2020 年 7 月，监督人员检查某公司制氮及供风系统改造项目时发现，屋面板拆除利旧，拆除后的 6m 大型屋面板局部破损严重，受力钢筋裸露无混凝土保护层、吊装钢筋钩等腐蚀严重。

问题分析

净化厂房于 1996 年 9 月竣工使用，建筑面积 504m^2，12m 跨排架结构，10t 吊车，厂房高度 9.6m，屋面板年久失修；因此，对屋面板进行技术升级改造。

由于设计单位对现场勘察不够，未准确掌握屋面板的质量状况；因此，设计采用屋面板利旧方案没有可靠技术依据。

问题处置

监督人员下发《质量问题处理通知书》，要求大型屋面板利旧、局部破损应委托技术机构鉴定检测，设计院依据鉴定检测结果进行设计。厂房屋面承重结构、屋面防水更换应按现行规范设计和施工。

经验总结

对大型利旧构件应进行技术机构鉴定检测，确定其安全及可靠性后编制设计文件。

218　橇块基础设计图纸错误

案例概况

2022 年 7 月，监督人员检查某公司燃油锅炉进行局部增氧助燃技术改造项目时发现，橇装设备底座与现场设备基础位置不一致，混凝土基础设计图纸错误，图纸与实际镜像相反。

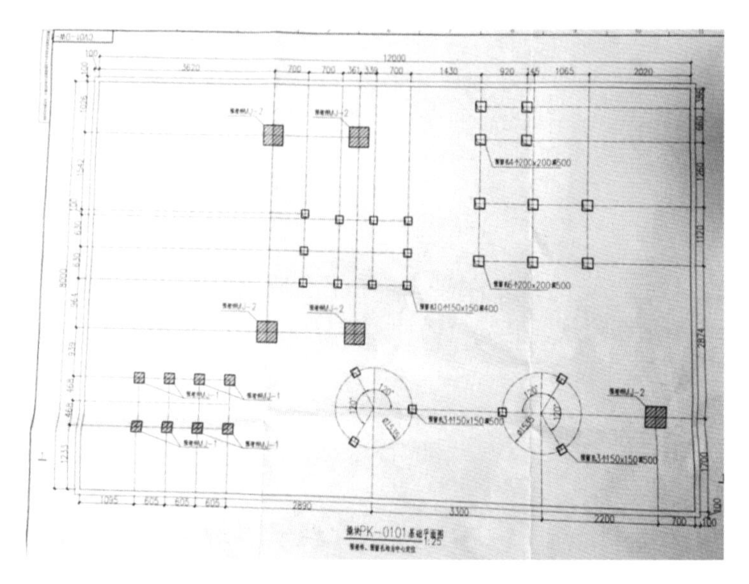

问题分析

橇块基础设计违反了《中国石油天然气集团有限公司工程建设项目设计管理办法》(中油物装〔2021〕192 号)第四十条“设计承包商应在技术规格书中分别明确必须在订货前确认的设计条件和可在订货后再确认的设计条件。供应商应在规定的时间内提交需要进行技术条件确认的图纸资料，由设计承包商在规定的时间内返回审查意见”的规定。

设计单位设计、审核人员等不细心，对橇块基础图纸未认真检查核对，致使总图等相关基础图纸都是正确的，只有橇块基础图纸错误。

问题处置

监督人员下发了《质量问题处理通知书》，要求设计单位就相关基础图纸重新出图，错误图纸收回；施工单位按照修改后的设计图纸重做橇块基础。

经验总结

设计文件是对现场施工的指导性文件，出错会造成严重的质量事故及经济损失；因此，应引起相关单位足够重视，并规范设计、审核等设计流程的工作质量，确保其质量保证体系良好运行。

219　炉管设计文件未涵盖 Q/SY 标准要求

案例概况

2022 年 3 月，监督人员在对某公司炼化项目进行监督检查时发现，新建连续重整装置炉管包含 P5、P9 材质，总承包单位在设计文件中及设计交底时未明确采用 Q/SY 06802—2017《中合金热强钢管道焊接及热处理施工规范》。

问题分析

炉管设计文件不符合 Q/SY 06802—2017《中合金热强钢管道焊接及热处理施工规范》第 1 条“本标准规定了公称成分为 5Cr-0.5Mo，9Cr-1Mo，9Cr-1Mo-V 等中合金热强钢的工业管道、锅炉本体管道和炉管的焊接及热处理施工要求”的要求。

工程总承包单位对于 Q/SY 06802—2017《中合金热强钢管道焊接及热处理施工规范》标准的学习和应用转化不到位，导致设计文件未采用该施工规范。

问题处置

监督人员下发《质量问题处理通知书》，要求工程总承包单位整改，明确规范的使用。工程总包单位也意识到问题的严重性，立即在设计交底会议纪要中明确，消除了质量安全隐患。

经验总结

设计质量为工程质量的源头，没有好的设计质量，便无从谈及施工质量。质量安全无小事，质量上的小疏忽，会给装置留下重大隐患，必须加以高度重视。因此，在今后的监督工作中应加强此方面的管理，增加监督频次，不给工程留下质量隐患。

220　设计原因导致管线焊口漏检

案例概况

2021 年 6 月，监督人员在对某公司变压吸附（PSA）装置改造项目部分工艺管线管道表和单线图检查时，发现 PSA 部分管道表中管线编号为 FG-75201 a—j、H2-75201 a—j、P-75203a—j 等 96 条管线备注栏中要求“由于管线承受交变应力，要求对相应的管线焊缝 100% 探伤”，但管道表和单线图中管道检验级别为 10%、Ⅲ级合格，不符合标准要求。

[illegible]	管 道 表（次页）	项目文件号	1101701D1000	
		文表号	PE-07/P1	
		版次/修改	0	第 3 页 共 7 页
工程名称	[illegible]结构调整和转型升级发展工程	单元名称	100万吨/年连续重整联合装置	

序号	管道编号	介质名称	流量 kg/h	起止点		公称直径 (mm)	管道等级代号	操作条件		设计条件		试验压力		隔热要求		蒸汽吹扫	P&ID 图号	管道检验级别	备注
				自	至			温度 ℃	压力 MPa(g)	温度 ℃	压力 MPa(g)	水压 MPa(g)	气密 MPa(g)	类别	厚度 mm				
21	H2-75210a~j	氢气		H2-75201a~j	H2-75211	80	3B1AR	40	2.5	120	2.75	4.13	2.75				752	GC2(1)-Ⅲ-10	[illegible]
22	H2-75211	氢气		H2-75210a	H2-75210j	100	3B1AR	40	2.5	120	2.75	4.13	2.75				752	GC2(1)-Ⅲ-10	[illegible]
23	H2-75212	氢气		H2-75211	D-752	100	3B1AR	40	2.5/1	120	2.75	4.13	2.75				752	GC2(1)-Ⅲ-10	交变应力,焊缝100%探伤
24	H2-75213	氢气		D-752	H2-75209	150	3B1AR	40	1/2.5	120	2.75	4.13	2.75				752	[illegible](1)-Ⅲ-10	交变应力,焊缝100%探伤
25	H2-75214	氢气		H2-75202	H2-75205	80	3B1A	40	2.5	120	2.75	4.13	2.75				[illegible]	GC2(1)-Ⅲ-10	
26	FG-75201a~j	解吸气		C-751A~J	FG-75203	250	[illegible]	40	2.5/0.2	120	2.75/0.38	4.13/0.57	2.75/0.38	H	50	[illegible]	[illegible]	GC2(1)-Ⅲ-10	[illegible]
27	FG-75202a~j	解吸气		FG-75201a~j	FG-75204	150	3B1AR	40	2.5	120	2.75	4.13	2.75	H	[illegible]	[illegible]	752	GC2(1)-Ⅲ-10	[illegible]
28	FG-75203	解吸气		FG-75201a~j	FG-75205	400	2B1A	40	0.2	[illegible]	[illegible]	[illegible]	[illegible]	[illegible]	[illegible]	[illegible]	[illegible]	GC2(1)-Ⅲ-10	
29	FG-75204	解吸气		FG-75202a~j	FG-75206	200	3B1A	40	2.5	[illegible]	[illegible]	[illegible]	[illegible]	[illegible]	[illegible]	[illegible]	[illegible]	GC2(1)-Ⅲ-10	
30	FG-75205	解吸气		FG-75203	FG-75304	400	2B1A	40	0.2	[illegible]	[illegible]	[illegible]	[illegible]	[illegible]	[illegible]	[illegible]	[illegible]	GC2(1)-Ⅲ-10	
31	FG-75206	解吸气		FG-75204	FG-75301	200	3B1A	40	2.5	[illegible]	[illegible]	[illegible]	[illegible]	[illegible]	[illegible]	[illegible]	[illegible]	GC2(1)-Ⅲ-10	
32	FG-75301	解吸气		FG-75206	FG-75302	200	3B1A	40	2.5	[illegible]	[illegible]	[illegible]	[illegible]	[illegible]	[illegible]	[illegible]	[illegible]	GC2(1)-Ⅲ-10	
33	FG-75302	解吸气		FG-75301	D-753	250	2B1A	40	0.2	[illegible]	[illegible]	[illegible]	[illegible]	[illegible]	[illegible]	[illegible]	[illegible]	GC2(1)-Ⅲ-10	
34	FG-75303	解吸气		D-753	D-754	300/350	2B1A	40	0.2	[illegible]	[illegible]	[illegible]	[illegible]	[illegible]	[illegible]	[illegible]	[illegible]	GC2(1)-Ⅲ-10	
35	FG-75304	解吸气		FG-75205	D-754	400	2B1A	40	0.2	[illegible]	[illegible]	[illegible]	[illegible]	[illegible]	[illegible]	[illegible]	[illegible]	GC2(1)-Ⅲ-10	
36	FG-75305	解吸气		D-754	FG-75401	600	2B1A	40	0.2	[illegible]	[illegible]	[illegible]	[illegible]	[illegible]	[illegible]	[illegible]	[illegible]	GC2(1)-Ⅲ-10	
37	FG-75401	解吸气		FG-75305	K-751AB	600	2B1A	40	0.2	120	0.38	0.57	0.38	HWT	60		754	GC2(1)-Ⅲ-10	
38	FG-75403	解吸气		K-751B	FG-75404	250	2B1A	40	0.6	120	0.78	1.17	0.78	H	50		754	GC2(1)-Ⅲ-10	
39	FG-75404	解吸气		K-751A	出装置	250	2B1A	40	0.6	120	0.78	1.17	0.78	H	50		754	GC2(1)-Ⅲ-10	
40	FG-75405	解吸气		FG-75404	出装置	250	2B1A	40	0.6	120	0.78	1.17	0.78	H	50		754	GC2(1)-Ⅲ-10	

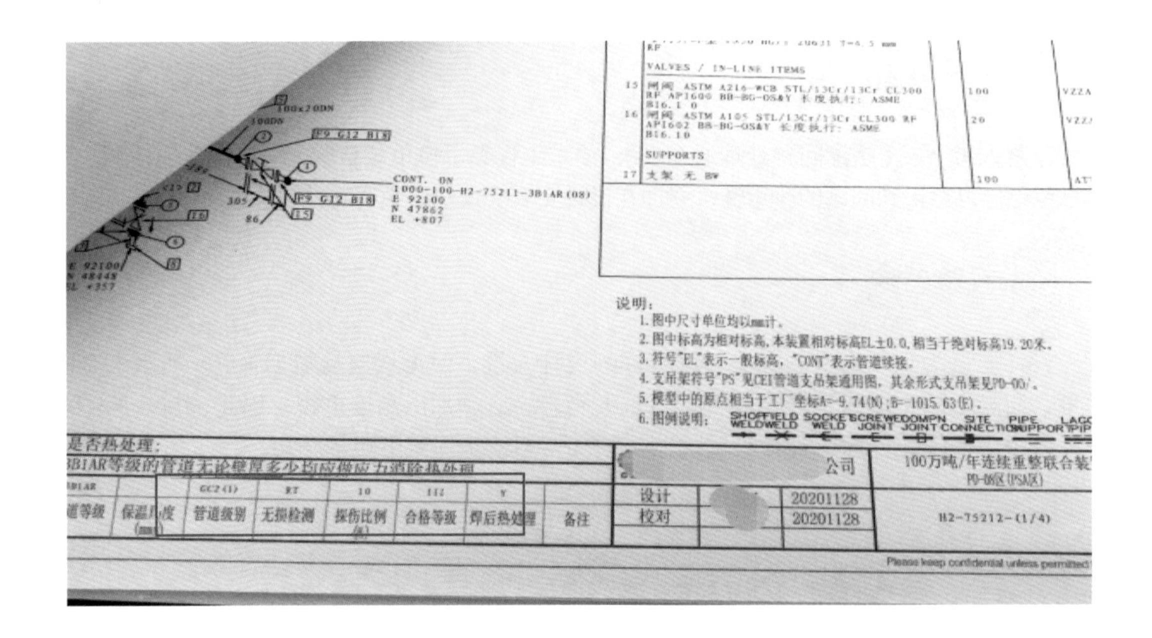

问题分析

由于该管线长期承受交变应力，使用工况可判定为剧烈循环工况，因此依据 GB 20801.5—2020《压力管道规范　工业管道　第 5 部分：检验与试验》中 6.1.2 条，该工况压力管道检查等级应为Ⅰ级，检测比例按此标准表 1 要求应为 100%，合格级别按 6.3.2.2.a）规定不低于Ⅱ级。因此，应将管道表中检测验收标准提为Ⅱ级；同时，相应修改单线图中的检测比例、合格等级，修改后设计文件下发至施工单位及相关单位，用于指导管线无损检测。

该问题的发生是设计人员粗心大意导致的。本来设计人员对于特殊工况是十分掌握的，对于特殊部位在管道表备注栏中提出了相应的检测要求，但管道检验级别一栏没有进行相应调整，还按照普通工况检测级别填写。单线图也是按照普通工况检测级别填写，施工单位也没核对管道表，按照单线图进行施工、委托检测，导致问题发生。

问题处置

监督人员下发《质量问题处理通知书》，在公司项目协调会上予以通报，限期整改。

经过设计人员和施工技术员统计核实，最终对超过 900 道焊口补充委托进行了检测。

经验总结

设计单位应严格执行设计、复核和审核等重要质量控制程序，减少设计文件的错漏；施工单位应加强图纸审查，发现问题及时与设计单位沟通解决；监督人员对于设计文件、标准中的特殊部位、特殊工序、特殊要求，要给予特别重视，应善于抓住关键点，保证施工质量。

221 防潮层设计选材及施工工艺违反规范

案例概况

2021 年 8 月，监督人员在对某公司烷基化扩能改造项目监督检查时发现：

（1）设备及管道保冷施工及验收技术条件中玻璃布为 6×6 根 /cm^2。

（2）设计要求在保冷层外先缠绕玻璃丝布，然后再抹玛蹄脂。

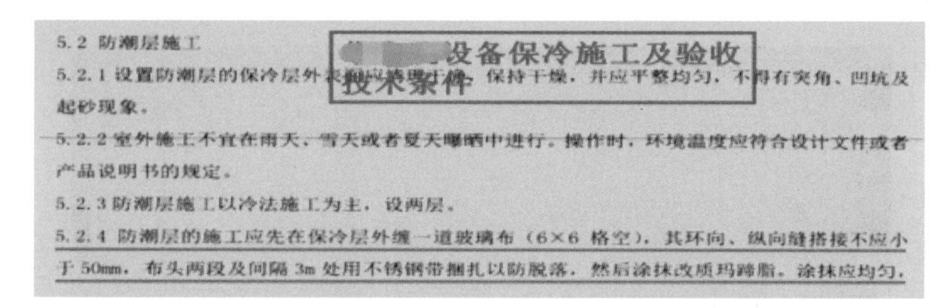

设备保冷施工及验收技术条件

5.2 防潮层施工

5.2.1 设置防潮层的保冷层外表[illegible]，保持干燥，并应平整均匀，不[illegible]有突角、凹坑及起砂现象。

5.2.2 室外施工不宜在雨天、雪天或者夏天曝晒中进行。操作时，环境温度应符合设计文件或者产品说明书的规定。

5.2.3 防潮层施工以冷法施工为主，设两层。

5.2.4 防潮层的施工应先在保冷层外缠一道玻璃布（6×6 格空），其环向、纵向缝搭接不应小于 50mm，布头两段及间隔 3m 处用不锈钢带捆扎以防脱落，然后涂抹改质玛蹄脂。涂抹应均匀。

问题分析

防潮层设计选材及施工工艺不符合 GB 50126—2008《工业设备及管道绝热工程施工规范》第 6.1.5 条“防潮层胶泥涂抹结构所采用的玻璃纤维布宜选用经纬密度不应小于 8×8 根 /cm^2、厚度应为 0.10~0.20mm 的中碱粗格平纹布，也可采用塑料网格布”、第 6.2.1 条“3 玻璃纤维布应随第一层胶泥层边涂边贴，其环向、纵向缝的搭接宽度不应小于 50mm，搭接处应粘贴密实，不得出现气泡或空鼓”的要求。设计单位安装专业设计人员对现行标准、规范了解掌握不到位，造成设计选材和验收技术条件与标准不符；监理单位及工程管理部门专业技术人员责任心不强，审图时未辨识出设计问题。

问题处置

监督人员发现问题后，对设计单位下达《质量问题处理通知书》，要求建设单位组织设计单位对存在的问题进行整改。

经验总结

设计单位应严格执行设计、复核和审核等重要质量控制程序，建设单位在施工图审查和组织设计交底时，应认真梳理设计关键内容的准确性以及与施工现场的适用性，提高设计文件质量。

222　设备防雷接地设计无可靠连接

案例概况

2022 年 3 月，某公司乙烯厂丙烯提纯项目设计单位设计的 T-5512 丙烯提纯塔接地图纸深度不够，未给出塔基础内接地系统与塔体连接的图纸，造成现场塔基础接地未与丙烯塔避雷接地系统可靠连接。

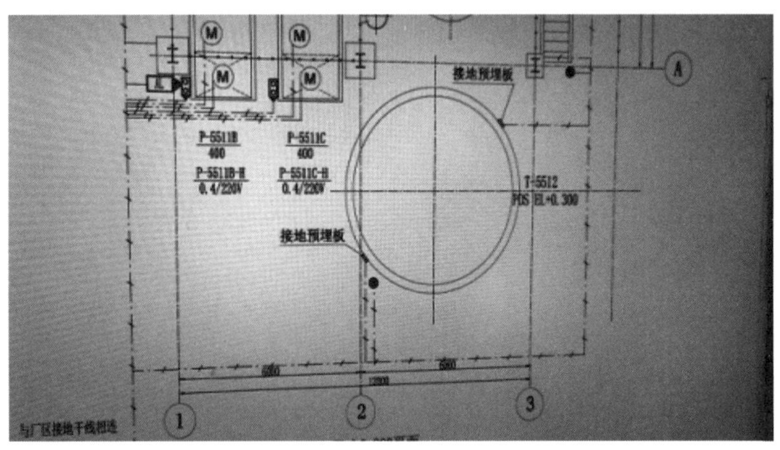

整改后设计文件要求

问题分析

设备防雷接地设计无可靠连接，不符合 GB 50650—2011《石油化工装置防雷设计规范》第 5.5.1 条“金属罐体应做防直击雷接地，接地点不应少于 2 处，并应沿罐体周边均匀布置，引下线的间距不应大于 18m”的要求。

设计图纸深度不够，设计交底不到位，施工单位对图纸审查不细致，造成塔基础的接地系统未与塔体连接，影响避雷接地系统的可靠性。

问题处置

监督人员下发《质量问题处理通知书》，要求设计单位完善设计，施工单位按设计要求整改。

经验总结

设计单位应加大设计深度，减少设计文件的错漏；施工单位应加强图纸审查，发现问题及时与设计单位沟通解决。

223　工程总承包单位对分包单位人员管理不到位

案例概况

2022 年 3 月，监督人员对某公司炼化一体化项目空分装置监督检查时发现：施工分包商所报资料中项目总工兼技术负责人未到岗；施工单位称已变更项目总工兼技术负责人并提供变更人员姓名，经核查该人已离职。项目 EPC 工程总承包单位在与施工分包商合同中约定技术负责人为不可变更人员，但工程总承包单位不清楚施工技术负责人到岗情况且未按合同约定对不可变更人员进行考核。

问题分析

工程总承包单位对分包单位人员管理不到位，违反了施工合同相关约定和集团公司《中国石油天然气集团有限公司工程建设承包商管理办法》（中油物装〔2021〕131 号）第二十七条“所属企业应加强承包商全过程管理及合同履行管理，按照合同约定行使权力、履行义务，及时处理合同变更”、第三十四条“承包商应对分包商进行资格审查，并与分包商签订分包合同后方可允许分包商从事分包作业任务，严禁以包代管、包而不管。承包商应将分包合同报所属企业备案”的规定。

问题处置

监督人员下发《质量问题处理通知书》，要求施工单位按合同约定选派相应管理人员，工程总承包单位严格施工单位关键人员履约管理；同时，要求建设单位督促工程总承包单位和施工单位加强管理。

经验总结

建设单位应加强承包商全过程管理及合同履行管理。工程总承包单位应检查分包单位资源投入，审查质量体系、施工过程质量控制管理是否到位。

224　工程总承包单位对监造单位管理不到位

案例概况

2020 年 5 月，监督人员对某公司乙烷制乙烯项目检查时发现，工程总承包单位委托监造单位进行设备监造，工程总承包单位未对监造公司的监造大纲进行审批，未对监造人员进行审核；冷箱和压缩机设备监造为某工程总承包单位内部公司监造，但未见工程总承包单位对监造公司提供的监造方案及监造人员审核意见；此外，监造报告未见监造人员对关键监造过程记录签字确认。

问题分析

工程总承包单位对监造单位管理不到位，违反了《中国石油天然气集团公司产品驻厂监造管理规定》（质字〔2007〕12 号）第二十一条“监造单位在监造实施前，应将主要监造人员履历报送委托人。委托人有权要求监造单位更换监造人员”、第二十三条“监造单位应在实施监造前，依据合同约定的监造范围、内容编制监造计划或监造实施细则，经委托人确认后实施”、第二十八条“（十三）监造工作结束后，应当按照合同规定向委托人提交最终监造报告和合同约定的监造资料”的规定。

问题处置

监督人员下发《质量问题处理通知书》，要求工程总承包单位完善监造程序，加强对监造人员考核和监造过程管理。

经验总结

工程总承包单位应做好设备材料监造和检验，认真审批监造实施细则，审核监造人员；监造单位应建立监造例会制度，定期组织被监造单位召开监造工作例会，按监造合同约定及时向监造委托单位提供监造日报、周报、专题报告和阶段报告等。

225　工程总承包单位对质量计划管理不到位

案例概况

2020 年 5 月，监督人员对某公司乙烷制乙烯项目高密度聚乙烯装置检查时发现：工程总承包单位《质量计划》中采用 SY 4202—2016、GB 50185—2010、SY 4206—2007、SY 4205—2016、GB 50168—2006、GB 50166—2007 等过期标准；质量控制矩阵表中质量控制点等级与参建单位不符；质量计划未进行交底。

问题分析

工程总承包单位对质量计划管理不到位，违反了《中国石油天然气集团公司工程建设项目质量计划管理规定》（质量〔2015〕366 号）第十三条“工程总承包单位、施工单位质量计划应由项目经理组织工程质量、勘察设计、采购、施工等管理部门（或人员），依据国家法律法规、标准规范，勘察设计文件、合同、建设单位项目质量管理文件（含质量计划）以及承包商公司相关规定等编制，设定的质量目标不应违背建设单位、承包商质量方针和目标”、第十七条“建设单位质量计划应向 PMC、监理、检测、工程总承包、勘察设计、施工等承包商进行交底和培训，并向建设单位项目管理人员进行交底；工程总承包单位、施工单位的质量计划应向分包商进行交底和培训，并分别向工程总承包单位、施工单位项目管理人员进行交底”的规定。

质量计划中适用标准应为 SY 4202—2019、GB 50185—2019、SY 4206—2019、SY 4205—2019、GB 50168—2018、GB 50166—2019 等。

问题处置

监督人员下发《质量问题处理通知书》，要求工程总承包单位调整质量控制点等级，完善质量计划适用规范，并向相关单位和人员交底。

经验总结

工程总承包单位应做好质量计划的编制、审批、宣贯、调整与执行。

226 水池施工方案未审批、执行不到位

案例概况

2021 年 8 月监督人员检查时发现，某公司净水厂清水池工程存在以下问题：
(1)清水池主体专项施工方案未报建设单位审批。
(2)清水池未进行蓄水试验，也未进行沉降观测。

问题分析

水池施工方案未审批，违反了《中国石油天然气集团公司工程建设项目质量管理规定》(中油质〔2012〕331 号)第二十四条中“施工组织设计、施工方案、质量检验计划应经监理单位审核，并报建设单位审批”的规定。

水池未进行蓄水试验及沉降观测，不符合设计图纸(CV-07/002)第 3.6 条及 SH/T 3535—2012《石油化工混凝土水池工程施工及验收规范》第 6.3 条“水池蓄水试验应按防水等级进行渗漏检查，并应符合附录 A 的规定”、第 6.4 条“水池蓄水试验时应测定其沉降量”的要求。

施工单位、监理单位和建设单位现场人员履职不到位，留下质量隐患。蓄水试验能够检验水池是否达到设计要求的抗渗等级、是否影响使用功能；同时，蓄水试验时测定沉降量，通过沉降量判定水池是否出现不均匀沉降，会不会产生不利于水池结构的附加应力。

问题处置

监督人员下发《质量问题处理通知书》，要求各责任单位限期整改。

经验总结

施工方案应严格按照集团公司规章制度要求履行审批手续。蓄水试验是控制水池施工质量的重要手段，监理单位、总承包单位和施工单位应按照设计要求和相关规范进行检测，强化施工过程中的质量控制。

227　施工单位对质量计划管理不到位

案例概况

2020 年 4 月，监督人员对某公司焦化硫磺回收隐患治理工程监督检查时发现：施工单位编制的质量计划未经监理单位和建设单位审批，也未在其公司内部进行宣贯；执行中未按照质量计划进行质量检查。

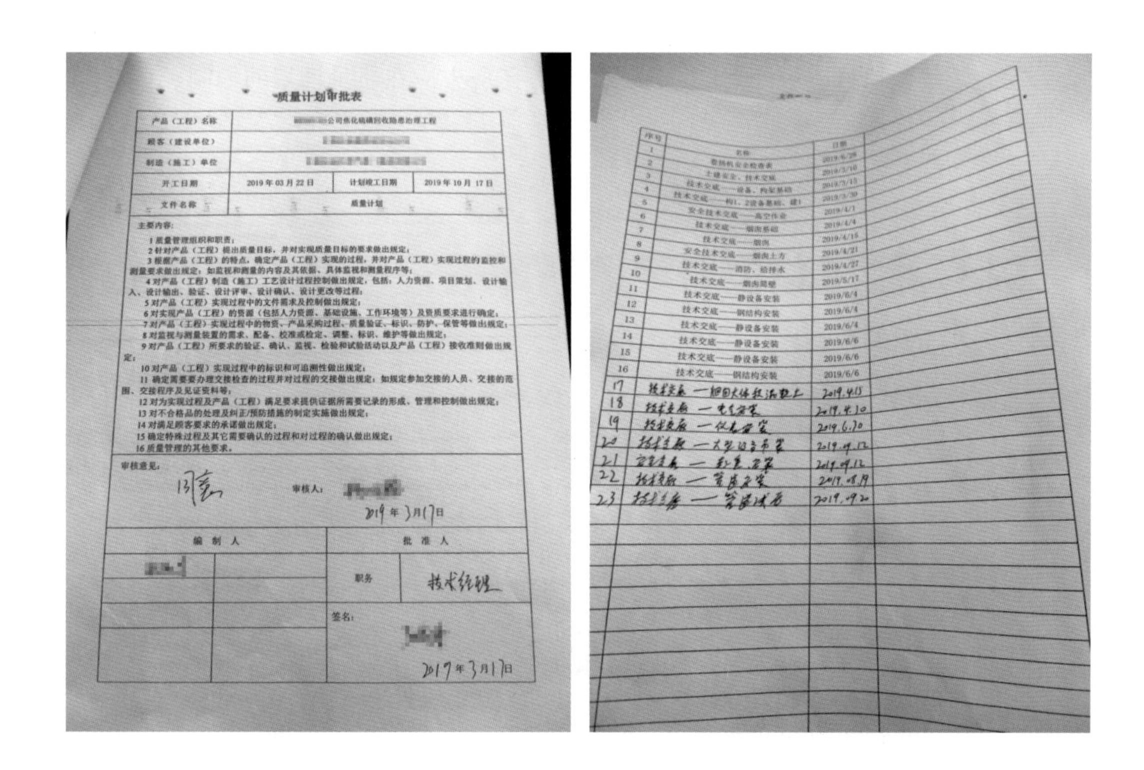

质量计划审批表

产品（工程）名称	■■公司焦化硫磺回收隐患治理工程		
顾客（建设单位）	■■■		
制造（施工）单位	■■■		
开工日期	2019 年 03 月 22 日	计划竣工日期	2019 年 10 月 17 日
文件名称	质量计划		

主要内容：

1 质量管理组织和职责；
2 针对产品（工程）提出质量目标，并对实现质量目标的要求做出规定；
3 根据产品（工程）的特点，确定产品（工程）实现的过程，并对产品（工程）实现过程的监控和测量要求做出规定：如监视和测量的内容及其依据、具体监视和测量程序等；
4 对产品（工程）制造（施工）工艺设计过程控制做出规定，包括：人力资源、项目策划、设计输入、设计输出、验证、设计评审、设计确认、设计更改等过程；
5 对产品（工程）实现过程中的文件需求及控制做出规定；
6 对实现产品（工程）的资源（包括人力资源、基础设施、工作环境等）及资质要求进行确定；
7 对产品（工程）实现过程中的物资、产品采购过程、质量验证、标识、防护、保管等做出规定；
8 对监视与测量装置的需求、配备、校准或检定、调整、标识、维护等做出规定；
9 对产品（工程）所要求的验证、确认、监视、检验和试验活动以及产品（工程）接收准则做出规定；
10 对产品（工程）实现过程中的标识和可追溯性做出规定；
11 确定需要要办理交接检查的过程并对过程的交接做出规定：如规定参加交接的人员、交接的范围、交接程序及见证资料等；
12 对为实现过程及产品（工程）满足要求提供证据所需要记录的形成、管理和控制做出规定；
13 对不合格品的处理及纠正/预防措施的制定实施做出规定；
14 对满足顾客要求的承诺做出规定；
15 确定特殊过程及其它需要确认的过程和对过程的确认做出规定；
16 质量管理的其他要求。

审核意见：同意　审核人：■■　2019 年 3 月 17 日

编制人		批准人	
■■		职务	技术经理
		签名：■■　2017 年 3 月 17 日	

序号	名称	日期
1	卷扬机安全检查表	2019/6/28
2	土建安全、技术交底	2019/3/10
3	技术交底——设备、构架基础	2019/3/13
4	技术交底——构1、2设备基础、建1	2019/3/30
5	安全技术交底——高空作业	2019/4/1
6	技术交底——烟囱基础	2019/4/4
7	技术交底——烟囱	2019/4/15
8	安全技术交底——烟囱土方	2019/4/21
9	技术交底——消防、给排水	2019/4/27
10	技术交底——烟囱筒壁	2019/5/17
11	技术交底——静设备安装	2019/6/4
12	技术交底——钢结构安装	2019/6/4
13	技术交底——静设备安装	2019/6/4
14	技术交底——静设备安装	2019/6/6
15	技术交底——静设备安装	2019/6/6
16	技术交底——钢结构安装	2019/6/6
17	技术交底—烟囱大体积混凝土	2019.4.15
18	技术交底—电气安装	2019.4.10
19	技术交底—仪表安装	2019.6.10
20	技术交底—大型设备吊装	2019.4.12
21	安全交底—[illegible]	2019.9.12
22	技术交底—管道安装	2019.8.19
23	技术交底——管道试压	2019.9.20

问题分析

施工单位对质量计划管理不到位，违反了《中国石油天然气集团公司工程建设项目质量计划管理规定》（质量〔2015〕366 号）第三条“工程建设项目质量计划（以下简称质量计划）是指在项目实施阶段建设单位、工程总承包单位、施工单位对项目质量管理工作的策划和部署安排，是项目实施阶段质量管理工作的指南和依据”、第十六条“建设单位质量计划应履行内部审批程序后方可实施；工程总承包单位质量计划应报监理单位、工程项目管理单位（以下简称 PMC，适用于项目管理承包项目）审核，建设单位批准；施工单位质量计划应经承包合同的发包方及监理单位批准，建设单位直接发包的项目须经监理单位、PMC 单位审核后由建设单位批准”的规定。

问题处置

监督人员下发《质量问题处理通知书》，要求施工单位履行审批手续；同时，内部进行宣贯、执行。

经验总结

《中国石油天然气集团公司工程建设项目质量计划管理规定》于 2015 年 11 月发布实施，到现在工程建设参与方，包括建设单位和监理单位，还不够注重该规定的落实，没有检查督促施工单位执行质量计划的情况，工程参与各方应在质量计划的编制、审批、宣贯、调整与执行上下功夫。

228 施工单位未经验槽即进行下道工序施工

案例概况

2020 年 3 月，监督人员对某公司催化裂化装置烟气脱硫部分环保提标改造项目检查时发现，设备基础未经地勘人员验槽，施工单位就将垫层浇筑完毕，准备下一道工序施工。

问题分析

施工单位未经验槽即进行下道工序施工，不符合设计文件相关要求及 GB 50202—2018《建筑地基基础工程施工质量验收标准》第 3.0.4 条“地基基础工程必须进行验槽”和附录 A 第 A.1.1 条“勘察、设计、监理、施工、建设各方相关技术人员应共同参加验槽”相关要求。

验槽是在基坑或基槽开挖至坑底设计标高后，检验地基是否符合要求的活动。验槽的目的是探明基坑或基槽的土质情况等，据此判断异常地基基础是否需要进行局部处理、原钻探是否需补充、原基础设计是否需修正；同时，是否应对自己所接受的资料和工程的外部环境进行再次确认等。地基和基础是建筑的根本，关系到上部结构的安危。

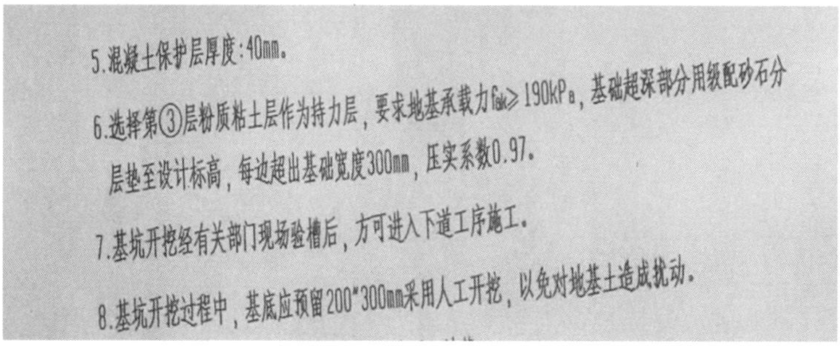

5.混凝土保护层厚度:40mm。

6.选择第③层粉质粘土层作为持力层，要求地基承载力f_{ak}≥190kPa，基础超深部分用级配砂石分层垫至设计标高，每边超出基础宽度300mm，压实系数0.97。

7.基坑开挖经有关部门现场验槽后，方可进入下道工序施工。

8.基坑开挖过程中，基底应预留200~300mm采用人工开挖，以免对地基土造成扰动。

问题处置

监督人员下发《质量问题处理通知书》，要求施工单位立即拆除已浇筑的垫层，由建设单位重新组织验槽。

经验总结

验槽是地基基础工程施工前期重要的检查工序，是关系到整个建筑安全的关键，对每一个基坑或基槽都应进行验槽。各责任主体应高度重视验槽工作。

229 施工单位地基验槽记录造假

案例概况

2021 年 5 月，监督人员对某公司炼油区外管 2 区土建专业资料监督检查时发现，230107-230114/C-F 轴《地基基坑（槽）开挖、施工检查记录》存在疑似签名造假的现象，经与勘察单位项目负责人核实，该记录中勘察项目技术负责人签字栏非本人签字。

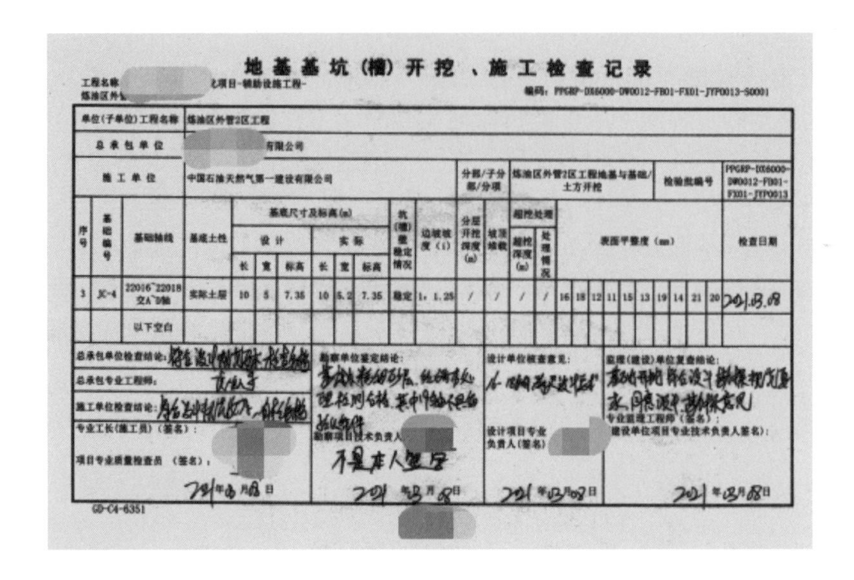

地基基坑（槽）开挖、施工检查记录

工程名称：炼油区外管……化项目-辅助设施工程-

编码：PPGRP-DX6000-DW0012-FB01-FX01-JYP0013-S0001

单位（子单位）工程名称	炼油区外管2区工程		
总承包单位	……有限公司		
施工单位	中国石油天然气第一建设有限公司	分部/子分部/分项	炼油区外管2区工程地基与基础/土方开挖
检验批编号	PPGRP-DX6000-DW0012-FB01-FX01-JYP0013		

序号	基础编号	基础轴线	基底土性	基底尺寸及标高(m) 设计 长	设计 宽	设计 标高	实际 长	实际 宽	实际 标高	坑(槽)壁稳定情况	边坡坡度(i)	分层开挖深度(m)	坡顶堆载	超挖处理 超挖深度(m)	超挖处理 处理情况	表面平整度(mm)										检查日期
3	JC-4	22016~22018 交A~D轴	实际土层	10	5	7.35	10	5.2	7.35	稳定	1：1.25	/	/	/	/	16	18	12	11	15	13	19	14	21	20	2021.03.08
		以下空白																								

总承包单位检查结论：[illegible]

总承包专业工程师：[illegible]

施工单位检查结论：[illegible]

专业工长（施工员）（签名）：

项目专业质量检查员（签名）：

2021年03月08日

勘察单位鉴定结论：[illegible]

勘察项目技术负责人：

不是本人签字

2021年03月08日

设计单位核查意见：[illegible]

设计项目专业负责人（签名）

2021年03月08日

监理（建设）单位复查结论：[illegible]

专业监理工程师（签名）：

建设单位项目专业技术负责人签名）：

2021年03月08日

GD-C4-6351

问题分析

施工单位地基验槽记录造假，不符合 GB 50202—2018《建筑地基基础工程施工质量验收标准》第 A.1.1 条“勘察、设计、监理、施工、建设各方相关技术人员应共同参加验槽”、第 A.1.7 条“验槽完毕填写验槽记录或检验报告，对存在的问题或异常情况提出处理意见”的要求。验槽记录签名造假问题性质恶劣，违反国家有关的验收程序；同时，若不组织相关责任单位进行地基验槽，不能确定地基承载力是否能满足设计要求，将直接影响基础结构稳定和上部建筑安全。

相关责任单位管理人员质量意识淡薄，过程控制不严格，未严格按照规范要求组织地基验槽。现场监理人员没有认真履行职责，工序验收流于形式。

问题处置

监督人员下发《质量问题处理通知书》，责令建设单位组织监理单位、工程总承包单位和施工单位相关人员对该类问题进行全面排查，并进行严肃处理，建议建设单位对相关责任单位及相关人员进行考核。

经验总结

监督人员在现场发现记录签名造假问题后，应责令相关单位认真检查、深刻反思，严格按照规范要求进行检验。监督人员在工作中应注意强化对此类问题的监控，避免遗留质量隐患。

230　施工单位伪造设备基础混凝土强度检验报告

案例概况

2022 年 4 月，监督人员监督检查某公司芳烃联合装置时，对编号为 HY11-DX2600-2020-04400 的混凝土试件抗压强度检验报告进行真伪验证，扫描二维码验证结果为报告编号 HY39-DX2600-2021-00004 的混凝土抗渗等级检验报告，与本混凝土试件抗压强度检验报告数据及内容严重不符，属于伪造检验报告行为。

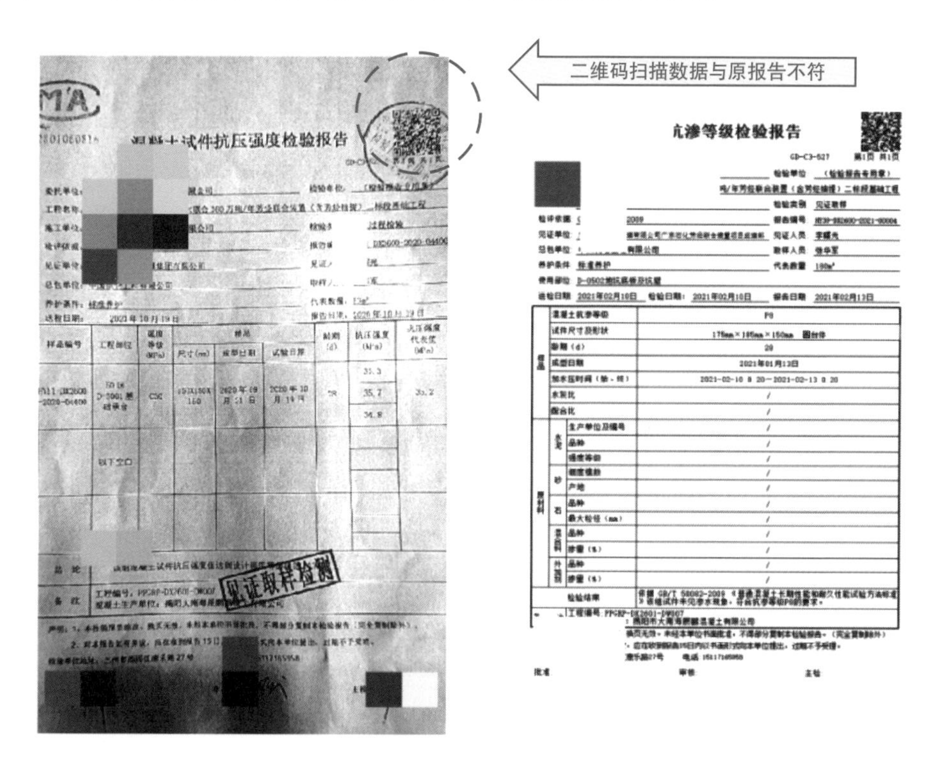

问题分析

施工单位伪造检验报告行为，违反了《建设工程质量管理条例》第二十九条“施工单位必须按照工程设计要求、施工技术标准和合同约定，对建筑材料、建筑构配件、设备和商品混凝土进行检验，检验应当有书面记录和专人签字；未经检验或者检验不合格的，不得使用”、第三十一条“施工人员对涉及结构安全的试块、试件以及有关材料，应当在建设单位或者工程监理单位监督下现场取样，并送具有相应资质等级的质量检测单位进行检测”的规定。

针对编号为 HY11-DX2600-2020-04400 的检验报告，经与甘肃某工程检测有限公司技术负责人确认，该份报告不是该检测公司出具的检验报告，可以判断施工单位为了完成下一道工序交接而篡改混凝土试件抗压强度检验数据，向检查单位提供的伪造混凝土试件抗压强度检验报告。

问题处置

监督人员下发《质量问题处理通知书》，由监理见证，对歧化进料缓冲罐 D-5001 设备基础进行第三方钻芯取样，完成基础实体混凝土强度检测，如实体检测不合格，制定后续补救措施；责成监理单位、总承包单位及施工单位对芳烃联合装置的所有建筑工程检测报告进行核查，追根溯源，由点到面一查到底，对施工质量控制和施工文件报审加强管控，最大限度地消除因伪造检测报告给工程质量埋下的安全隐患，并对相关责任单位及个人要求建设单位给予严肃处理。

经验总结

在工程建设过程中，此案例的发生可能并非个例，作为监督人员，应加强该方面的监管，在以后的监督过程中，应加大对各项目工程建筑检测报告的抽查力度，并要求工程总承包单位、施工单位对其自身的专业工程师和资料员定期开展履职能力评估，对不具备能力的人员应立刻更换。监督人员与相关检测单位建立报告核查常态化机制，提高监督人员对检测报告真伪的甄别能力，为工程建设把好质量关。

231　施工单位管理人员履职不到位

案例概况

2020 年 5 月，监督人员在对某公司结构调整和转型升级工程硫磺回收联合装置监督检查时发现，施工合同约定施工单位组织机构关键人员为 5 人，仅项目经理 1 人到场；多个施工文件上显示项目经理签字有人代签，项目经理履职不到位。

问题分析

施工单位在签署建设工程施工合同后，未按照合同约定按期派人到场履职；监理工程师对其行为在工程协调会上提出过该问题，建设单位对现场这一情况也有所了解，但是没有进行有效管理。说明施工单位、建设单位对工程合同履行不积极、不主动，致使施工单位应到位的管理人员缺位。

施工单位管理人员履职不到位，违反了《中国石油天然气集团有限公司工程建设项目管理规定》(中油物装〔2021〕41 号)第八十一条“所属企业应以合同形式明确参建各方质量责任，加强对承包商和供应商质量监督管理，实现项目质量全面受控"、第八十五条中"所属企业应对承包商资源投入和现场工程质量管理体系建立及运行情况进行监督检查"的规定。

问题处置

监督人员下发《质量问题处理通知书》，要求施工单位履行人员变更手续；同时，要求建设单位严格按照合同约定进行管理。

经验总结

施工单位应按照合同约定保证资源投入，监理单位、建设单位应严格履行合同约定并督促承包商资源投入到位。监督人员应强化承包方资源投入情况的监督检查。

232 框架主体结构未经验收设备已安装

案例概况

2021 年 6 月，监督人员对某公司苯乙烯装置检查时发现，钢结构安装工程中的两个分部工程乙苯精馏构架钢结构和脱氢反应区脱氢冷却器构架钢结构上部分设备（D-2001、E-2001、D-2005、D-2002E-3014A/B/C/D）已安装，两个分部工程未报监理验收。

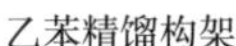

乙苯精馏构架

脱氢冷却器构架

问题分析

框架主体结构未经验收设备已安装，不符合 GB 50300—2013《建筑工程施工质量验收统一标准》第 6.0.3 条"分部工程应由总监理工程师组织施工单位项目负责人和项目技术负责人等进行验收"、第 3.0.3 条"3 对于监理单位提出检查要求的重要工序，应经监理工程师检查认可，才能进行下道工序施工"的要求。

施工单位管理人员质量意识淡薄，过程控制不严格，规范要求在自检合格基础上向监理单位报验；现场监理人员未认真履职，未按规范要求组织分部工程质量验收。

问题处置

监督人员下发《质量问题处理通知书》，要求施工单位在自检合格后，报监理单位组织验收。

经验总结

监督人员在现场发现类似问题后，应责令施工单位认真检查、积极反思，严格按照规范要求进行验收。监督人员在工作中应注意强化对此类问题的监控，避免遗留质量隐患。

233　储罐底板材料未按设计要求进行复验

案例概况

2020 年 9 月，监督人员对某公司炼化一体化项目原油罐区施工质量监督检查时发现，炉批号为 3601608 的 20mm 罐底板无力学性能检验报告，所有需要抽检的罐板均无化学成分复验报告。

问题分析

储罐底板材料无复验报告，不符合设计“材质 12MnNiVR 厚度 20mm 的罐底板需要进行力学性能复验、化学成分复验和超声检测复验，抽查比例为按炉批次抽 1 张”的要求。

问题处置

监督人员下发《质量问题处理通知书》，要求施工单位按照设计要求进行验收及复验。

经验总结

施工单位应熟悉掌握设计要求，对于现场使用的原材料，按照设计要求进行验收及复验，避免不合格原材料用于工程。

234 未进行设计变更 擅自改变设计施工

案例概况

2022年8月，监督人员对某公司低温腐蚀控制系统改造项目施工现场监督检查时发现，施工单位将装置内管线的连接方式由焊接改为法兰连接。监督人员核查变更手续，施工单位未能提供设计变更文件，仅生产车间口头同意，未征求设计人员确认和办理相关手续。

问题分析

未进行设计变更擅自改变设计施工，不符合GB 50235—2010《工业金属管道工程施工规范》第1.0.4条“工业金属管道的施工，应按设计文件及本规范的规定进行”、第1.0.5条“当需要修改设计文件及材料代用时，必须经原设计单位同意，并应出具书面文件”的要求。

生产单位为了避免运行生产装置内动火，与施工单位协商后，施工单位擅自采用法兰连接代替焊接，改变设计图纸要求，未取得设计单位同意，违反标准规范要求，未经设计校核可能对结构安全造成的影响，对工程质量有较大影响。

问题处置

监督人员要求施工单位立即停止施工，并对施工管理人员进行批评教育，要求必须重视设计文件要求，未经设计人员确认不得擅自更改；同时，下发《质量问题处理通知书》，要求施工单位联系设计单位相关设计人员，将现场施工中的实际问题向设计人员反映清楚，在征得设计人员同意并取得相关书面文件后方可恢复施工。

施工单位向设计代表提出了设计变更申请，经设计人员确认，按程序进行了设计变更，出具了使用法兰连接的设计文件。

经验总结

施工应以设计文件要求为依据，不得随意变更，如果确需变更，应按规定程序进行上报和申请，征求设计单位意见，并履行相应变更手续。监督人员及现场管理人员在检查中发现此类问题应立即制止，坚决纠正。

235 压力容器无监检证书

案例概况

2020 年 9 月，监督人员对某公司外排废水减排及回收利用项目设备进厂验收监督检查时发现，活性炭过滤器 F-6250A/B/C/D 存在以下问题：

（1）活性炭过滤器设计图纸是 I 类压力容器，现场验收设备铭牌无压力容器类别内容，随机资料无压力容器监检证书。

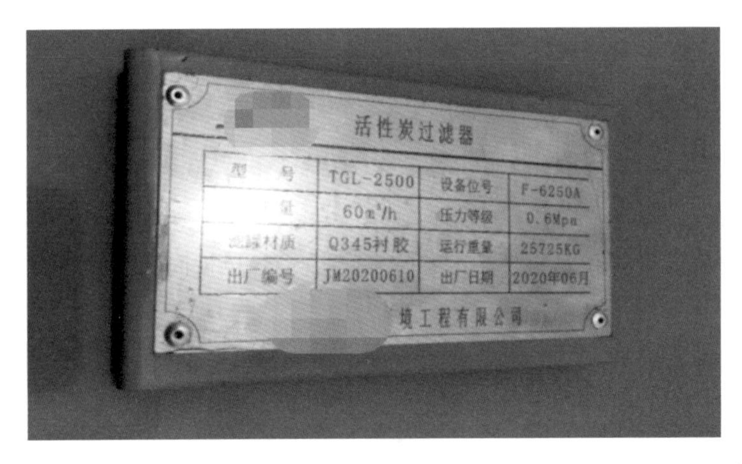

（2）设计图纸标明主要元件标准 / 供货状态：Q345R GB/T 713—2014/ 热轧，接管 20 GB/T 9948—2013/ 正火，法兰 16Mn Ⅱ GB/T 47008—2017/ 正火。活性炭过滤器随机资料无筒体 Q345R、接管 20、法兰 16Mn Ⅱ 材料的质量证明书，产品质量合格证明书中显示法兰为 Q235B。

问题分析

压力容器无监检证书，不符合 GB 50461—2008《石油化工静设备安装工程施工质量验收规范》第 3.4.2 条中设备质量证明文件的内容与特性应符合设计文件的规定，压力容器质量证明文件尚应符合《压力容器安全技术监察规程》的要求。工程总承包单位未按图纸技术要求采购。

问题处置

监督人员下发了《工程质量问题处理通知书》，要求工程总承包单位对不合格设备进行退场处理，严格执行设计标准规范，对该台设备重新采购、验收，监理单位逐项检查确认。

经验总结

工程总承包单位应加强采购质量控制，严格执行设备入场验收程序，防止不合格设备进入施工现场。

236　无损检测委托单内容及表单格式错误

案例概况

2021 年 10 月，监督人员在对某公司洗化厂 VOCs 处理装置提标升级改造工程无损检测监督检查时发现，已实施的压力管道无损检测存在如下质量问题：

（1）压力管道《无损检测委托单》表单格式不符合 Q/SY 06529—2018《炼油化工建设项目施工过程技术文件管理规范》SYG03-A019/1 的要求。

（2）此委托单表单、检验批、覆盖焊工等，不符合 SH 3501—2011《石油化工有毒、可燃介质钢制管道工程施工及验收规范》相关要求。

问题分析

无损检测委托单内容及表单格式不符合 SH 3501—2011《石油化工有毒、可燃介质钢制管道工程施工及验收规范》第 7.5.10 条“管道焊接接头按比例抽样检查时，检验批应按下列规定执行：a）每批执行周期宜控制在 2 周内；b）应以同一检测比例完成的焊接接头为计算基数确定该批的检测数量；c）焊接接头固定口检测不应少于检测数量的 40%；d）焊接接头抽样检查应符合下列要求：1）应覆盖施焊的每名焊工；2）按比例均衡各管道编号分配检测数量；3）交叉焊缝部位应包括检查长度不小于 38mm 的相邻焊缝”等要求。

建设单位管理不到位，施工单位、监理单位、检测单位均未进行核实，尤其是施工单位随意采用委托单格式，未经监理单位确认，检测单位接收人员未仔细核对委托内容就接收并检测，由于各方监管缺失，施工中未及时纠正错误问题。

问题处置

监督人员下发了《质量问题处理通知书》，要求建设单位组织相关单位整改，按相关规范要求，重新委托，重新检测。

经验总结

参建各方应严格执行无损检测相关标准规范，施工单位应正确使用《无损检测委托单》，专业监理工程师严把审核关，避免此类问题发生。

237　检测项目质量和技术负责人未到岗

案例概况

2022 年 8 月，监督人员在对某公司聚乙烯装置扩能改造项目监督检查时发现，检测项目部质量负责人、技术负责人不在岗，评定底片只有一人，没有按体系要求进行初评、复评和审核，超声检测和射线检测没有高级人员在岗，质量保证体系运行失控。

问题分析

检测项目质量和技术负责人未到岗，不符合 TSG Z7002—2022《特种设备检测机构核准规则》附件 D《特种设备检测机构质量管理体系要求》D5.2 条："设立项目部的，还应当满足以下要求：(1)项目部的成立经过批准，项目部资源(包括管理人员、关键岗位人员、检测人员、检测设备、检测设施及场地、质量管理体系文件等)配置满足合同及检测工作的需要，任命管理人员、关键岗位人员；(2)明确管理人员、关键岗位人员和检测人员职责、权限和相互关系；(3)制定项目部质量管理要求，并且有效实施"的要求。

该检测项目部没有按照质量保证体系要求实现关键管理人员到岗履职，使质量保证体系无法正常运行。

问题处置

监督人员下达《质量问题处理通知书》，要求检测单位按照质量保证体系要求整改，要求检测项目部关键管理人员和高级检测人员到岗履职，保证质量保证体系正常运行。

经验总结

建设单位、监理单位和检测单位应按照《特种设备检测机构质量管理体系要求》严格管理，保证工程项目检测质量保证体系有效运转，避免造成潜在的质量隐患。

238 γ 射线检测工艺操作指导书未做工艺验证

案例概况

2021 年 3 月，监督人员在对某石化公司炼化一体化项目中的 γ 射线检测操作指导书（编号：HW103-H10-122/PPGRP-2021-186）检查时发现，检测公司责任人员审核后，在首次使用时未按标准规定选取最优工艺参数做 γ 射线检测工艺验证。

问题分析

γ 射线检测工艺操作指导书未做工艺验证，不符合 NB/T 47013.1—2015《承压设备无损检测　第 1 部分：通用要求》第 4.3.2.3 条“操作指导书在首次应用时应进行工艺验证，验证可采用对比试块、模拟试块或直接在检测对象上进行”的要求。

检测工艺操作指导书相关检测参数是否满足现场检测要求，直接决定着检验检测结果的准确性，对首次使用的操作指导书必须进行工艺验证是无损检测质量控制的重要环节。检测单位质量体系运行存在漏洞，对标准规范的执行不严格，检测过程缺乏有效监督，未及时对不规范的检测过程进行纠正；责任人员质量意识不强，心存侥幸，对 γ 射线检测工艺验证的重要性认识不足，对检测过程质量控制环节的完整性实施不到位，导致质量隐患的产生；现场监理人员未认真履职，未对检测单位的检测质量进行管理。

问题处置

监督人员下发《质量问题处理通知书》，要求检测单位严格按照标准要求，及时进行工艺验证。如无有效工艺验证结论，停止该操作指导书所涉及的无损检测。

检测单位对该问题进行了整改，采用直接在检测对象上进行检测参数验证的方式，确认了相关工艺参数。

经验总结

检测机构应加强检测作业前技术交底，检测人员应加强质量意识，严格按照规范和操作指导书实施检测；监理人员应认真履职，及时发现检测过程中的问题；监督人员在工作中应注意强化对此类问题的监控，避免质量隐患的发生。

239　渗透检测过度清洗

案例概况

2022 年 5 月，监督人员在对某公司 100×10^4t/a 连续重整项目监督检查时发现，检测单位在对小接管支管台部位进行渗透检测时，对渗透剂过度清洗，容易造成缺陷漏检。

问题分析

对渗透剂过度清洗，不符合 NB/T 47013.5—2015《承压设备无损检测　第 5 部分：渗透检测》第 6.4.3 条“不得用清洗剂直接在被检面上冲洗”的要求。

无损检测是焊接质量的一面镜子，是质量验收的一道重要关卡。渗透检测质量与检测人员的责任心密切相关，但往往由于其检测结果不能追溯，而使得检测人员马虎大意、敷衍了事，给工程质量留下隐患。检测人员质量意识不强、责任意识不强，未能对检测不规范造成的质量隐患足够重视；检测人员工作能力不高，对于渗透检测的理论没有充分理解；检测单位的质量管理体系流于形式。现场监理人员未认真履职，未对检测单位的检测质量进行管理。

问题处置

监督人员下达《质量问题处理通知书》，要求检测单位立即重新对所有小接管进行检测，检测过程及结果由监理单位确认。

经验总结

检测机构应加强检测作业前技术交底，检测人员应增强质量意识，严格按照规范和操作指导书实施检测；监理人员应认真履职，及时发现检测过程中的问题；监督人员在现场发现类似问题后，要求检测单位立即整改，要求相关责任单位深刻认识到问题的严重性。监督人员在工作中应注意强化对此类问题的监控，避免遗留质量隐患。

240　建筑电气线缆保护管使用不合格品

案例概况

2021 年 11 月，监督人员对某公司污泥及固废焚烧系统项目机柜间电气线缆保护管敷设监督检查时发现，现场使用的热镀锌金属线管规格为 ϕ20mm 的薄壁管，与设计图纸要求使用 DN20mm 镀锌钢管不符，实测现场保护管壁厚仅为 0.8mm。

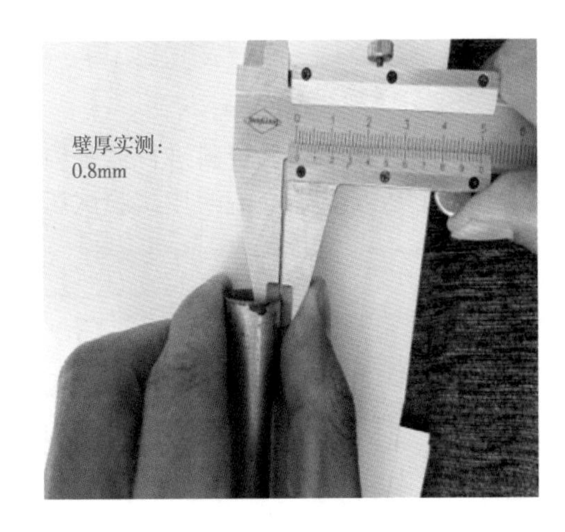

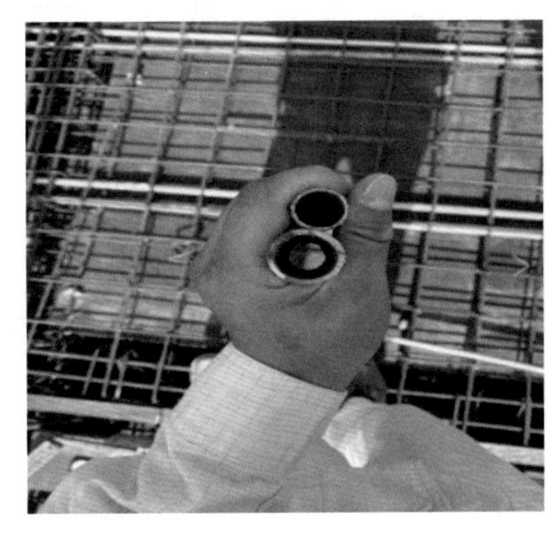

问题分析

电气线缆保护管使用不合格品，违反了《中国石油天然气集团有限公司工程建设项目管理规定》（中油物装〔2021〕41 号）第八十五条“禁止承包商在施工过程中偷工减料、以次充好、擅自修改工程设计”的规定。

建筑电气施工，电气线路保护管敷设属于隐蔽工程。少数施工单位存在侥幸心理，使用与设计不符材料进行安装后直接隐蔽，如若监理单位、工程总承包单位检查不及时，未发现偷工减料行为，将对建筑电气线路的运行埋下隐患。施工单位采购与设计不符钢管，在未经现场验收的情况下，擅自进行安装使用。监理单位、工程总承包单位对进场材料验收把关不严。

问题处置

监督人员下发《质量问题处理通知书》，要求施工单位对已敷设的保护管全部拆除更换，各责任单位加强材料进场验收管理，举一反三，对已进场的材料进行排查，对存在的问题统一进行整改，不符合要求的产品退场。

经验总结

监理单位、工程总承包单位应履行好质量管理职责，加强对施工单位自采材料进场验收，监理做好材料进场平行检验工作。

241　互感器耐压试验电压等级不合格

案例概况

2022 年 3 月，监督人员对某公司污水处理场电气设备高压试验资料进行监督检查时发现，两台 JDZ10-10 电压互感器、一台 JDZX9-10G 电压互感器交流耐压试验试压电压等级为 30kV，与规范要求的电压等级 34kV 不一致。

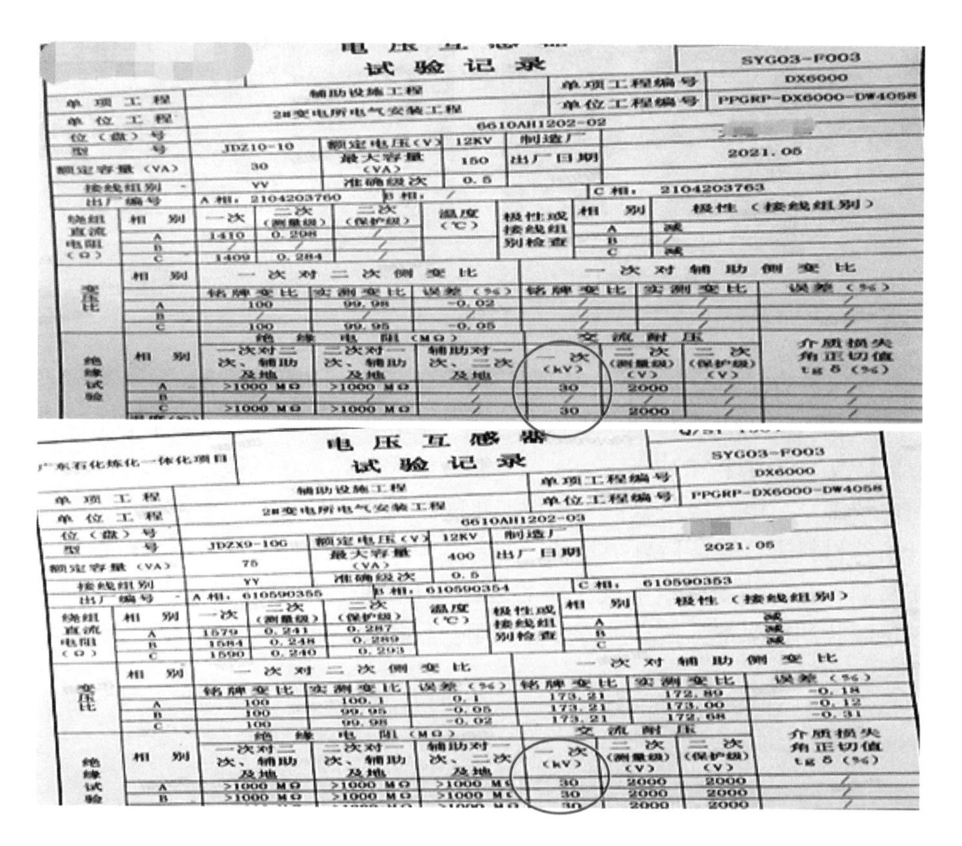

电压互感器试验记录　SYG03-F003

单项工程	辅助设施工程	单项工程编号	DX6000
单位工程	2#变电所电气安装工程	单位工程编号	PPGRP-DX6000-DW4058
位（段）号	6610AH1202-02		

型号	JDZ10-10	额定电压（V）	12KV	制造厂	[illegible]
额定容量（VA）	30	最大容量（VA）	150	出厂日期	2021.05
接线组别	VV	准确级次	0.5		
出厂编号	A相：2104203760	B相：/		C相：2104203763	

绕组直流电阻（Ω）相别	一次	二次（测量级）	二次（保护级）	温度（℃）	极性或接线组别检查 相别	极性（接线组别）
A	1410	0.298	/		A	减
B	/	/	/		B	/
C	1409	0.284	/		C	减

变压比 相别	一次对二次侧变比 铭牌变比	实测变比	误差（%）	一次对辅助侧变比 铭牌变比	实测变比	误差（%）
A	100	99.98	-0.02	/	/	/
B	/	/	/	/	/	/
C	100	99.95	-0.05	/	/	/

绝缘试验 相别	绝缘电阻（MΩ） 一次对二次、辅助及地	二次对一次、辅助及地	辅助对一次、二次及地	交流耐压 一次（kV）	二次（测量级）（V）	二次（保护级）（V）	介质损失角正切值 tgδ（%）
A	>1000 MΩ	>1000 MΩ	/	30	2000	/	/
B	/	/	/	/	/	/	/
C	>1000 MΩ	>1000 MΩ	/	30	2000	/	/

广东石化炼化一体化项目　电压互感器试验记录　SYG03-F003

单项工程	辅助设施工程	单项工程编号	DX6000
单位工程	2#变电所电气安装工程	单位工程编号	PPGRP-DX6000-DW4058
位（段）号	6610AH1202-03		

型号	JDZX9-10G	额定电压（V）	12KV	制造厂	[illegible]
额定容量（VA）	75	最大容量（VA）	400	出厂日期	2021.05
接线组别	YY	准确级次	0.5		
出厂编号	A相：610590355	B相：610590354		C相：610590353	

绕组直流电阻（Ω）相别	一次	二次（测量级）	二次（保护级）	温度（℃）	极性或接线组别检查 相别	极性（接线组别）
A	1579	0.241	0.287		A	减
B	1584	0.248	0.289		B	减
C	1590	0.240	0.293		C	减

变压比 相别	一次对二次侧变比 铭牌变比	实测变比	误差（%）	一次对辅助侧变比 铭牌变比	实测变比	误差（%）
A	100	100.1	0.1	173.21	172.89	-0.18
B	100	99.95	-0.05	173.21	173.00	-0.12
C	100	99.98	-0.02	173.21	172.68	-0.31

绝缘试验 相别	绝缘电阻（MΩ） 一次对二次、辅助及地	二次对一次、辅助及地	辅助对一次、二次及地	交流耐压 一次（kV）	二次（测量级）（V）	二次（保护级）（V）	介质损失角正切值 tgδ（%）
A	>1000 MΩ	>1000 MΩ	>1000 MΩ	30	2000	2000	/
B	>1000 MΩ	>1000 MΩ	>1000 MΩ	30	2000	2000	/
C	[illegible]	[illegible]	[illegible]	30	2000	2000	/

问题分析

互感器耐压试验电压等级，不符合 GB 50150—2016《电气装置安装工程　电气设备交接试验标准》第 10.0.6 条中互感器交流耐压试验应按出厂试验电压的 80% 进行，并应在高压侧监视施加电压的要求。

施工单位的试验人员及技术负责人对电气交接试验规范不熟悉，对互感器试验项目具体条款不清楚，致使在试验过程中采用错误的试验电压导致试验结果错误。监理单位未认真履行监理职责，专业监理工程师对该电气交接试验规范不清楚，无法对现场电气试验起到有效的监管作用，电气试验旁站形同虚设，致使施工单位开展错误试验而未发现。

问题处置

监督人员下发《质量问题处理通知书》，要求：施工单位对不符合规范要求的交流耐压试验重做，监理复查落实整改情况；后期对还没有进行试验的电气设备要求试验人员必须按照电气设备交接试验标准进行各项相关试验，同时与出厂产品试验报告进行比对，确认现场试验的结果是否与出厂试验数据及规范要求的一致，如现场试验结果不符合规范要求禁止使用。

经验总结

电气设备试验是电气安装工程最重要的环节，试验是否符合规范要求、是否合格是直接关系到电气系统安全运行的关键。该问题提醒监督人员在监督工作中一定要提前做好技术准备，对工程所涉及的标准规范熟练掌握，这样才能够及时发现问题，及时督促改正此类问题。

242　高压断路器试验不合格

案例概况

2022 年 9 月，监督人员对某公司新建原料罐区高压试验资料进行监督检查时发现：

（1）6kV 断路器操动试验合闸、分闸操作线圈端钮电压均为直流 221V、操动次数均为两次。

（2）6108 号高压柜断路器机械特性弹跳时间 6ms 超标。

断路器试验记录		Q/SY 1476—2012	
		SY03-F019	
单项工程	新建原料罐区	单项工程编号	YLGQ2201
单位工程	电气电信安装	单位工程编号	YLGQ2201-12
名称	出线	位（盘）号	611J柜

型号	VD4/P1212.32	额定电压（V）	12000	额定电流（A）	1250
额定断流容量（kA）	31.5	操动机构型号	/		
制造厂	厦门ABB开关有限公司	出厂日期	2017	出厂编号	1YHP000059A8294

导电回路电阻 相别	主触头（μΩ）	灭弧触头（μΩ）	线圈试验 名称	直流电阻（Ω）	绝缘电阻（MΩ）
A	46.5	/	合闸接触器	/	/
B	42.3	/	合闸线圈	/	200
C	40.4	/	分闸线圈	/	200

机械特性	分闸（ms）		合闸（ms）		
	时间	同期性	时间	同期性	弹跳
	46.0	0.2	60.4	0.2	0.4

操动试验 操作类别	操作线圈端钮电压（V）	操作次数	动作情况
合闸	DC221	2	正常
分闸	DC221	2	正常

绝缘试验 相别	分闸状态 绝缘电阻（MΩ）	分闸状态 交流耐压（kV）	合闸状态 绝缘电阻（MΩ）	合闸状态 交流耐压（kV）
A	100000	32	100000	32
B	100000	32	100000	32
C	100000	32	100000	32
绝缘拉杆的绝缘电阻： / MΩ		温度： 21 ℃		
其他试验	无			

断路器试验记录		Q/SY 1476—2012	
		SY03-F019	
单项工程	新建原料罐区	单项工程编号	YLGQ2201
单位工程	电气电信安装	单位工程编号	YLGQ2201-12
名称	投出线	位（盘）号	6108柜

型号	VD4/P1212.32	额定电压（V）	12000	额定电流（A）	1250
额定断流容量（kA）	31.5	操动机构型号	/		
制造厂	厦门ABB开关有限公司	出厂日期	2017	出厂编号	1YHP000059A8295

导电回路电阻 相别	主触头（μΩ）	灭弧触头（μΩ）	线圈试验 名称	直流电阻（Ω）	绝缘电阻（MΩ）
A	46.5	/	合闸接触器	/	/
B	42.3	/	合闸线圈	/	200
C	40.4	/	分闸线圈	/	200

机械特性	分闸（ms）		合闸（ms）		
	时间	同期性	时间	同期性	弹跳
	46.6	0.5	59.5	0.3	06

操动试验 操作类别	操作线圈端钮电压（V）	操作次数	动作情况
合闸	DC221	2	正常
分闸	DC221	2	正常

绝缘试验 相别	分闸状态 绝缘电阻（MΩ）	分闸状态 交流耐压（kV）	合闸状态 绝缘电阻（MΩ）	合闸状态 交流耐压（kV）
A	100000	32	100000	32
B	100000	32	100000	32
C	100000	32	100000	32
绝缘拉杆的绝缘电阻： / MΩ		温度： 21 ℃		
其他试验	无			

（3）所有高压断路器线圈试验中合闸线圈、分闸线圈直流电阻测试结果均为200Ω，测试结果不真实。

问题分析

高压断路器试验不符合 GB 50150—2016《电气装置安装工程　电气设备交接试验标准》附录 E 表 E.0.3-1 中断路器操动试验合闸、分闸操作线圈端钮电压应为额定电压的110%/85%/65% 和操作次数 3 次的要求，以及第 11.0.5 条第 1 款中“合闸过程中触头接触后的弹跳时间，40.5kV 以下断路器不应大于 2ms”的要求。

施工单位的技术负责人及试验人员对电气交接试验规范不熟悉，致使在试验过程中出现错误的结果均未发现；监理单位未认真履行监理职责，专业监理工程师对电气交接试验规范掌握不到位，无法对现场电气试验起到有效的监管作用。

问题处置

监督人员下发《质量问题处理通知书》，要求施工单位对检查问题限期整改，对试验不符合规范要求的重做试验，监理复查落实整改情况；对没有进行试验的电气设备，要求试验人员必须按照电气设备交接试验标准进行各项相关试验，同时与出厂产品试验报告进行比对，确认现场试验的结果是否与出厂试验数据及规范要求的一致，如现场试验结果不符合规范要求禁止使用。

经验总结

相关单位技术人员应准确掌握电气设备交接试验标准，施工单位应严格执行技术要求，专业监理工程师认真履职加强监管，避免同类问题发生。

243　高压电气未进行交接试验即验收合格

案例概况

2022年10月，监督人员对某公司10kV架空电力线路变压器安装工程监督检查时发现，已送电的3台变压器（型号为SB-M-80/10）未进行电气设备交接试验。

问题分析

变压器未进行交接试验，不符合SY/T 4206—2019《石油天然气建设工程施工质量验收规范　电气工程》第8.2.2条“变压器及其附件的试验应符合现行国家标准《电气装置安装工程　电气设备交接试验标准》GB 50150的规定”、GB 50150—2016《电气装置安装工程　电气设备交接试验标准》第3.0.1条“电气设备应按本标准进行交流耐压试验”和第8.0.7条“3　在变压器所有安装工作结束后应进行铁心对地、有外引接地线的夹件对地及铁心对夹件的绝缘电阻测量”的要求。高压电气设备在运输、安装过程中，可能造成设备的密封、绝缘、电气性能等方面的损伤，变压器送电前未进行电气设备交接试验，运行后可能因瞬间短路等电气故障导致变压器损坏或停运，影响线路负荷正常用电。变压器和电气设备安装好后，应经交接试验合格，并出具报告后方可通电运行，交接试验的目的是排除变压器运行隐患。该问题产生的主要原因如下：

（1）建设单位不掌握高压电气线路投产送电运行规则，不清楚变压器等高压电设备投产前应进行设备交接试验的规定。

（2）监理细则中缺少电气设备交接试验的旁站点设置，监理人员工作责任心不强，对送电前的关键环节旁站不到位，质量验收过程中未能发现问题并提出监理意见。

问题处置

质量监督机构下发《质量问题处理通知书》，责令建设单位委托具备资质的试验单位对3台变压器进行电气设备交接试验，并重新组织相关单位进行工程质量验收，根据电气设备交接试验结果做出验收结论，并将整改结果以《质量问题整改情况报告书》的形式报送质量监督机构。

经验总结

监理单位应加强专业监理细则编制工作，确保不遗漏关键工序的旁站点，并旁站到位。建设单位应强化工程质量验收责任意识，保证验收工作不流于形式，真正发挥验收环节的质量管控作用。监督人员应加强对变压器交接试验等关键环节的监督检查，及时发现影响结构、安全和重要使用功能的问题和隐患，预防用电安全事故的发生。

244　监理单位对施工单位检查不到位

案例概况

2021年9月，监督人员对某公司乙烷制乙烯项目检查时发现，监理审批文件中，施工单位检测仪器设备明细报验，仅有经纬仪、水准仪、钢卷尺三种，种类、数量不能满足施工需要；施工分包单位项目机构报审资料，某建通〔2021〕147号申请变更2人，实际变更5人，其中项目经理、安全经理等2人无变更手续。

问题分析

监理单位对施工单位报验资料检查不到位，不符合Q/SY 06522—2020《炼油化工建设工程监理规范》中第7.1.11条“项目监理机构应检查承包单位的主要施工机械设备、机具及检测设备”、第7.1.12条“分包工程开工前，专业监理工程师应审查承包单位报送的分包单位资格报审表及相关资质资料，经总监理工程师审核，报建设单位批准”的要求。

此外，还违反了《中国石油天然气集团公司工程建设项目质量管理规定》（中油质〔2012〕331号）第二十三条“未经建设单位同意，承包商不得随意更换合同中约定的关键岗位不可替换人员，不得随意减少承诺的其他资源投入”的规定。

问题处置

监督人员下发《质量问题处理通知书》，要求监理单位认真履职，督促施工单位及时完善变更手续，补充检测仪器及相关资料。

经验总结

监理单位应审查分包单位资质及资源投入，认真履行监理职责。

245　无损检测专业监理工程师持证不全

案例概况

2021 年 4 月，监督人员在对某公司乙烷制乙烯项目 40×10^4t/a 全密度聚乙烯装置检查时发现，1 名无损检测监理工程师持有 RT、MT、PT 三项Ⅱ级资格证，缺少 UT Ⅱ级以上资格证，未覆盖常规项；提供平行检验记录均未签字确认；3 月 20 日 1- 丁烯装置开始不锈钢焊接，至 4 月 9 日下午焊接监理工程师未提供任何检查记录。

问题分析

无损检测专业监理工程师持证不全，未签字确认平行检验记录，不符合 Q/SY 06522—2020《炼油化工建设工程监理规范》第 5.2.2 条“项目监理机构应由总监理工程师、专业监理工程师、安全监理工程师和监理员组成，根据合同约定和项目需要可设总监理工程师代表；按照合同约定派驻的监理人员，应专业配套，数量满足炼油化工建设工程监理工作需要”、第 7.2.11 条“项目监理机构应依据关键部位（工序）监督方案，安排监理人员进行监督，并应及时记录监督情况”、第 7.2.12 条“项目监理机构应依据平行检验计划，安排监理人员对施工质量进行平行检验，并应及时做好平行检验记录”的要求。

问题处置

监督人员下发了《质量问题处理通知书》，要求监理机构补充人员，签字确认平行检验记录，对平行检验记录真实性负责，加强管理。

经验总结

监理单位应按规范及合同要求派驻监理人员，并依据 Q/SY 06522—2020《炼油化工建设工程监理规范》中第 7.2.14 条“项目监理机构应审核承包单位报送的隐蔽工程、关键（特殊）工序、检验批、分项工程、分部工程报验表及相关资料并进行现场检查，审核单位工程、单项工程报审表及相关资料，符合要求应予以签认，不符合要求的不予签认，要求承包单位在指定的时间内整改并重新报验。未经监理人员验收或验收不合格，承包单位不得进行后续施工”的要求，做好工序质量控制。